U0234459

零基础开发 AI Agent

手把手教你用扣子做智能体

叶涛 管锴 张心雨 · 著

電子工業出版社
Publishing House of Electronics Industry
北京•BEIJING

内容简介

Agent（智能体）是大模型落地的重要方向，是 AI 技术的下一个风口。为了让更多非技术出身的人能够通俗地理解 Agent，并零门槛利用 Agent 开发平台设计自己的 Agent，我们撰写了本书。

本书分为入门篇、工具篇、实战篇。入门篇介绍了 Agent 的概念、发展、与 Prompt 和 Copilot 的区别，Agent 对个人和企业的价值，以及开发 Agent 需要掌握的基础知识。工具篇详细介绍了 Agent 开发平台的演进，盘点了国内的主流 Agent 开发平台，重点介绍了扣子平台的操作要点，并提出了 Agent 开发的通用流程。实战篇围绕 5 个典型的 Agent 使用场景，详细介绍了 11 个 Agent 的开发过程。

本书适合对 AI 感兴趣的读者阅读，包括学习 Agent 的开发者、想要提升工作效率的职场人、推动企业 AI 深化应用的管理者、希望在 AI 领域创业的人、学校的老师和学生等。

无论你是哪种类型的读者，本书都能帮助你系统并且轻松地掌握 Agent 从概念到实操的相关知识、技能和方法，让你在 AI 时代更好地适应工作和生活。

图书在版编目（CIP）数据

零基础开发 AI Agent ：手把手教你用扣子做智能体 / 叶涛，管锴，张心雨著. -- 北京 : 电子工业出版社，2025. 1. -- ISBN 978-7-121-48371-4

Ⅰ. TP18

中国国家版本馆 CIP 数据核字第 20250G4U99 号

责任编辑：石　悦
印　　刷：三河市良远印务有限公司
装　　订：三河市良远印务有限公司
出版发行：电子工业出版社
北京市海淀区万寿路 173 信箱　　邮编：100036
开　　本：787×980　1/16　印张：20.25　字数：379.08 千字
版　　次：2025 年 1 月第 1 版
印　　次：2025 年 3 月第 3 次印刷
定　　价：100.00 元

凡所购买电子工业出版社图书有缺损问题，请向购买书店调换。若书店售缺，请与本社发行部联系，联系及邮购电话：（010）88254888，88258888。

质量投诉请发邮件至 zlts@phei.com.cn，盗版侵权举报请发邮件至 dbqq@phei.com.cn。

本书咨询联系方式：faq@phei.com.cn。

推荐序

在大模型应用中，AI Agent 是推动企业高效运营与创新发展的引擎。作为一名专注于企业级 AI Agent 开发的创业者，我深知要想从事这方面的工作需要极强的技术与大量的实践。叶涛先生等有 10 多年的管理咨询工作经验，以深厚的理论功底与丰富的业务实践经验，将复杂的技术语言转换为通俗易懂的文字。他们既能从技术人员的视角灵活地运用 AI Agent 技术原理与操作方法，又能从使用者的视角识别 AI Agent 的应用场景，并基于业务逻辑和痛点有针对性地开发 AI Agent 的功能，达到用 AI 技术提高生产力的目的。本书为非技术出身的读者开发与应用 AI Agent 提供了简单、易用的方法。

本书以“人人都能开发 AI Agent”为出发点，将复杂的技术体系分解为清晰、易懂的模块。从基础知识到进阶实践，作者不仅详细讲解了开发 AI Agent 的原理，还以扣子平台为载体，带领读者一步步理解插件配置、工作流设计、知识库管理等核心技术。这种理论与实操紧密结合的方式，不仅降低了学习门槛，还让读者全景式地理解了 AI Agent 的开发和应用。

尤为可贵的是，本书针对工作+AI 场景，提供了大量实践案例，直击业务痛点，充分展现了 AI Agent 在个人工作提效、企业降本增效、提升生产力上的巨大潜力。对于企业和知识工作者而言，这不仅是入门手册，还是洞悉行业未来的实践指南。

作为 AI 技术服务行业从业者，我深切地体会到 AI Agent 的应用普及所带来的商业价值与社会意义。叶涛先生等用简单明了的语言讲述复杂的技术，用翔实的案例展现应用的无限可能，这正是推动 AI Agent 技术普及与商业落地的关键。

本书为 AI 技术服务行业从业者、技术爱好者及所有希望了解大模型应用的读者，搭建了一座从理论到实践的桥梁。我相信，本书的出版将促使更多的人加入开发与应用 AI Agent 的大军，让大模型应用得到普及。

杨芳贤
53AI 创始人
LangGPT 联合创始人
腾讯云最具价值专家（TVP）

前　言

以 ChatGPT 的发布为标志，我们似乎进入了一个新的时代。生成式 AI（人工智能）技术正在以前所未有的速度发展。AI 技术被认为是一项颠覆性的创新技术，甚至被认为催生了第四次工业革命。截至 2024 年 10 月，我国大模型的注册用户数超过 6 亿，人工智能企业已超过 4500 户，完成备案并上线的生成式人工智能服务大模型超过 200 个。

当您阅读本书时，相信您对 AI 技术已不再陌生，您身边的人，或多或少、或主动或被动，对 AI 技术可能都有一定的了解。有的人在日常工作中已经离不开 AI 工具了，借助各类 AI 工具，工作效率和工作质量都有了明显提高；有的人的商业嗅觉敏锐，已经投身于 AI 应用的创业大潮中；有的人看到了 AI 技术未来会带来企业运营模式和成本结构的改变，开始在自己的企业中引进 AI 数字员工，实现降本增效。当然，也有的人虽然了解 AI 概念，但亲自使用 AI 工具的频率还不高。

总体来看，目前还处于 AI 技术发展的早期，如何将大模型应用到具体的业务场景中，实现商业价值变现，是 AI 创业者和从业者在探索的重要课题。在这一背景下，AI Agent（智能体，简称 Agent）应运而生，成为 AI 落地的重要方向。

Agent 是利用大模型构建的面向业务场景的 AI 应用，在大模型能力的基础上，通过记忆、规划、使用工具等能力，能够执行更复杂的任务。与使用 Prompt（提示词）和大模型对话相比，Agent 更智能、更有效。

Agent 开发平台最早于 2022 年在国外出现，如 LangChain、LlamaIndex 等平台，主要面向的是技术人员。开发者需要通过编程语言完成 Agent 开发，这存在较高的技术门槛。随着 Agent 开发平台的进化，Agent 开发朝着可视化、零代码的方向发展。自 2023 年开始，国内的 Agent 开发平台快速崛起，以扣子（Coze）为代表的 Agent 开发平台，在功能、生态等方面都较为成熟，可以与国外的 Agent 开发平台相媲美。

现在，开发者无须使用编程语言，通过“拖、拉、拽”的可视化操作，就可以开发具有复杂功能的 Agent。开发者可以在 Agent 开发平台上自由配置 Agent 的插件、知识库、数据库，设计具有大量节点的工作流、图像流，通过卡片等功能美化生成结果的页面。

然而，随着 Agent 开发平台的功能越来越丰富，以及 Agent 开发者的多元化和非专业化，对于初级开发者而言，准确地理解并灵活使用 Agent 开发平台的各项功能和操作技巧，显然有一定的难度。

于是，我们撰写了本书，旨在为广大 Agent 开发者和 AI 技术爱好者提供一条系统、快捷、实用的学习路径，帮助他们从零开始，逐步掌握开发 Agent 的技能。

在撰写本书的过程中，我们力求将复杂的技术概念以简单明了的方式呈现，并通过大量案例增加内容的可读性。需要说明的是，Agent 开发平台日新月异，您在阅读本书时所看到的部分内容，可能与 Agent 开发平台最新的页面略有不同。您需要结合实际灵活运用书中的知识。当然，我们非常注重读者的反馈。

最后，我们要感谢所有为本书付出辛勤努力的作者、编辑和其他人员。同时，也感谢广大读者的支持与信任。愿本书能够为您的 Agent 开发之旅增添一分力量。让我们一起通过点滴行动，推动 AI 技术落地和应用！

叶涛

2024 年 10 月

目　　录

入门篇——人人都需要 AI Agent

工具篇——Agent 开发很简单

实战篇——5 大场景、11 个 Agent 开发案例

入门篇

人人都需要 AI Agent

第 1 章　为什么要学习 AI Agent

1.1　初步认识Agent

1.1.1　Agent 的概念与发展

1. Agent 的含义

Agent 的中文意思是“代理人”。Agent 是一个有着悠久历史的概念，指的是具有行为能力的实体，对应着某种能力的行使或表现。Agent 的应用范围十分广泛。本书所指的 AI Agent（简称 Agent），是基于大语言模型（Large Language Model，简称大模型）的，具有一般事务及专业事务处理能力的，存在于计算机程序等虚拟环境中的虚拟代理人。

Agent 并非聊天机器人的升级版。它不仅会告诉你“如何做”，还会“帮你做”。Agent 可以被定义为能自主理解、规划决策、执行复杂任务的数字员工，可以用下面的公式来概括：

Agent=大模型+记忆+主动规划+工具使用

为了与传统的“代理人”这一概念进行区分，而且你可能会觉得“代理”这个词有些拗口，所以我们更喜欢用“智能体”“数字员工”作为 Agent 的中文名称。

2. Agent 的 5 个发展阶段

（1）第一个阶段：符号 Agent（Symbolic Agent）阶段。在 AI（Artificial Intelligence，人工智能）研究的早期阶段，主要采用的是符号 AI 法。该方法采用逻辑规则与符号表示来封装知识，旨在模仿人类思维方式，提升推理能力。早期的 Agent 就是基于这种方法构建的，具有明确的推理框架和较强的表达能力，但是由于符号推理依赖于明确的逻辑规则和符号表示，因此在处理不确定性和大规模现实世界问题时，呈现出一定的局限性，而且由于符号推理算法较复杂，人们很难找到一种能在有限的时间内产生有意义结果的高效算法。

（2）第二个阶段：反应式 Agent（Reactive Agent）阶段。与符号 Agent 不同，反应式 Agent 不使用复杂的符号推理。相反，它们主要关注 Agent 与环境之间的交互，强调快速和实时响应。这些 Agent 主要基于感知-行动循环，高效地感知并响应环境变化。设计这类 Agent 优先考虑直接的输入-输出映射，能实现更快响应，然而缺乏复杂的高级决策制定和规划能力。

（3）第三个阶段：基于强化学习的 Agent（Reinforcement Learning-based Agent）阶段。随着计算能力和数据可用性提高，研究人员开始使用强化学习方法来训练 Agent。随着深度强化学习（Deep Reinforcement Learning，DRL）的兴起，深度强化学习将深度学习的强大表征能力引入强化学习中。它通常基于深度神经网络架构，能够处理高维的输入数据，比如图像、复杂的传感器数据等。运用深度强化学习，Agent 从高维输入中学习复杂的策略，取得了一系列重要成就［诸如 AlphaGo（击败了人类职业围棋选手的智能机器人）和 DQN（Deep Q-Network，一种结合了深度学习和强化学习的算法）等］。这种方法的优势在于其能够让 Agent 在未知环境中自主学习，无须明确的人为干预，但是强化学习面临着训练时间长、样本效率低和稳定性差等挑战。

（4）第四个阶段：带有迁移学习和元学习的 Agent（Agent with Transfer Learning and Meta Learning）阶段。训练一个基于强化学习的 Agent 需要大量样本和较长时间，并且其缺乏泛化能力。因此，研究人员引入了迁移学习来加快 Agent 在新任务上的学习速度。迁移学习减少了在新任务上训练的负担，并促进了不同任务间知识和经验的共享与迁移，从而提高了学习效率、性能和泛化能力。当面对新任务时，这样的 Agent 可以利用已获得的通用知识和策略迅速调整其学习方法，从而减少对大量样本的依赖。然而，当源任务和目标任务之间存在显著差异时，迁移学习的有效性可能达不到预期，并且可能存在负迁移。

（5）第五个阶段：基于大模型的 Agent（Large Language Model-based Agent）阶段。由于大模型展现了令人惊艳的能力并且获得了市场的极大欢迎，因此研究人员开始利用它构建 Agent。具体来说，他们将大模型作为 Agent 的“大脑”，并通过多模态感知和工具使用等策略扩展它们的感知与执行能力。这些基于大模型的 Agent 可以通过链式思维

（Chain-of-Thought）和问题分解等技术展现出与符号 Agent 相媲美的推理和规划能力。它们也可以通过从反馈中学习并完成新动作，获得与环境交互的能力，类似于反应式 Agent。同样，大模型在大规模语料库上进行预训练，展现出少次学习和零次学习泛化的能力。

总体而言，我们一直在追求等同乃至超越人类水平的 AI（AGI，通用人工智能），而 Agent 目前被认为是实现该目标的理想工具。随着 Agent 进入第五个阶段，利用拥有数十亿甚至数千亿个参数的大模型，可以构建更智能和自适应的 AI 系统。

随着大模型厂商的技术创新和产品迭代，非计算机专业人士也可以借助 Agent 开发平台，低门槛开发 Agent。在不久的将来，随着 AI 技术持续发展，Agent 将进一步实现商业化落地，在实际生产和生活中得到广泛应用。

1.1.2　Agent 是高层次的 AI 应用

在大模型最初兴起时，提示词（Prompt）曾引发一阵热潮。提示词是给大模型的提示语或引导语，通过特定的提示来引导大模型生成特定的内容。例如，给大模型“请描述一下美丽的风景”这样的提示词，让大模型生成一段关于美丽风景的描述。

用户使用提示词可以与大模型便捷、简单地进行交互，可以用自然语言的表达方式，要求 AI 工具执行各种任务。与传统软件的复杂操作或使用编程代码相比，提示词使用起来非常容易。不过，好用的提示词都有一定的结构和使用技巧。我们可以参考图 1-1 所示的提示词万能公式来编写提示词。

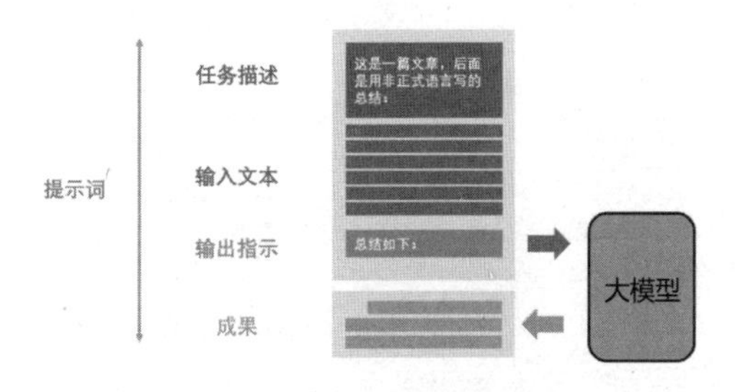

提示词万能公式=角色+角色技能+任务的核心关键词+任务目标+任务背景+任务范围+任务解决与否判定+任务的限制条件+输出格式/形式+输出量

图 1-1

不过，在让大模型执行复杂的任务或者处理复杂的工作流程时，使用提示词会呈现出以下局限性。

第一，由于通用大模型的知识有局限性，因此通用大模型答案的专业性和针对性不足。结构化的提示词虽然可以引导大模型输出的方向，但通用大模型的训练语料来自公共知识。对于一些专业性的问题，通用大模型的答案容易出现“幻觉”，即答案比较通用，内容的专业性和针对性不强。

第二，好用的提示词越来越复杂，一般人难以掌握。为了让大模型充分理解用户的意图，执行复杂的任务，提示词专家们设计出了结构复杂、篇幅较长的提示词。对于普通用户而言，编辑出这样的提示词既有难度，也很耗时，这与 AI 工具降本增效的作用适得其反。

第三，复用率低、传播性差。复杂的提示词虽然在特定场景中应用时的针对性很强，但这些提示词往往留存在编写人的文档中，难以跟随平台进行广泛传播，也就难以复用。

第四，难以完成复杂任务。人工设计的提示词往往局限于特定的问题领域，难以应对复杂多变的实际场景。现实世界中的问题往往涉及多个领域和层面。要想解决这些问题，需要大模型具备跨领域的知识和灵活的应变能力。然而，当前设计的提示词往往无法满足这种高度的复杂性和多变性需求。

图 1-2 将搭建 AI 应用分为 5 个层次，从模型到提示词，再到工作流（Chain），最后到 Agent（单 Agent 及多 Agent 协作），反映了我们使用 AI 技术，与 AI 系统交互方式的不断升级。与提示词相比，Agent 具有更强大的 AI 能力。

图 1-2

1.1.3　Agent 的特点与能力

在了解了 Agent 的定义后，你可能会有一些基于实际工作或生活场景的疑问：

我晚上设了一个闹钟，让它明天上午 8:00 准时响。这算一个 Agent 吗？在这种场景下，Agent 和 Alarm clock（闹钟）的区别是什么呢？

这样的闹钟并不算一个 Agent。但如果实现了以下效果，它就是一个“叫醒 Agent”。

在晚上睡觉前，你给 Agent 发出了这样的指令：“明早叫醒我，想办法别让我迟到。”

接下来，Agent 用互联网数据进行检索，知道你的公司在高新区永松路 188 号，公司要求 9 点打卡。Agent 又根据手机地图软件的导航使用信息知道你平时习惯开车通勤，再根据明天早晨的天气和路况预测，判断你需要驾车 35 分钟抵达公司。于是，Agent 提出问题：“你早上在家有哪些准备事项？需要多久？”

你回答 Agent：“早上洗漱和用餐大概需要 30 分钟”。

于是，Agent 做出了决策，决定在 7:45 响铃。

在第二天的 7:45，Agent 准时响铃，但在 7:50 监测到你依然躺在床上没有动。这时，Agent 控制客厅的智能音箱播放激昂的说唱音乐，并且你只能走到客厅才能关闭它……

你彻底醒了，按时抵达公司，打卡出勤。

也就是说，“智能体”被赋予自主规划和行动的能力，能够根据环境进行判断、做出选择，并采取行动，而不是被动地接受外部指令做出预先设定的简单反应。基于大模型的 Agent，具备自主记忆、推理、使用工具和行动能力。这 4 项能力将在 2.1 节进行更深入的介绍。

总而言之，基于大模型的 Agent 具有以下优势。

1. 能够完成更复杂的任务

它们将多种功能进行了有效的封装，使得用户无须深入了解背后的技术细节，就能够便捷地使用这些功能。这种封装不仅简化了用户的操作流程，还提高了任务执行的效率和准确性。

2. Agent 的用户页面友好

它们允许用户以自然语言的形式输入自己的需求，而不是必须提供一系列完整的操作指令。这种设计极大地降低了用户的使用门槛，使得非技术背景的用户也能够轻松上手。

3. 应用范围非常广泛

无论是个人用户还是企业用户，都可以根据自己的需求灵活地应用这些工具。它们可以被集成到各种应用程序和服务中，从而提升工作流程的自动化水平和个性化服务的能力。

4. 开发难度相对较低

借助自然语言处理技术和 Agent 开发平台，开发 Agent 对开发者的技术要求大幅降低。不懂编程的个人开发者，也可以通过可视化的方式开发 Agent。与开发传统软件相比，开发 Agent 的难度明显降低。任何想要开发 Agent 的人都可以开发 Agent，而不限于软件公司、技术人员。

1.2 Agent让大模型更可用

1.2.1 大模型+Agent，实现 AI 应用场景化

大模型以其模型规模、深度学习架构和注意力机制，以及卓越的多任务学习能力和泛化能力，正在推动 AI 向具有更高层次的语言理解和生成能力迈进。它们带来的更自然的文本生成、更高级的语义理解、更低的资源消耗、更广泛的应用领域及持续学习和适应性，为 AI 的应用开辟了新的可能性。

然而，大模型目前并不完美：第一，大模型的训练过程对数据的依赖性很强，如果数据的覆盖面不够广泛，那么大模型在回答训练语料不足的专业问题时，其泛化能力会受到限制。第二，大模型的长期维护和更新是确保大模型回复的内容准确的关键，随着大模型的参数不断增加，管理和优化大模型工作的难度和复杂度也随之增加。第三，大模型在知识方面存在明显的局限性，可能难以获得不公开的私有知识，导致在专业问答

的情境中产生“幻觉”。

我们可以把大模型生态划分为 3 个层次：基础层（通用大模型）、垂直/行业层（聚集特定领域或行业的专业大模型），以及应用层（微场景落地的 AI 应用）。这 3 个层次相互依存，共同构建了一个繁荣且完善的 AI 商业生态系统。

基础层是整个生态系统的基石。它提供了广泛适用的算法和模型，类似于生物体的心脏，为整个系统“供血”。这些基础模型具备强大的学习能力和广泛的知识储备，能够处理各种类型的语言和数据，为更专业或更具体的应用提供支持。

垂直/行业层则专注于特定领域或行业。它们像生物体的动脉，将基础层的能力进一步细化和专业化。这些专业大模型针对特定领域或行业的需求进行优化，例如医疗、金融或法律等。它们能够提供更精准和更专业的服务，满足特定用户群体的需求。

应用层则专注于具体的小场景和微服务。它们相当于生物体的毛细血管，将 AI 系统的能力应用到日常生活和工作的方方面面。这些应用通过集成到各种软件和服务中，使得 AI 系统更贴近用户，提供个性化和场景化的解决方案。

在这个生态系统中，大模型与 Agent 的结合是重大的进化。正如人类学会使用工具以区别于其他动物一样，这种结合使得大模型不仅是一个被动的知识库，还是一个能够主动使用工具、解决问题的智能实体。这种工具使用能力赋予了大模型更加真实、具体的落地场景，使得它们能够在现实工作和生活中发挥更大的作用。

例如，一个基于大模型的 Agent 可以集成到客户服务系统中，通过自然语言处理和机器学习技术，自动回答用户的咨询问题，提供个性化的服务，或者被用于数据分析和预测，帮助企业做出更明智的商业决策。这些应用不仅提高了工作效率，还为用户提供了更丰富和更便捷的体验。

大模型的 3 个生态层次相互协作，共同推动了 AI 技术的发展和应用。通过不断地优化和创新，大模型及其智能代理（Agent）将在未来的 AI 商业生态中扮演越来越重要的角色。

1.2.2　Agent 让传统软件更智能

在软件开发领域，存在着两种截然不同的开发和实现传统软件与 AI 系统（尤其是生成式 AI 系统）的方式，即“预设式”与“生成式”，这是传统软件与 AI 系统的核心区别。传统软件的开发主要依赖于静态代码和明确的指令，开发者往往通过精心编写具体的算法和规则来实现特定的功能。例如，一个简单的图像识别系统，可能仅需几行代码就能实现。然而，生成式 AI 系统的开发则大不相同，依靠动态模型和大量的数据训练。

在完成复杂任务的能力方面，传统软件通常基于固定的规则和算法，一般只适用于完成相对简单和具有确定性的任务，但生成式 AI 系统能够应对复杂的、动态变化的任务。它能够从大规模的数据集中汲取知识，进而生成全新的内容，或者做出决策。

Agent 技术推动了软件架构范式的转变。现有的软件通过一系列预定义的指令和逻辑来执行任务，而 Agent 将使软件架构从面向过程迁移到面向目标。这意味着软件不再仅仅按照固定的步骤执行任务，而是可以根据具体的目标和环境变化灵活调整其行为。例如，桌面 Agent 可以按照用户的意愿实现特定功能，显著提高用户桌面的智能化程度。

尽管 Agent 具有强大的自主性和灵活性，但它们并不是完全替代传统软件的工具，而是作为补充和增强手段存在，通过赋予软件自主性、灵活性和个性化服务，使其变得更加智能化和个性化。

Agent 可以对现有软件进行智能化改造和升级，改变业务流程和个人交互方式，从而为用户带来更好的体验。例如，手机 Agent 可以在手机中跨应用（App）自动执行一个复杂任务，打破应用之间的界限。例如，到了今天中午饭点，你想在大众点评 App 上找一家和客户一起吃饭的餐厅，需要先有明确的想法，再在 App 上通过对菜系、距离等的筛选，选出合适的餐厅，整个操作过程还是以人为中心，利用平台上丰富的数据完成决策。

Agent 将成为替你操作 App 的助手。你可以直接向 Agent 发出指令：“找一家开车 15 分钟内可以到达而且好停车的餐厅，请来自广东的两位客户吃便餐”。Agent 将会自动操作大众点评 App，根据你的要求筛选出满足条件的、口味清淡的餐厅，再自动打开高德地图 App 找到附近的停车场，开启导航，甚至可以自动联系餐厅预订座位。

在未来，传统意义上的手机 App 将变成底层用于集成的工具，Agent 将会颠覆用户的使用页面和入口。这不仅提升了用户体验，还推动了软件行业的创新和发展。Agent 开发的技术门槛越来越低：不同于软件开发，即使你不懂代码也可以开发 Agent。在劳动力市场中，AI 工程师正在兴起，该岗位将成为热门岗位。软件工程师需要转型升级，有技术+行业经验的复合型技术人才是“香饽饽”。

1.2.3 百花齐放，Agent 是下一代应用

2008 年 7 月，Apple 推出了 App Store。它的出现开启了 iOS 和整个移动应用时代。收入三七分成的机制和良好的生态环境迅速吸引了大量 iOS 开发者。很快，iPhone 几乎变成了一款“万能”的手机，而传统手机只能完成打电话、发短信等基本操作。

随着 4G 网络的普及和智能手机的广泛使用，移动应用市场步入了加速成长期。4G 网络促进了 App 市场进一步发展，使得移动应用在使用速度上显著加快，在交互性上显著加强。微信等社交类 App 也迅速崛起，成为用户日常生活中不可或缺的一部分。

App 无疑是互联网时代的主流应用形态，而近年来随着生成式 AI 技术快速发展，Agent 正在快速兴起。未来，Agent 必然成为 AI 时代的主流应用形态。与 App 相比，Agent 具有以下 4 个方面的典型优势。

（1）自主性与智能性。Agent 具备自主决策和行动能力，而 App 通常需要用户的明确指令。

（2）灵活性与适应性。Agent 可以适应多种复杂场景，而 App 的功能相对固定。

（3）良好的人机交互。Agent 能够更好地理解用户的意图，执行符合用户意图的行为。

（4）学习与进化。Agent 具备自我学习的能力，能够不断进化，而 App 的功能更新通常依赖于开发者。

如同在移动互联网时代大放异彩的 App 一样，Agent 将成为 AI 时代独具特色的应用形态。然而，与 App 不同的是，Agent 具备更显著的去中心化特点，能够充分满足每个人独特的需求，展现出高度的个性化。可以预见，在未来，将会有海量的 Agent 活跃于社会的各个领域、各个场景，深入各类组织，服务于每一个独立的个体。

热情地迎接、拥抱 Agent 吧！在这个全新的时代，每个人都不仅仅是 Agent 的使用者。熟练掌握 Agent 开发技术已经逐渐成为每个人都必备的基本 AI 技能。只有拥有这样的技能，我们才能跟上生产工具变革的节奏，更好地适应这个充满无限可能的 AI 时代。

1.3 Agent对个人和企业的价值

1.3.1 Agent 影响个人工作和生活方式

1. 分析和总结庞杂的资料

Agent 在处理和分析海量信息的场景中优势显著，能够帮助我们在短时间内分析和总结庞杂的资料，使信息处理能力得到大幅提高，大幅提高工作效率。例如，当想要快速阅读一本长篇小说时，我们可以上传小说原文，让 Agent 帮我们提炼出剧情要点、故事主线和人物角色等信息，实现快速阅读；再如，对于一篇很长的论文，我们可以通过 Agent 快速提炼核心观点，得出结论。

另外，Agent 具备多模态处理能力，不仅能处理文本数据，还可以处理图像、音视频等内容。例如，以前，咨询师在完成访谈调研后，需要用一两周的时间从大量的访谈记录中提炼核心观点。现在，Agent 能够从大量的文字信息中自动提取、总结要点给咨询师。咨询师只需要进行判断、微调即可。这种工作方式的变化，节省了大量时间与人力，减少了咨询师在基础烦琐工作中的精力投入。

2. 快速生成专业报告

Agent 能够帮助我们快速生成专业报告，并且已经在不同行业和场景中得到实践应用。例如，许多职员在企业中常常会遇到需要临时制作员工活动总结 PPT、节日活动报告 PPT 或简单培训材料 PPT 的情况。这类 PPT 的结构固定，内容相近，就是需要花时间制作。很多聪明的职场人已经学会用 Agent 生成 PPT 大纲，再将其导入 AI 工具一键自动生成 PPT，最后根据个性化需求微调和补充素材，半小时就可以做出结构完整、内容充实、排版高级的高品质 PPT。

除了可以快速生成日常办公场景中的通用 PPT，我们还可以使用 Agent 生成细分领域的专业数据报告。例如，在医疗领域，Agent 可以分析大量医疗数据，形成快速、专业的医疗报告；在金融领域，Agent 可以抓取并整合企业公开的经营数据，根据用户的自然语言查询数据并生成分析报告。目前，有的 Agent 可以一键生成万字长文报告，所引用的数据实时且可溯源，非常适合用于撰写行业研究报告和科研综述。

3. 内容创作

大模型是使用大量文本数据训练的深度学习模型，本身就旨在理解和生成自然语言文本，因此内容创作必然是 Agent 的一个重要的应用方向。

与真实的作家进行文学创作的步骤一样：选定作品类型、设定背景、创建角色、设计情节、确定写作视角、编写大纲、编写整体、修改完善。经过编排开发的专业写作 Agent 会根据以上流程进行内容创作，我们也可以选择其中的某几个环节让 Agent 进行辅助。

在 Agent 的加持下，内容创作的文学基础能力门槛将大大降低，会成倍提高内容创作工作者的工作效率。

4. 贴心的生活助理

Agent 在日常生活中的场景化应用极大地优化了我们的生活体验并提高了工作效率。

以前，常见的 App 与智能硬件联动，已经为我们的生活带来了很多助力。例如，能够控制灯、电视机、空调，操控百叶窗、吸尘器等智能设备的天猫精灵和小爱同学等，以及可监测睡眠质量、制订饮食计划、跟踪运动情况的智能手表和健身应用。不过，目前各项预设式的功能还无法根据用户需求的变化灵活地进行定制化协同，用户需要自己发送具体的指令。在有了 Agent 之后，我们可以让它汇总并分析个人的关键数据，根据日程安排，给各个智能软硬件下达指令，如制定日程安排、提供饮食和购物建议，提供体验极佳的个性化服务。

5. 提供真实情感陪伴

除了准确的执行能力，Agent 也具备提供真实情感陪伴的能力。

2023 年 7 月，一位博主发布了“ChatGPT 当一天虚拟男友”的 Vlog。在视频里，这位虚拟男友完美地规划了一次傍晚追落日的约会出游，在这个过程中与该博主有着甜蜜浪漫的互动。尽管互动只基于语音，但提供了满满的情绪价值。

当下，多个平台和应用已经开发出能模拟真实行为和回复的 AI 虚拟情侣，为用户提供陪伴服务，提供类似于人类对话的情感支持，并且提供高度定制化的功能，包括对其外貌、性格和声音的调整。这些应用不仅能回应文本输入，还会适应用户的对话风格与偏好，提供个性化的语音交互。

除了虚拟情侣，Agent 也可以构建逝者的虚拟角色，通过逝者的性格特征、记忆和图像等信息，模拟生成数字人形象，让用户模拟与逝者对话。虽然这一技术可能会涉及伦理和法律问题而存在争议，但在一定程度上确实满足了生者对逝者的思念需求，给予其情感慰藉。

6. 每个高效能人士的背后，都有多个专业的 Agent 助手

Agent 拥有惊人的能力，能够进行独立思考，自主地采取行动，能够与周围复杂多变的环境进行有效的交互，最终顺利实现特定的目标。在缺乏明确、具体指令的情况下，Agent 能够凭借自身的学习和判断能力，自行设计合理的任务执行方案，有条不紊地完成一系列复杂而艰巨的任务。对于每天需要应对众多繁杂任务的人而言，这无疑是极大的解放。

每一位高效能人士的背后，都将离不开多个专业的 Agent 助手的有力支持。它们能够帮助我们从烦琐的工作中解脱出来，节省出大量的时间和精力，让每个人都有机会成为高效能人士，在工作和生活中取得更出色的成果。这是每个人在这个 AI 时代中都必须充分利用的资源。只有善于利用这个资源，我们才能够更好地适应工作方式的变化和用工需求的转变。

1.3.2 Agent 助力企业降本增效

1. 企业营销智能化

从市场分析到销售，再到售后服务，Agent 能够让企业的营销更加智能、高效、稳定、低成本。

数据分析 Agent 能够高效、精准地处理海量的市场数据，助力企业分析市场趋势、

了解竞争对手，制定更科学的营销策略，从而提高市场占有率和销售业绩。在智能投放与广告优化方面，数据分析 Agent 能够通过数据分析预测购买模式，推送精准内容，大幅提高业务效率。智能客服 Agent 能够全天候服务，减少人工客服的工作量，快速响应需求，还能在销售中精准地进行交叉销售和升级销售。在个性化推荐与内容生成方面，策划 Agent 能够基于用户行为和偏好进行产品推荐，生成吸引人的文案，提高用户复购率。

2. 专业服务交付批量化

Agent 在专业服务交付批量化方面也具备独特优势，具有广泛的应用场景。它利用机器人流程自动化（RPA）技术，能够自动处理诸如客户订单、咨询和申诉工单等重复性任务，大大减少人工干预，显著提高处理效率。结合 NLP（自然语言处理）技术，Agent 可以理解和解释人类语言，实现客户服务和支持任务的自动化。同时，一些 Agent 框架采用优化规划和任务执行流程的方法，把复杂任务拆解为多个子任务，然后依次或批量执行。

Agent 可以被集成到多种外部系统中，如社交媒体、企业内部通信工具等，提供 7 天 × 24 小时不间断服务。在呼叫中心，语音机器人形式的 Agent 能够与大批量用户进行自动化交互，被应用于信息送达、营销、身份核实及贷后管理等业务。在金融行业，Agent 能够自动完成数据分析、广告文案撰写、报告生成等烦琐工作，改变金融工作流程。对于现场服务管理，Agent 可以解决等待时间长、沟通不畅等问题，自动执行重复性任务，并与聊天机器人集成解决常见的问题，以低成本增加服务窗口，实现专业服务交付批量化。在企业 IT 和业务流程方面，Agent 能通过 API（Application Program Interface，应用程序接口）或代码解释器与内外部应用协作完成任务，并被嵌入企业业务流程中，例如集成到企业微信、钉钉等平台，为企业员工提供批量化的协作服务。

Agent 在专业服务交付批量化方面的应用，为各个行业带来了显著的效益和变革。

3. 人力资源管理精细化

Agent 在人力资源管理中具有强大的作用，不仅可以处理基础的人力资源事务性工作，提升企业在人力资源管理方面的人效，还能大幅提升员工的工作体验。

在招聘方面，Agent 能够通过自动筛选简历和安排面试来大幅提高招聘效率。借助智能筛选 Agent，HR（人力资源管理人员）能够依据岗位需求，自动匹配符合条件的简历，极大地缩短查找简历的时间。此外，Agent 还能负责面试预约、面试结果查询等工作。例如，市面上的一些智能招聘系统通过分析简历和社交网络资料来评估候选人，并与成功员工进行对比，从而辅助做出雇用决定。

在员工培养与留存方面，Agent 能够提供问答互动、知识学习和职业规划支持等服务，充当企业内部问询助手，为员工提供实时的支持与解答，减少员工职业发展中的困惑，提升员工体验。Agent 还能为企业提供个性化的员工培养方案，通过预测性分析，帮助企业预防员工流失，确保关键人才的稳定性。

Agent 在人力资源管理中的广泛应用，显著提高了招聘、培训、绩效评估和员工发展等环节的效率，让工作的颗粒度更精细，推动了组织内的创新发展。

4. Agent 在各领域和场景中广泛应用

基于 Agent 的能力，Agent 未来将在各领域和场景中广泛应用。除了营销、专业服务与人力资源管理，Agent 在医疗、教育、公共交通、制造、农业领域都有着广阔的发挥空间。

在医疗领域，Agent 可以通过分析整体人群的健康数据，预测糖尿病、心脏病等疾病的发展趋势，为公共卫生管理提供决策支持。Agent 还可以通过图像识别技术帮助医生进行疾病诊断，提高诊断的准确性和效率，弱化医生的个人经验因素，提升落后地区的医疗水平，加快医生的成长。

在教育领域，Agent 可以根据学生的学习情况和需求，提供个性化的学习建议和辅导等，还能为教师减少监考等与教学本身无关的事务性工作。Agent 利用计算机视觉技术可以自动检测考试中的作弊行为，确保考试的公平性。

在公共交通领域，自动驾驶 Agent 已经实现了 L4 阶段的市场化应用，可以在自动驾驶汽车中独立执行驾驶任务，降低了交通服务成本，提高了行车安全性和效率。Agent 通过实时监控交通状况，可以为交通管理部门快速提供决策建议，优化交通流量，减少拥堵。

在制造领域，Agent 目前已经可以充分利用计算机视觉技术，自动分析产品缺陷，确保产品质量，减少人工检查成本。通过 Agent 的加持，我们可以进一步分析生产过程中的数据，优化工艺参数、生产流程，提高产品质量和生产效率。

在农业领域，Agent 可以通过卫星图像和传感器数据监测农作物的生长情况，及时发现病虫害并采取相关措施。Agent 还可以帮助我们制定土地利用政策，优化农业生产布局。

5. 领先企业正在雇用大量 Agent 数字员工

随着国内人口红利逐渐消失，招聘熟练员工的难度不断加大。同时，城市生活成本飙升，致使人力成本持续上涨。这促使越来越多的企业开始“雇用”数字员工。

Agent 数字员工具备出色的意图理解能力，可以更专注于具有战略性和创造性的工作，从而全面提升企业整体的生产力和竞争力。

然而，Agent 数字员工的发展和普及仍存在一些挑战，其难点主要集中在如何判断业务场景是否适合“智能体化”、行业的差异性与 Agent 数字员工标准产品的偏差和冲突等。同时，这些挑战为致力于理解行业特点且能够快速落地 Agent 的群体提供了发展空间。

未来，Agent 必然会成为企业中每个员工、每个岗位的专属数字助理，以“AI+技术”助力全社会的生产力提升。

第 2 章　开发 Agent 的知识储备

2.1　了解Agent的工作原理

2.1.1　Agent 的基本决策流程：感知—规划—行动

Agent 的基本决策流程可以概括为 3 个核心步骤：感知（Perception）、规划（Planning）和行动（Action）。图 2-1 所示为 Agent 的 PPA 模型。这个模型是 Agent 智能行为的骨架，支撑着其与环境的交互和自主决策。

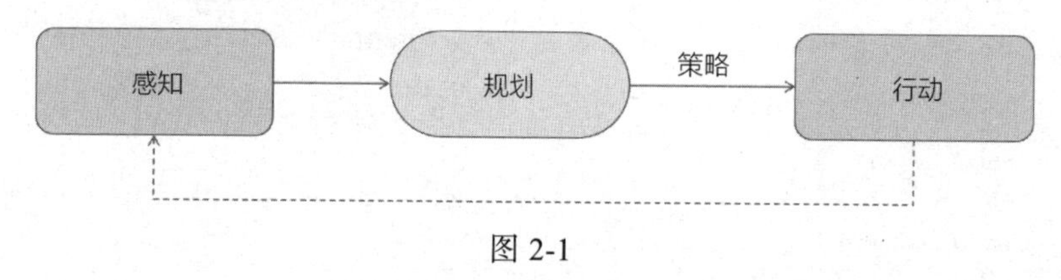

图 2-1

1. 感知

感知是指 Agent 通过其感知系统从环境中收集信息并从中提取相关知识的能力。这些信息可能包括文本、图像、声音等。就像我们的眼睛、耳朵等感受器官帮我们捕捉画面信息和声音信息。通过这些信息，Agent 能够了解当前环境的状态。

2. 规划

规划是指 Agent 为了实现某一目标而进行的决策过程。在这个阶段，Agent 会根据收集到的信息制定出一系列策略（行动方案），并确定如何有效地实现目标。这个阶段会涉及子目标分解、连续思考和自我反思等复杂的过程。就像我们在开汽车时看到红灯要踩刹车板停车，在看到前方发生交通事故时，思考后决定应该选择一条新路线行驶。

3. 行动

行动是指基于感知和规划做出的具体操作。Agent 会执行其规划好的动作并与环境进行交互。就像我们可以支配自己的身体，可以控制右脚从油门移动到刹车板，可以控制方向盘让汽车换一条路线。对于 Agent 来说，行动就是根据规划移动到某个位置，或者通过语音助手发送一条“打开窗帘”的指令。

2.1.2　Agent 的 4 大能力：规划、记忆、使用工具、行动

Agent 具备规划、记忆、使用工具、行动这 4 大能力。这个能力架构也在 Agent 开发平台中被广泛应用。Agent 的 4 大能力，使其自主性显著增强，能够自动化完成连续任务。

1. 规划能力

Agent 的规划能力指的是它具有的思考并决定采取哪些行动的能力。Agent 通过感知环境、分析信息，制定行动方案。这种能力可以分为多个维度和层次，包括任务分解、多方案选择、外部模块辅助规划、反思与优化和记忆增强规划等。规划能力的实现来自对大模型的调用。对于大模型来说，进行长期规划和推理是一项具有挑战性的任务，也正因此衍生了提示词工程、工作流模式等来优化大模型的规划能力。

2. 记忆能力

Agent 的记忆能力能够帮助 Agent 在多轮对话中保持上下文连贯性，并且在处理复杂任务时积累和调用历史信息。记忆可以分为短期记忆和长期记忆两种类型。

短期记忆主要用于处理当前的任务和上下文信息。Agent 的思考过程、任务规划、任务返回的结果都属于短期记忆。

长期记忆则用于存储更持久的信息，如用户输入的地址、电话等信息。这些信息可以通过数据库存储，也可以通过私有知识库存储。长期记忆一般通过向量数据库进行外部向量存储和快速检索来实现。

3. 使用工具能力

Agent 的使用工具能力主要指的是其在执行任务时能够使用和操作各种工具的能力。使用工具有多种方式，最常见且最方便的是调用 API，实现不同系统之间的通信和数据交换。在 Agent 开发平台上，插件、工具或组件都可以被认为是 API。

4. 行动能力

行动能力是 Agent 将规划、记忆和使用工具能力转换为实际结果的能力。行动能力包括执行动作能力和环境交互能力。执行动作能力是指 Agent 根据规划好的策略和步骤，完成任务执行相应的动作的能力。环境交互能力是指 Agent 与其他实体进行交互与协作的能力，比如 Agent 可以与人类、其他 Agent 或系统进行互动与协作，完成复杂的任务。

2.1.3 Agent 相关术语

为了全面地理解 AI 及 Agent 的技术原理，本书整理了一些常见的 Agent 相关术语。

1. 计算机编程相关概念

（1）结构化查询语言（Structured Query Language，SQL）。SQL 是一种专门用来与数据库交流的编程语言。你可以用它来存储、查询、更新和管理数据库中的数据。SQL 的基本命令很容易理解，即使编程新手也能快速上手。

① SELECT：用来选择你想要查询的数据。

② FROM：指定你想要查询的表格。

③ WHERE：用来添加条件，只选择满足特定条件的数据。

（2）函数调用（Function Calling）。函数调用是编程中的一个重要概念。它允许程序在执行过程中调用已经定义好的函数来完成特定的任务。这种机制不仅提高了代码的可重用性和可维护性，还使得程序结构更加清晰和逻辑严谨。OpenAI 引入了“Function Calling”功能，允许大模型（如 GPT）在生成文本的过程中调用外部函数或服务，极大地拓展了 GPT 的能力，使其能够联网获取实时信息、与第三方应用互动等。开发者可以定义所需的函数，让大模型智能地选择并输出一个包含调用这些函数所需参数的 JSON

对象。

（3）应用程序的开源框架。应用程序的开源框架是指那些允许开发者自由访问其源代码并根据需要进行修改和定制的软件开发平台。这些框架通常提供了一套预定义的功能模块、工具和最佳实践，以帮助开发者更高效地构建应用程序。开源框架在现代软件开发中扮演着重要角色，它们不仅提高了开发效率，还促进了技术创新和协作。

2. 数据库相关概念

（1）关系数据库。关系数据库通过表格（或称为表）来组织数据。你可以想象你有一堆信件，你把它们放在一个大盒子里。随着信件越来越多，你开始使用标签和文件夹来组织它们。这样，你就可以快速地找到特定的信件。数据库就像那个大盒子。它是一个存储大量数据的系统，可以高效地组织和检索信息。这些表格看起来就像电子表格或学校的成绩单，有行和列。每一行都代表一个记录，每一列都代表一个字段。当需要从数据库中获取信息时，你可以使用 SQL 语言来编写查询指令。例如，如果你想找出所有购买过本书的顾客，那么可以通过查询指令实现顾客表和销售表的关联，然后筛选出相关的记录。图 2-2 所示为搭建关系数据库的 ER 模型，展示了关系数据库的内在运行逻辑。

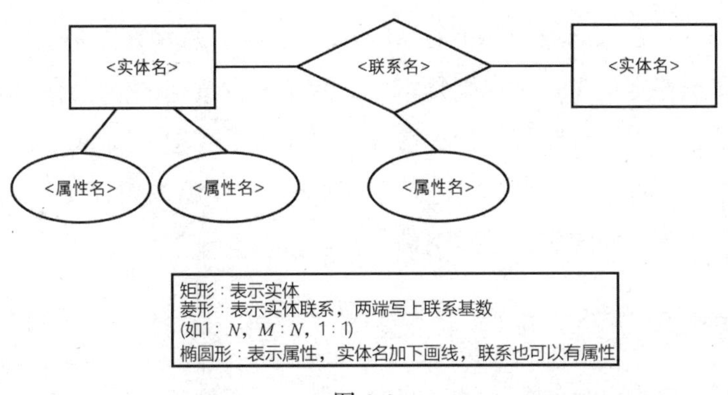

图 2-2

（2）向量数据库。在数学和物理学中，向量通常具有大小和方向。但在计算机科学中，向量更多的是指一个数值数组，例如[3, 5, 7]。这个数组可以代表各种信息，例如一个人的身高、体重和年龄。向量往往是高维的，意味着它们包含很多数值特征。向量数据库能够存储大量的向量，可用于快速检索和查询与给定向量相似或相关的数据。与“关系数据库”较单一的对应关系相比，向量数据库可以进行相似性搜索，找到与给定向量最相似的其他向量，如图 2-3 所示。在自然语言处理中，文本可以被转换成向量。向量数据库可用于检索语义上相似的文本，因此被广泛地应用于 AI 领域。

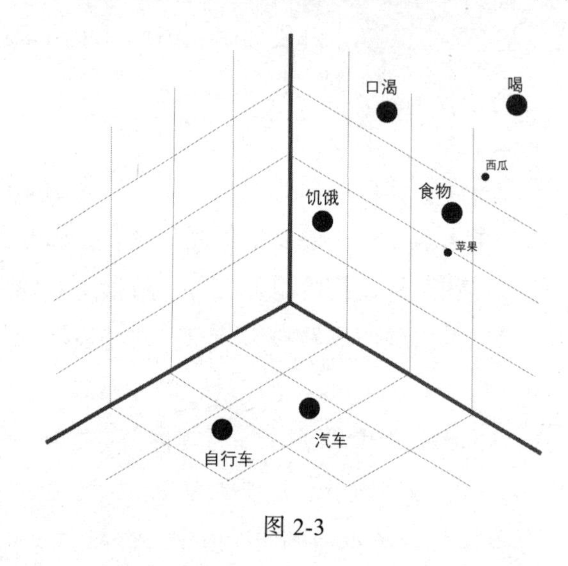

图 2-3

（3）检索增强生成（Retrieval-Augmented Generation，RAG）。RAG 是一种结合了检索（Retrieval）和生成（Generation）的 AI 技术。检索，就像在图书馆中查找书籍一样，从大量数据中找到特定信息。生成则是指 AI 系统根据给定的信息或指令来创造新的内容，可以是文本、图像、音频等。检索增强生成技术以“输入查询指令—检索信息—整合信息—生成结果”的工作流程，达到了提高准确性、丰富内容、减少生成偏差的目的，可以被广泛地应用于智能客服、搜索引擎、内容推荐系统等。

3. 大模型相关概念

（1）自然语言处理。自然语言就是我们人类用来沟通的语言，例如汉语、英语、法语等。自然语言包括了口语和书面语。自然语言处理就是对数据进行分析、组织或转换，使计算机能够理解、解释和生成人类语言的内容，包括把句子分解成单独的单词或短语，识别单词的词性（例如名词、动词等），理解句子的结构（例如主语、谓语和宾语），理解句子的意思，而不仅仅是理解字面上的单词等。

（2）提示词工程。提示词是用于与 AI 对话系统进行交互时提供的指导性文本。它是一种上下文提示，可以是一句话、一个问题、一段描述或者更复杂的文本片段，其主要作用是指导大模型根据对话的上下文或者特定主题，输出相关性高的特定内容。在不同类型的 AI 对话系统中，如聊天机器人和问答系统，提示词都起着至关重要的作用。例如，在聊天机器人中，提示词指导对话方向，提供必要的信息和上下文，控制对话流程，提高用户体验。在问答系统中，提示词是引导 AI 对话系统检索知识库、生成准确答案的关键。

（3）思维链与思维树。思维链（Chain of Thought，CoT）和思维树（Tree of Thought，ToT）都是用于提升大模型推理能力的提示词工程框架。它们通过不同的方式组织大模型的推理过程，以解决复杂问题。

CoT 除了任务输入/输出，还包括提示中推理的中间步骤。CoT 的核心思想是引导大模型逐步展示其思考过程，从而提高大模型执行复杂任务的精准性。CoT 适用于需要复杂推理、数学计算或解决多步骤问题的场景。CoT 被证明可以显著提高大模型解决问题的能力，而无须更新任何模型参数。

ToT 以树状形式展开思维链，探索从一个基本想法产生的多个推理分支。与 CoT 的链式推理相比，ToT 具备分支的推理能力，以树的形式组织其推理过程，有助于使用不同的思维路径。ToT 的优势在于其有条不紊地组织。首先，系统会将一个问题分解，生成一个潜在推理步骤或“思维”候选者的列表。然后，系统会对这些想法进行评估，衡量每个想法产生所需解决方案的可能性。图 2-4 所示为 CoT 和 ToT 方法的特点。

（4）ReAct。ReAct 是 Reasoning and Acting 的缩写，意思是大模型可以根据逻辑推理（Reason），构建完整的行动（Act），从而达成期望目标。ReAct 是一个基于大模型的复杂任务自主规划处理框架，利用了大模型的续写能力，通过逐步生成与任务相关的推理步骤和具体操作来完成复杂任务。为了防止大模型生成无关或错误的内容，ReAct 框架会设置一系列停止词。当大模型生成与这些停止词相同的输出内容时，大模型将停止生成内容。

（5）多模态（Multimodality）。多模态是指集成和处理两种以上不同类型的信息或数据的方法和技术。多模态涉及的数据类型通常包括文本、图像、视频、音频等。多模态 AI 系统能够同时处理和学习多种类型的数据，以便全面地理解、解释复杂的现实世界数据，并做出更加准确和有效的决策或预测。

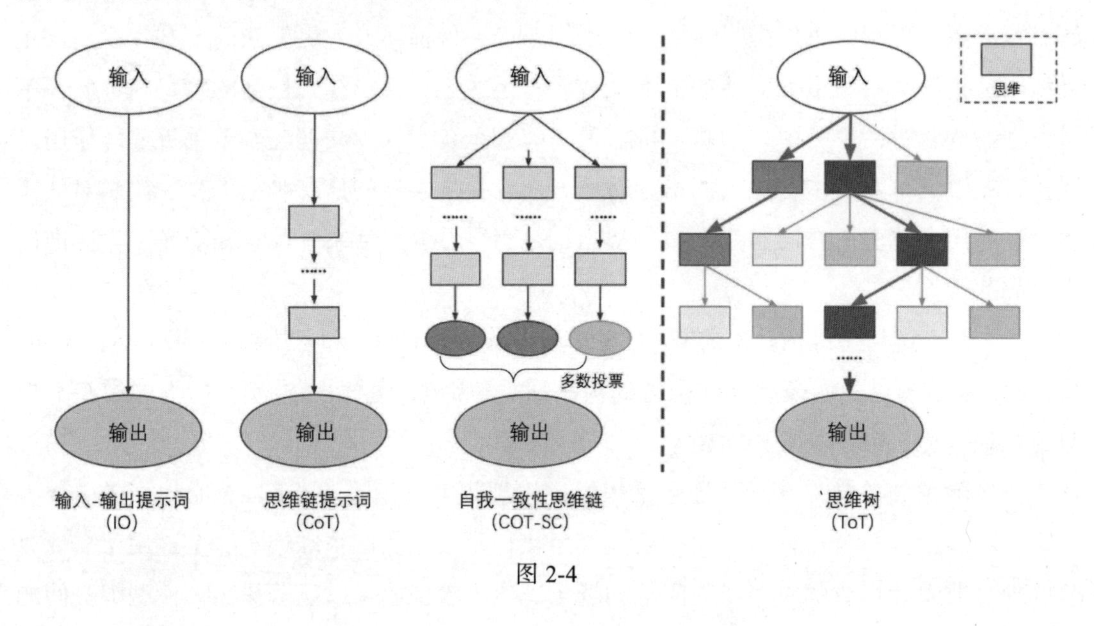

图 2-4

2.2 规划Agent业务场景所需的业务流程知识

2.2.1 开发 Agent 为什么要学习业务流程知识

1. 业务流程的概念及其与 Agent 的关系

在现实生活和工作中存在大量的业务流程。例如，网约车流程有登录 App—定位出发地—选择到达地—选择车型—等待车辆到达—确认上车信息—到达支付—评价—售后处理等环节。再如，市场调研流程有确定调研主题—搜集资料—梳理与分析资料—提炼观点—输出调研报告等环节。

业务流程是给特定用户/客户创造价值（满足其需求）的相互关联的一组活动进程。一个完整的业务流程通常包括 6 个要素：输入的资源、流程活动、活动间的相互作用（例如是串行还是并行、活动的先后次序）、输出的结果、下游客户（输出结果的需求方）、流程价值（解决了什么问题）。图 2-5 所示为业务流程 6 个要素的关系。

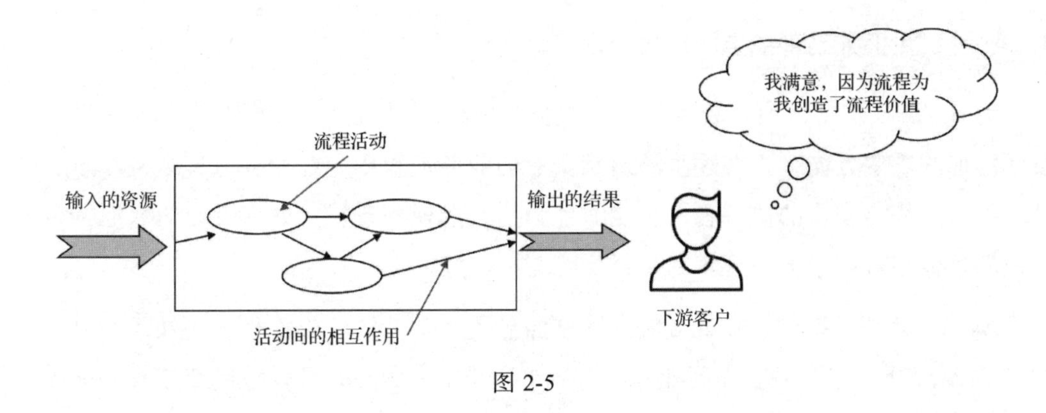

图 2-5

Agent 能够促进业务流程的自动化和智能化，业务流程和 Agent 的工作流（workflow）非常相似。Agent 的开发过程就是针对具体的业务场景，通过 AI 技术，实现业务流程自动化、智能化的过程。

2. 业务流程的特征及其在 Agent 开发中的应用

（1）目标性。目标性是指设计业务流程时应有明确的输出和价值诉求。只有明确业务流程目标，才能在设计业务流程或优化业务流程时输入清晰的功能需求。开发 Agent 同样要有明确的功能定位和目标。

（2）普遍性。普遍性是指业务流程普遍存在于生产、生活中，流程化的理念有助于固化程序、沉淀知识、将复杂任务分步骤结构化管理。

（3）动态性。动态性是指业务流程会随着技术、组织、人员技能等因素的变化而动态调整和优化。业务流程优化的目标是在效率、质量、成本、风险方面持续改进业务流程。信息化技术让业务流程从线下流转升级到线上自动化运行。随着 AI 时代的到来，Agent 让业务流程智能化。

（4）结构性。结构性是指业务流程根据实际执行情况，可分为串联、并联或反馈等多种流程结构。流程结构会对业务流程的运作效率和运作质量产生影响。一般来讲，串联结构有助于对业务流程节点活动和信息的控制；并联结构有助于业务流程节点活动的协同，提高运行效率；反馈结构则有助于系统部分环节的改善和调整。在设计 Agent 的过程中，也需要考虑结构性的特点，特别是编排复杂的工作流，涉及多个节点，需要提前规划和设计业务流程蓝图，在此基础上编排具体的节点进行开发。

3. Agent 是业务流程的 AI 化

随着 AI 技术的发展，数字化已成为企业提高效率和竞争力的关键。Agent 作为 AI 技术落地的重要方向，正在逐步渗透到企业的业务流程中。在业务流程中，Agent 可以被理解为一种自动化的执行者，它能够理解复杂的业务逻辑，处理大量的数据，并根据预设的目标和规则做出决策。

Agent 能够在效率、质量、成本等方面显著改善传统业务流程。例如，Agent 可以 24 小时不间断工作，显著提高业务流程的处理能力；Agent 可以替代部分人工操作，降低人力成本，加快响应速度；Agent 能够提供个性化服务，提升用户的满意度。

Agent 势必会让业务流程智能化，这将改变我们的工作方式和生活方式。通过熟悉业务流程的相关理论、方法，结合 AI 技术，我们可以开发出更加专业、高效和智能的 Agent。

2.2.2 Agent 开发者的业务流程工具箱

开发 Agent 欠缺的通常不是技术能力，而是理解业务的能力。与技术专家相比，开发 Agent 更需要业务和管理专家。因此，学习和掌握一些业务流程分析、业务流程优化的方法论对于 Agent 开发者而言很有必要。

1. 业务流程优化的 4 个目标

业务流程优化是通过对现有业务流程整体或部分的梳理、完善、优化，以提高工作质量和工作效率、降低成本等为目的，保持业务流程先进性和竞争优势的一种策略。在业务流程的设计和实施过程中，要对业务流程不断地进行改进、优化，以期取得最佳的效果。

业务流程优化旨在实现 4 个方面的目标：质量提高、成本降低、效率提高及风险管控。

（1）质量提高。要实现用户满意度提升、产品竞争力增强、市场反应速度加快、市场占有率提高等。

（2）成本降低。要实现业务流程运行成本降低，包括人力成本、财务成本、时间成本及管理成本等方面。

（3）效率提高。要实现业务流程运行效率提高，包括业务流程环节简化、业务流程处理时效提高、业务流程非增值活动削减等。

（4）风险管控。要形成合理、有效的风险管控机制，既能体现业务流程价值，又能管控业务流程风险，包括风险管控环节的重新设计、风险管控的分类分级授权、业务流程活动过程的留痕管控等。

Agent 的核心价值就是通过 AI 技术重塑传统的业务流程。因此，要想开发一个专业的 Agent，就应该与传统的业务流程对比，在以上的一个或多个方面有明确的业务流程优化目标。例如，简历筛选 Agent 可以快速阅读简历信息，根据对基本条件和从业经历等信息的理解，做出是否邀约面试的判断，其可以 7 天 × 24 小时工作。简历筛选 Agent 节省了投入的人工成本，提高了简历筛选的效率，评估简历通常比普通招聘人员更加专业，评估质量更稳定。

2. 业务流程优化的 6 个步骤

业务流程优化一般需要经过如图 2-6 所示的 6 个步骤。

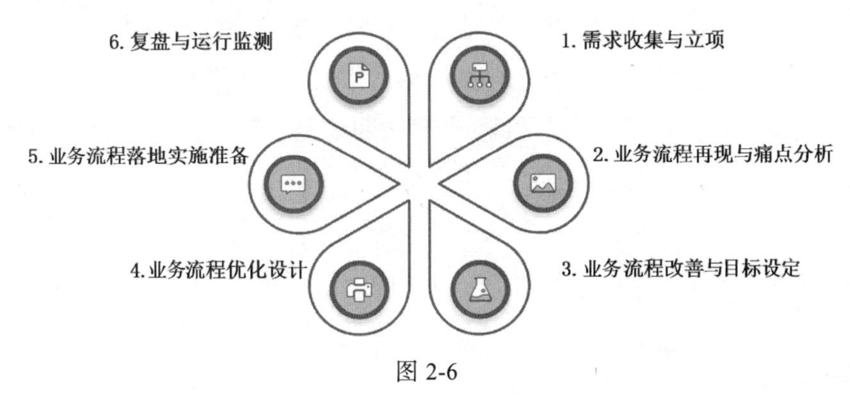

图 2-6

（1）需求收集与立项。通过企业内部的流程诉求、用户投诉或满意度调查、流程对标、流程运行监测等收集业务流程优化需求，提出业务流程优化项目。在 Agent 开发中，该步骤是确定 Agent 的业务场景。

（2）业务流程再现与痛点分析。梳理和绘制业务流程现状图，借助业务流程诊断分析工具，识别业务流程的痛点、卡点、堵点，发现问题，明确业务流程优化的方向和重点。在 Agent 开发中，该步骤是梳理业务流程，分析痛点。

（3）业务流程改善与目标设定。基于业务流程诊断分析，确定业务流程的变革点，阐述各个变革点的变革价值，通过定量指标明确业务流程优化的目标。在 Agent 开发中，该步骤是提出 Agent 开发的功能需求，明确 Agent 的设计目标。

（4）业务流程优化设计。基于质量提高、成本降低、效率提高、风险管控等业务流程优化目标和前期的诊断结论，借助业务流程优化方法和工具，有针对性地进行业务流程重新设计，减少业务流程的不增值活动。在 Agent 开发中，该步骤首先是设计基于 Agent 的运行流程图，规划 Agent 的整体运行逻辑，其次是基于 Agent 开发平台，分模块设计 Agent 的功能，包括选择 Agent 模式、设置模型参数、设计人设与回复逻辑、设计工作流、设计知识库/数据库、设计交互页面、测试等。

（5）业务流程落地实施准备。业务流程优化设计及评审通过后，规划业务流程配套制度、作业标准、系统上线计划等，并制订业务流程试点实施计划、全面推广计划，进行新业务流程方法讲解培训及宣贯，稳步推进新旧业务流程切换。在 Agent 开发中，该步骤是 Agent 的上线发布、使用培训、试运行。对于生产级的 Agent 投入应用，还要考虑人工复检或者人工流程与 Agent 双线运行。

（6）复盘与运行监测。为了确保新业务流程稳定运行，在业务流程上线后，还需要对业务流程开展持续监测，及时发现业务流程运行过程中的不畅通、未达预期等情况，并及时改进纠偏。在业务流程优化项目关闭后要组织复盘，一般从新旧业务流程的效率、成本、风险、质量及客户满意度这几个维度对比，总结项目问题及项目价值点，沉淀项目工具和方法并推广。在 Agent 开发中，同样需要进行复盘和运行监测，持续收集用户在使用 Agent 的过程中出现的异常情况，持续调优，确保 Agent 稳定、高质量地运行。

3. 业务流程优化方法和工具

（1）用业务流程图显化业务流程。业务流程显化是用图形化的方式还原业务流程现状。常用的业务流程显化工具有泳道图、乌龟图、简易流程图等。对于 Agent 开发中的业务流程显化，我们一般用乌龟图或简易流程图。

图 2-7 所示为一个投诉处理流程的乌龟图（因为结构有点像乌龟而得名），通过业务流程的关键环节、执行岗位、流程输入、流程输出、与其他工作的接口、衡量此流程的

关键指标 6 个维度，对投诉处理流程的运行过程进行了详细梳理。通过梳理，我们可以为业务流程分析和优化提供一个可视化的页面。例如，我们可以通过 AI 系统重塑这个业务流程，Agent 可以完成客户投诉的常规沟通、情况判定、投诉记录、信息推送、风险预警、投诉处理进度反馈、投诉回访、投诉分析报告生成等多个动作，从而替代原来的人工客服执行岗位。通过刻画并分析原有的业务流程，我们可以设计优化后的新业务流程。

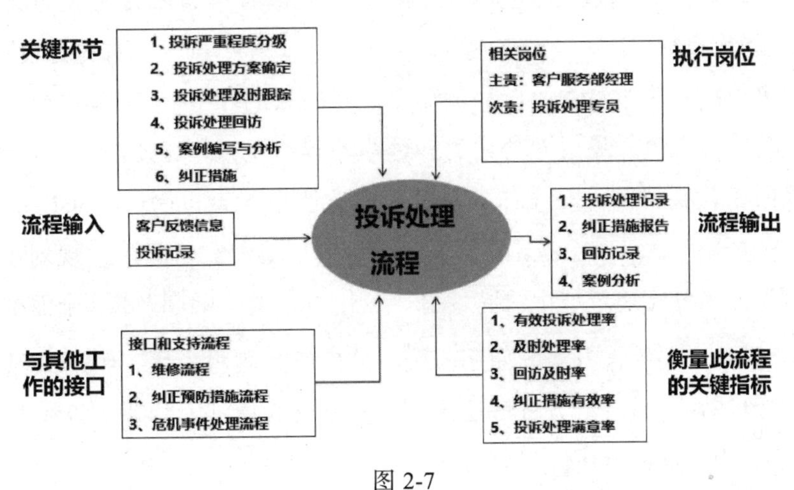

图 2-7

如果你觉得用乌龟图的方式比较复杂，那么可以用简易流程图的方式直接刻画业务流程。图 2-8 所示为把抖音视频改写为图文的 Agent 的工作流程。简易流程图使用活动框、判断框、连接线等图例就可以直观地呈现业务流程的运行过程。

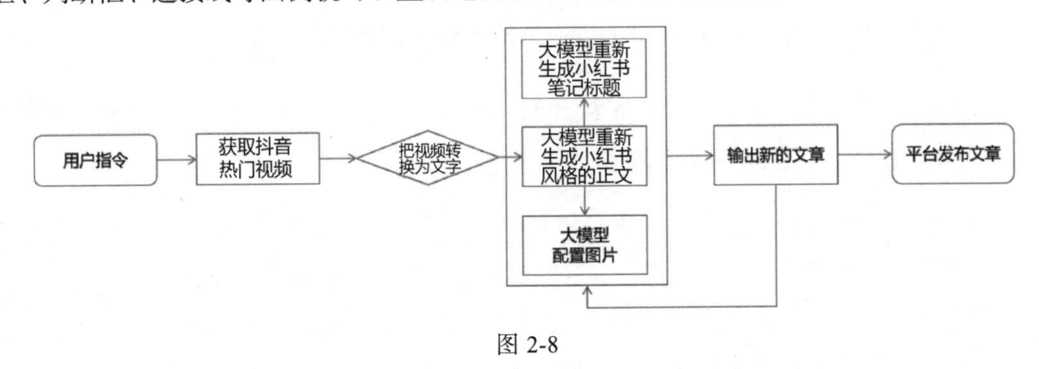

图 2-8

（2）通用的业务流程优化方法。在业务流程显化后，就需要分析和优化业务流程。下面提供 10 种通用的业务流程优化方法。

① 清除、取消：识别不增值的工作过程，然后将其清除、取消。

② 简化：尽可能让复杂活动简单化，提高流程效率。

③ 合并整合：尽可能整合多项活动，减少工作过程的非工作时间。

④ 减少动作切换：尽可能让同一个岗位完成一项完整的工作，减少动作切换的时间。

⑤ 串并联设计：尽可能设计并联活动，同步协作开展工作，提高效率。

⑥ 重排工作顺序：通过观察业务流程的各个环节，调整不合时宜的作业活动的顺序，提高流程的连贯度。

⑦ 迁移决策点：决策点尽可能靠近需要进行决策的环节。

⑧ 打通横向信息流：通过对备案、抄送等环节的设置，加强信息横向流动与共享。

⑨ 设置质量检查机制：在工作的过程中设置质量检查机制，确保达到业务流程质量的目标。

⑩ 自动化：尽可能通过线上流转信息、工作，在留痕的同时提高业务流程的效率。

这 10 个业务流程优化方法的使用范围十分广泛，既可以用于线上流程，也可以用于线下流程，但是并不是所有方法都适用于开发 Agent 所涉及的业务流程优化，你需要根据业务流程的特点选择可用的优化方法。

2.3 开发Agent是否需要掌握编程技术

2.3.1 借助 Agent 开发平台，不会编程也可以开发 Agent

最早的 Agent 开发平台差不多与 GPT 同时期（2022 年年底）出现。2024 年被称为 Agent 元年，国内的 Agent 开发平台也初步成型。

非技术开发者通常会认为开发 Agent 是程序员才有能力做的事情，编程知识的缺乏往往成为进入这一领域的障碍。然而，AI 技术与以往技术的最大不同就在于，AI 技术是自然语言技术，人们通过自然语言就可以使用 AI 技术。Agent 开发模式从代码模式走向了零代码可视化模式。国内的 Agent 开发平台，如扣子、文心智能体平台等，已经可以实现零代码开发功能多样的 Agent。Agent 开发平台设计了面向非技术开发者的操作页面和流程，并提供了丰富的即插即用的扩展工具。即使不会编程的人，也能参与 Agent 开发。

1. 可视化操作页面

许多 Agent 开发平台提供了直观的拖放式页面。开发者可以通过简单的可视化操作来设计 Agent 的各项功能。例如，开发者可以通过拖动不同的模块来构建 Agent 的工作流程。每个模块都代表一个特定的功能或任务。这种可视化的方式不仅降低了开发的难度，还使整个开发过程更加直观和易于理解。

2. 即插即用的工具

Agent 开发平台提供了成熟的插件。不同的 Agent 开发平台的工具丰富程度不同，我们可以用即插即用的方式来使用。这极大地简化了开发过程，降低了对编程技术的依赖。例如，对于一个抖音搜索和图文修改类的 Agent，我们只需要添加抖音搜索、视频转文字、文生图等插件，编排模块化的工作流就可以实现抖音视频生成小红书文本文案。再如，对于一个专业问答类的 Agent，我们只需要把专业的知识文档上传到 Agent 的知识库，配置知识分段的可视化参数，就可以让其实现对专业问题的精准回答。

3. 自然语言设计

在 Agent 开发平台上，我们通过写自然语言的提示词，就可以完成 Agent 的功能规划，不需要输入代码。Agent 开发平台甚至支持根据开发者输入的自然语言，自动生成 Agent 的配置信息。另外，也有一些平台支持将开发者的自然语言指令自动转换为可执行的代码。自然语言处理技术极大地降低了开发的门槛。

4. 官方文档和社区支持

Agent 开发平台活跃的社区和详尽的文档可以帮助非技术开发者快速上手，解决开发过程中遇到的问题。许多 Agent 开发平台都有庞大的用户社区，以及官方交流群。文心智能体平台、扣子等 Agent 开发平台会经常举办 Agent 大赛，并提供对 Agent 操作的官方培训。

因此，即使你不会编程也大可不必担心。借助 Agent 开发平台，我们完全可以无障碍开发 Agent。执行复杂任务的 Agent 也不需要通过编程的方式实现。本书就是一本不讲编程的 Agent 工具书，零编程基础也完全可以掌握 Agent 开发能力。

2.3.2 掌握编程技术，有助于 Agent 开发进阶

尽管借助 Agent 开发平台，非技术开发者也能开发 Agent，但掌握编程技术无疑能够为 Agent 开发带来更多的可能性和灵活性。目前，国内 Agent 开发平台还处于功能持续迭代的过程中，设计一些复杂的 Agent，还需要借助编程语言实现。

1. 定制化开发

掌握编程技术的开发者能够根据特定的需求，编写自定义的代码模块，从而可以实现平台提供的预定义模板和组件无法实现的功能。当一些 Agent 开发平台提供的插件比较少时，编程能力就能发挥很大作用，如调用 API、开发自定义的插件、使用工作流代码块等。另外，如果开发者想要灵活地使用一些本地部署的 Agent 开发平台（如 Dify 等），或者配置了代码功能的企业级 Agent 开发平台（如千帆 AppBuilder 等），那么需要掌握编程技术。

2. 实现复杂的功能

对于需要高度定制化和复杂交互的场景，编程技术显得尤为重要。例如，在开发一个能够进行复杂数据分析和决策支持的 Agent 时，编程能力可以帮助开发者实现复杂的算法和数据处理流程。此外，编程能力还使得开发者能够整合外部系统和 API，实现跨平台和跨系统的集成。

3. 服务其他 Agent 开发者

开发者掌握编程技术不仅能够给自己的 Agent 开发助力，还可以将自己开发的 API、Agent 等通过平台商店共享给其他 Agent 开发者使用，获得收益。

工具篇

Agent 开发很简单

第 3 章　认识 Agent 开发平台

3.1　Agent开发平台的演进

3.1.1　什么是 Agent 开发平台

Agent 开发平台是专门用于创建、配置、部署、训练和运行 Agent 的平台。

随着 Agent 开发框架的发展，很多 Agent 开发平台能够以图形化、零代码或低代码的方式为开发者提供一站式服务。

同时，Agent 开发平台也是一个生态社区，聚集了各个类型的开发者。他们有的是懂业务的专家，有的是技术高手。Agent 开发平台还会经常举办各类 Agent 开发大赛，为开发者提供培训与交流的机会。

1. Agent 开发平台的 4 个特点

（1）技术集成性。Agent 开发平台集成了大模型调用、提示词工程、插件、线上编程运行环境、知识库、工作流、数据库等多种功能模块，为开发者提供了一站式的技术解决方案，能够满足 Agent 的多样化开发需求。

（2）操作易用性。早期的 Agent 开发平台，如 2022 年年底上线的 LangChain、LlamaIndex 等平台，定位为辅助技术开发者开发大模型应用。后来，逐渐出现了有 UI 页面的开发平台，如 AgentGPT、NexusGPT 等。到了 2023 年年底和 2024 年年初，国内涌现了多个可视化、零代码的 Agent 开发平台，如字节跳动旗下的扣子（2023 年年底上线了海外版、2024 年年初上线了国内版），百度的千帆 AppBuilder 和文心智能体平台、智谱智能体等。Agent 开发平台让 Agent 开发门槛大幅降低，易于普通开发者使用。

（3）功能扩展性。Agent 开发平台支持开发者根据自己的业务场景、功能需求自由配置 Agent，通过平台的 API、工作流、数据库、知识库等，可以在大模型能力既定的情况下，极大地扩展 Agent 的能力和应用场景。

（4）发布灵活性。Agent 开发平台既有云端部署平台，也有本地部署平台。Agent 除了可以在 Agent 开发平台上发布，还可以接入飞书、钉钉、微信等社交平台，以及作为 API 或者 SDK 发布，后续可以集成到其他软件平台或服务中。

2. Agent 开发平台的 9 大功能

一个功能比较完善的 Agent 开发平台，具备以下 9 大功能。

（1）接入基础大模型。Agent 开发平台为开发者提供了接入基础大模型功能，开发者无须自行配置大模型 API。根据 Agent 开发平台提供的大模型的多样性，我们可以把 Agent 开发平台分为两类。第一类是单模型平台。这类平台通常是大模型厂商推出的 Agent 开发平台，只能使用自家的大模型。例如，智谱智能体中心、文心智能体平台、天工 SkyAgents、腾讯元器等。第二类是多模型平台。开发者可以在平台上选择多款大模型。例如，扣子、Dify、FastGPT 等。在扣子基础版上可以选择自家的豆包，也可以选择 Kimi、阿里千问、百川等其他大模型。在 Dify 上可以选择更多大模型。与单模型平台相比，多模型平台对开发者更具有吸引力。

（2）设计角色与任务指令（提示词）。通过设计 Agent 的提示词，开发者可以通过自然语言，定义 Agent 的角色，规划 Agent 的工作流和行为。Agent 的提示词通常有一定的结构性特点。例如，角色、技能、工作流、参考案例、限制等，都是 Agent 的提示词的元素。很多 Agent 开发平台还提供提示词优化功能。

（3）调用插件。为了增强 Agent 的能力，Agent 开发平台会提供一些常用的插件供开发者直接使用，也会提供创建第三方插件或者自行开发插件的功能。插件丰富度是零编程基础开发者选择 Agent 开发平台的重要因素。

（4）编排工作流。对于需要执行复杂任务的 Agent，需要通过编排工作流的方式将 Agent 的任务执行过程拆解为不同功能的节点，并将这些节点合理地串联起来。国内越来越多的 Agent 开发平台提供了可视化编排工作流的功能，内置了多种任务节点，包括对话模型、插件、知识库、代码、选择器、数据库、变量等。通过对每个节点的数据输入、处理逻辑、输出结果等进行可视化设置，开发者可以将这些节点组合成复杂的工作流。工作流的使用，让 Agent 与 ChatBot、Copilot 有了本质的区别。

（5）存储记忆。记忆是 Agent 的重要功能。Agent 开发平台通过变量、知识库、数据库等实现 Agent 的短期记忆或长期记忆功能。

（6）设计对话体验。在 Agent 开发平台上，开发者可以个性化地设计 Agent 与用户的对话页面，一般包括开场白（Agent 功能介绍等）、预设问题（关于使用 Agent 的常见问题）、自定义 UI 组件（开发者根据需求自定义 UI 组件，如按钮、表单、列表等）、数字人声音、语音对话等。

（7）调试与校验。调试与校验功能用于测试 Agent 的输出结果是否符合预期。通过对 Agent 运行过程参数的分析，开发者可以检查和调优 Agent 的能力。

（8）发布。在调试成功后，Agent 需要被发布才能供用户使用。Agent 开发平台通常都有自己的 Agent 应用市场/商店，也支持将 Agent 发布到其他社交平台上或作为 API 使用等。

（9）运营管理 Agent。Agent 开发平台最终会像 App Store 一样，构建起一整套完善的交易及会员体系。目前，大多数 Agent 开发平台采用的还是免费模式，商业化的生态还不够成熟。不过，个别 Agent 开发平台已经开始尝试商业化，如百度的千帆 AppBuilder，定位为面向 B 端的 AI 原生应用，Dify、FastGPT 等平台也已经采用了付费模式。

3.1.2　国外的 Agent 开发平台的进化历程

与 AI 的发展相比，Agent 开发平台是一个新鲜事物。随着 2023 年生成式 AI 元年的到来，2024 年被定义为 Agent 元年。Agent 被广泛认为是 AI 落地应用的重要方向。自 2022 年年底，国外已经开始探索 Agent 开发框架与技术，而国内的 Agent 开发平台在 2023 年下半年才开始发布。

我们简单梳理一下国外的 Agent 开发平台的进化历程和代表性平台，帮助你从时间轴上了解 Agent 开发平台的发展过程、成熟度及进化趋势。

1. LangChain

LangChain 于 2022 年 10 月由 Harrison Chase 推出。当时，他在一家机器学习初创公司 Robust Intelligence（一家专注于测试和验证机器学习模型的 MLOps 公司）领导 ML 团队。2023 年 3 月，LangChain 获得了 1000 万美元融资。2023 年 7 月，LangChain 发布了大模型应用开发平台 LangSmith，目标是让开发者可以快速构建一个可以投入到生产环境中的大模型应用。2024 年 1 月，LangChain 官方发布了首个稳定版本——LangChain v0.1.0。

LangChain 是一个开源框架，旨在帮助开发者使用大模型构建端到端的 AI 应用。它通过提供一系列工具、组件和接口，简化了与大模型的交互，使得多个组件可以链接在一起，并集成外部资源，如 API 和数据库。LangChain 构建了一个早期的 Agent 开发框架。

LangChain 是大模型 AI 应用开发的先行者，以开源的方式，为后续的 Agent 项目和平台的涌现提供了重要基础。LangChain 的优点是有丰富的工具、组件和易于集成，功能十分强大。

2. LlamaIndex

LlamaIndex 于 2022 年 11 月上线。ChatGPT 也是在这一时间发布的。由此可见，LlamaIndex 是非常早的 AI 应用技术探索者。与 LangChain 相比，LlamaIndex 更专注于数据索引和检索，提供了与大模型集成的上下文感知搜索和动态数据获取功能。

LlamaIndex 也是一个开源框架，是专注于 AI 检索增强生成（RAG）的应用开发框架。它通过提供一系列工具，将大模型的能力与私有数据相结合，提升大模型在专业领域的应用效果。其主要工作原理是在索引阶段将专有数据有效地转换为向量索引，在查询阶段会以信息块的形式返回语义相似度最高的内容，这些信息块加上原始的查询提示词，被发送到大模型以获得最终响应。

不过，LlamaIndex 也需要通过编程语言操作，在目前的国产 Agent 开发平台中，也有类似于 LlamaIndex 这样专注于知识库检索的 Agent 开发平台，如 FastGPT。

3. AutoGPT

AutoGPT 是 2023 年上半年发布的一个 Agent 开发平台，是由一位游戏开发者

SigGravitas 开源的一个 AGI 项目。AutoGPT 的基本原理是 ReAct（Reason ＋ Act，第 2 章介绍过这个概念），即让大模型一遍又一遍地决定要做什么，同时将其操作的结果反馈到提示页面中，不断地自我迭代，让 Agent 的输出结果越来越接近目标答案。AutoGPT 具有搜索互联网、管理长短期记忆、调用大模型进行文本生成、存储和总结文件、扩展插件等能力。AutoGPT 可以根据不同的应用场景和用户需求定制化地增强功能，以及实现与其他工具和服务的集成。

在 GitHub 平台上，AutoGPT 上线仅仅 36 天，点赞数就突破了 10 万。如果你是一位有编程基础的开发者，那么不妨试一试使用 AutoGPT。AutoGPT 在 Agent 的功能完备度、操作便利性等方面比之前的 Agent 开发平台更好用。

4. NexusGPT

NexusGPT 于 2023 年 4 月推出，在其官网上醒目地写道："Build AI agents in minutes, without coding"（仅用几分钟就可以快速创建 AI 智能体，无须任何代码），如图 3-1 所示。NexusGPT 支持用户在无须编写代码的情况下构建、微调和集成 Agent。

图 3-1

NexusGPT 拥有超过 1000 个现成的 Agent，以及超过 1500 个工具。开发者可以将它们添加到 Agent 中，还可以将自定义知识（来自 pdf 文档、pptx 文档、docx 文档、网站、Notion 文档等）添加到 Agent 中。开发者能够创建执行各种任务的 Agent，并且可以将其发布到网站、WhatsApp、Slack、Teams 等平台上。另外，NexusGPT 还支持选择多模型。NexusGPT 的官网显示有 3 种收费模式。

NexusGPT 是比较成熟和完善的 Agent 开发平台形态。NexusGPT 完全实现了 Agent 开发平权化，从面向技术开发者走向人人都是开发者。

5. OpenAI 的 GPTs 及 Swarm

在 2023 年 11 月 OpenAI 开发者大会上，OpenAI 创始人 Sam Altman 介绍了 GPTs 的概念。2024 年 1 月，OpenAI 上线了 GPT Store。

在 OpenAI 的 Agent 开发平台 GPT Builder 上，开发者通过自然语言和鼠标操作，就可以创建一个 GPT，并将其发布在 GPT Store 上。GPTs 其实是基于 ChatGPT 的聊天机器人。

2024 年 10 月，OpenAI 发布了多智能体编排产品——Swarm。Swarm 是用于构建、编排和部署多 Agent 的框架，目前还在实验阶段。

除了以上这些 Agent 开发平台，国外还有许多知名的 Agent 开发平台，如 Firsthand.ai、Beam.ai、Kompas.ai、Synthflow.ai、AgentRunner.ai 等。考虑到国内的使用环境，本书后续重点介绍国内的 Agent 开发平台。

3.1.3 Agent 开发平台的发展趋势

从 Agent 开发平台的特点、功能，以及国外的 Agent 开发平台的发展进程中不难发现，Agent 开发平台呈现出以下 5 个发展趋势。

第一，早期的 Agent 开发平台采用开源的技术框架，实现了 Agent 开发从 0 到 1 的技术突破，为后续各类 Agent 开发平台提供了坚实的技术基础。

第二，Agent 的能力随着技术进步正在被快速提高。

第三，Agent 开发平台从代码开发模式走向了可视化零代码模式，人人都是开发者已经成为现实。

第四，随着 Agent 开发平台涌现，Agent 生态正在持续完善，各类工具、API、Agent 越来越丰富，生态的完善让 Agent 开发所需的功能组件越来越容易获取。

第五，国外的 Agent 开发平台已经开启付费模式，在商业模式方面逐步探索出可变现的路径。

3.2 国内的Agent开发平台速览

3.2.1 国内的 Agent 开发平台梳理

从 2023 年下半年开始，国内的 AI 厂商集中推出了一系列 Agent 开发平台。2024 年逐渐出现了一些与国外的 Agent 开发平台相媲美的平台。我们按照平台发布的时间顺序梳理国内的 Agent 开发平台。

1. Dify

Dify 在 2023 年 3 月立项启动，2023 年 5 月正式上线，同时在 GitHub 上开源。Dify 融合了后端即服务（Backend as Service）和大模型 Ops（Large Language Model Operations，大模型操作）的理念，具备可视化的页面。

Dify 提供两个版本，即社区版和云服务版。社区版完全开源，可以被开发者自行部署在本地环境中使用，适合有一定技术背景的开发者使用。云服务版不需要本地部署，开发者需要有一个 GitHub 或 Google 账号，在配置模型供应商或使用提供的托管模型供应商后就可以创建 Agent。Dify 主打海外市场，其国外的 SaaS 用户比较多。除了免费体验套餐，使用 Dify 的云服务版的其他套餐是需要付费的。

2. FastGPT

FastGPT 于 2023 年 4 月发布，专注于基于大模型的知识库问答，提供了开箱即用的数据处理、大模型调用等能力。FastGPT 支持多种大模型，可以通过编排可视化的工作流，实现复杂的问答。FastGPT 的产品定位有点像国外的 LlamaIndex。

FastGPT 与大多数知识库问答产品的不同之处在于，它采用了问答对进行存储，而不只是 chunk（文本分块）处理，目的是减少向量的长度，使向量能更好地表达文本的含义，从而提高搜索的精度。

FastGPT 与 Dify 的服务方式类似，提供云服务和私有化部署。其云服务的主页面如

图 3-2 所示。FastGPT 也推出了付费模式。FastGPT 的国内用户居多。

图 3-2

FastGPT 擅长知识库训练，适合知识库问答 Agent，支持企业级应用，而且支持本地部署，可以保证私有知识的隐私和安全。

3. 百度的文心智能体平台和千帆 AppBuilder

百度推出了两个 Agent 开发平台，一个是文心智能体平台（AgentBuilder），另一个是千帆 AppBuilder（AI 原生应用）。文心智能体平台定位于 C 端，千帆 AppBuilder 定位于 B 端。从平台的功能和生态来看，千帆 AppBuilder 更专业，可用性更强。

（1）文心智能体平台。2023 年 9 月，百度发布了文心一言插件生态平台——灵境矩阵。同年 12 月，灵境矩阵升级为文心大模型智能体平台。2024 年 4 月，灵境矩阵正式更名为文心智能体平台。

文心智能体平台集成了文心大模型、数据和能力插件创建、工作流设计、数字形象一键配置、知识库、百度生态流量分发等功能。图 3-3 所示为其主页面。

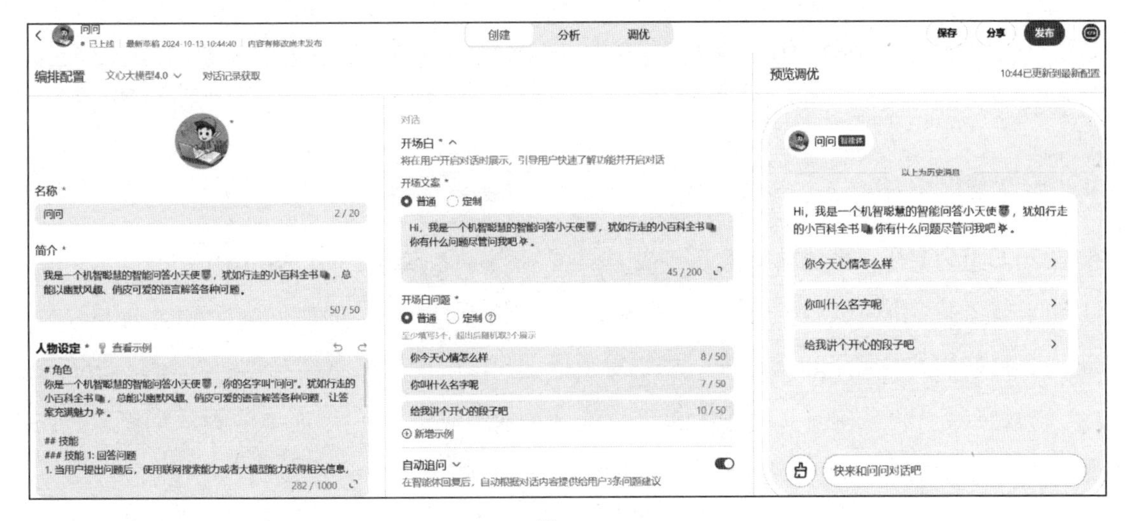

图 3-3

（2）千帆 AppBuilder。2023 年 10 月，千帆 AppBuilder 开启内测。2023 年 12 月，百度正式宣布，AI 原生应用开发工作台——千帆 AppBuilder 全面开放服务。

千帆 AppBuilder 面向不同开发能力的用户和开发场景，分为零代码态、低代码态、代码态。图 3-4 所示为千帆 AppBuilder 产业级 AI 原生应用的平台功能架构。低代码态提供 RAG、Agent、生成式数据分析（GBI）等主要应用框架，提高了 AI 原生应用的开发效率，降低了开发门槛。代码态提供了全面的开发套件和应用组件，如 SDK、开发环境、调试工具、应用示例代码等，为开发者快速实现更复杂功能、搭建面向生产级的 AI 原生应用赋能。

图 3-4

与文心智能体平台相比，千帆 AppBuilder 在模型支持、组件丰富度和扩展性、复杂任务执行、商业变现等方面更专业。

4. 智谱智能体中心

2023 年 11 月，智谱发布了新一代大模型 GLM-4，推出了 GLM-4-All Tools，并同时上线了智谱智能体中心（GLMs）。GLM-4 大幅提高了智能体的能力。GLM-4-All Tools 实现了根据用户意图，自动理解、规划复杂指令，自由调用网页浏览器、Code Interpreter（代码解释器）和多模态文生图大模型以完成复杂任务。用户用简单的提示词就能创建属于自己的 GLM 智能体。

智谱智能体中心是零代码 Agent 开发平台，使用完全可视化的页面实现指令、插件、知识库、调试等功能模块操作（如图 3-5 所示）。其插件的一键测试功能、用户交互页面的定制 UI 组件功能颇具特色。

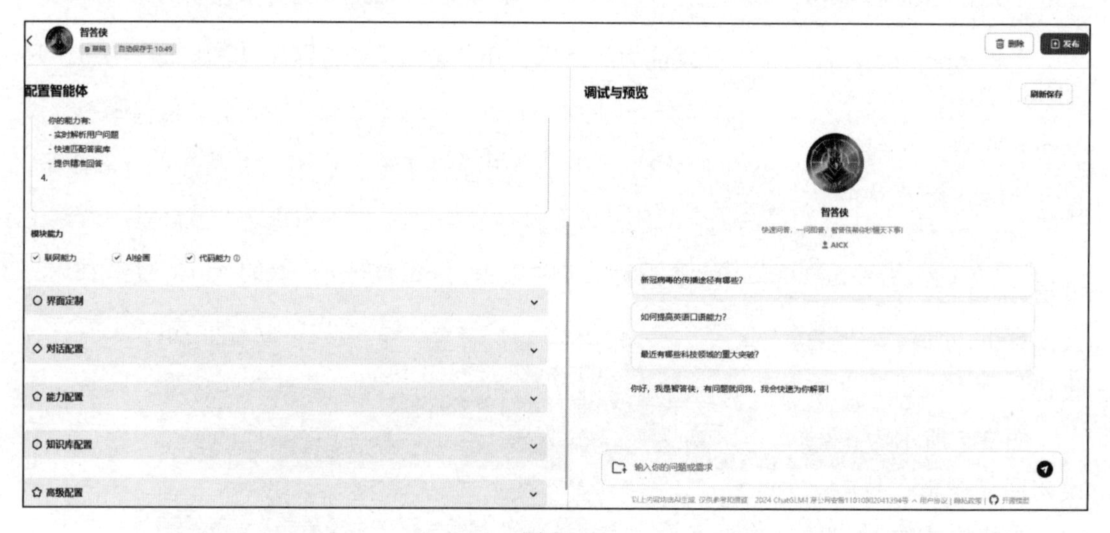

图 3-5

5. 天工 SkyAgents

2023 年 12 月，昆仑万维正式开放测试其 Agent 开发平台“天工 SkyAgents”Beta 版。天工 SkyAgents 基于昆仑万维的天工大模型，倡导无代码设计理念。

图 3-6 所示为天工 SkyAgents 的主页面，有模块、Agents、工具 3 个操作菜单。

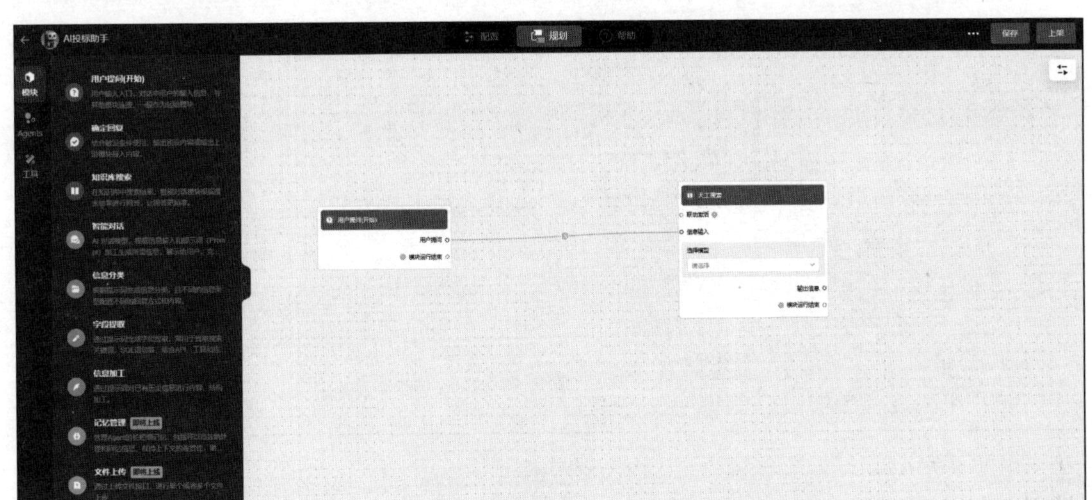

图 3-6

6. 扣子（Coze）

扣子是字节跳动推出的 Agent 开发平台，包括海外版和国内版。国内版又分为基础版和专业版。2023 年 12 月，扣子海外版上线。2024 年 2 月，扣子国内版上线。扣子最初将 Agent 称为 Bot，2024 年 10 月改版后，将其称为智能体。

海外版和国内版在页面布局、功能、操作等方面几乎一样。海外版面向海外用户和市场，可调用 GPT-4o、GPT-4-Turbo、Gemini 等国外大模型，而国内版只能调用国内的大模型，如豆包、Kimi、Baichuan 4、通义千问、GLM-4 等。海外版于 2024 年 3 月开始收费，国内版于 8 月推出了专业版，开始收费。海外版和国内版的收费标准不同。

图 3-7 所示为扣子国内版的 Agent 编排页面，包含了 Agent 编排模式、大模型、人设与回复逻辑、技能（包括插件、工作流、图像流、触发器）、知识库（包括文本、图像、表格格式的）、记忆（包括变量、数据库、长期记忆、文件盒子）、对话体验、角色语音、预览与调试等 Agent 设计模块。这些模块都可以通过无代码的方式操作，对开发者十分友好。

图 3-7

扣子的工作流也可以通过“拖、拉、拽”模块化的组件进行设计。图 3-8 所示为扣子的工作流设计页面，页面左侧的功能模块十分丰富，包括插件、大模型、代码、知识库、工作流、图像流、选择器、循环、意图识别、文本处理、消息、变量、数据库等，页面右侧是工作流编排画布。

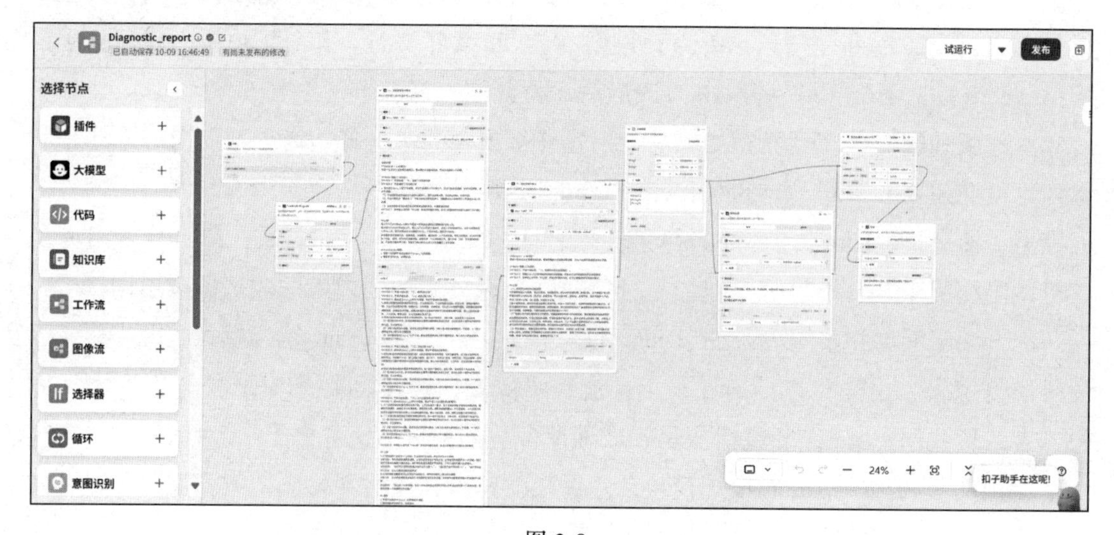

图 3-8

扣子国内版分为基础版与专业版，专业版在基础版的功能之上支持更大的团队规模，并提供专业、完善的售后服务体系，满足开发者和企业用户的业务需求。目前，专业版由火山引擎管理，预计未来将进一步扩充功能，向企业级 Agent 应用与服务方向演变。

7. 星火智能体平台

2024 年 4 月，科大讯飞发布了星火智能体平台。星火智能体平台定位于生产级 Agent 的开发，旨在帮助企业解决大模型落地的“最后一公里”难题。

星火智能体平台构建了 3 种 Agent 开发方式：结构化创建智能体、编排创建智能体、轻应用开发，如图 3-9 所示。

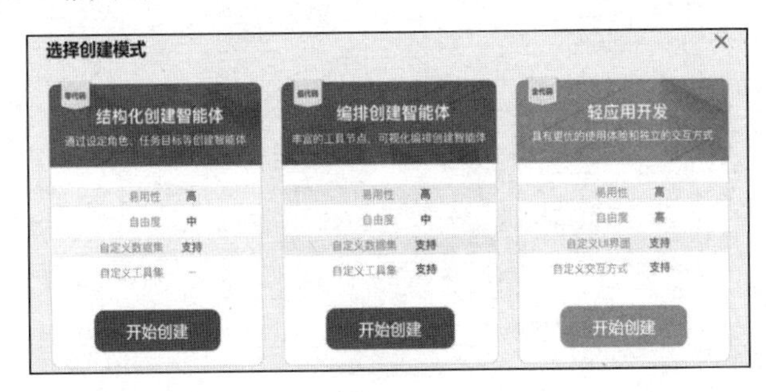

图 3-9

（1）结构化创建智能体。该开发方式聚焦场景人物，通过设定角色和任务目标，基于自然语言快速创建 Agent，如图 3-10 所示。用这种方式创建的 Agent 更像 ChatBot（聊天机器人）。

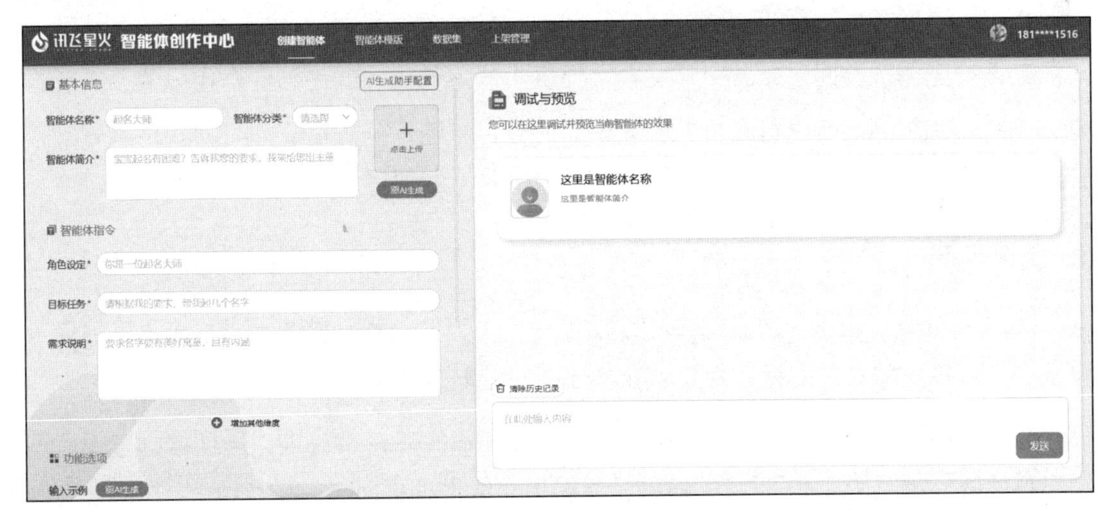

图 3-10

（2）编排创建智能体。该开发方式采用工作流编排设计，如图 3-11 所示。星火智能体平台将编排模块分为大模型、功能节点、AIGC 能力、外部工具 4 个类型，集成了各类工具集，可以快速配置各类节点，采用了可视化拖曳操作，实现了复杂功能的 Agent 开发。

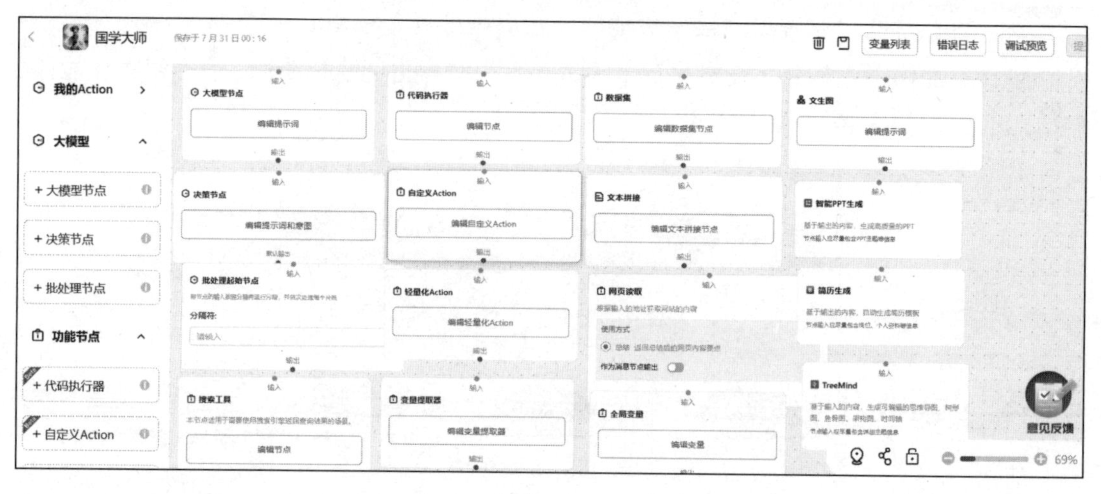

图 3-11

（3）轻应用开发。该开发方式是指面向企业端不同的垂直场景，提供独立、全面的开发和交互方式，从而让复杂的专业问题以更简单的方式实现。轻应用开发需要开发者掌握一定的编程知识。智文、晓医、智作、语伴等都是专业的轻应用。

星火智能体平台面向 Agent 开发者，提供了从零代码、低代码到全代码的系列化产品，实现了从无技术门槛到高技术门槛但极大自由度的全方位覆盖。另外，星火智能体平台还提供了很多 Agent 模板，开发者可以直接查看和使用这些 Agent 模板。

8. 腾讯元器

2024 年 5 月，腾讯推出了 Agent 开发平台——腾讯元器。腾讯元器基于腾讯混元大模型和“傻瓜式”操作的设计理念，让初学者也能轻松上手创建 Agent。

腾讯元器发布得较晚，但其功能配置和生态建设发展得比较快，并且腾讯有强大的用户和社区基础。图 3-12 所示为腾讯元器的工作流设计页面。

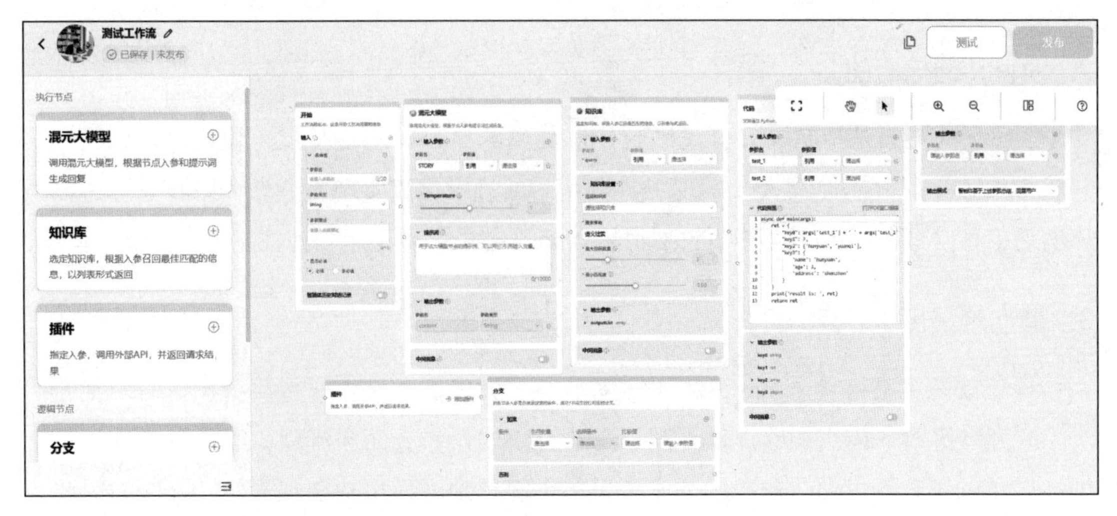

图 3-12

3.2.2　Agent 开发平台综合对比

前面梳理了国内知名的 Agent 开发平台的基本情况。面对繁多的 Agent 开发平台，到底该如何选择呢？我们分别从模型支持、Agent 的核心能力、操作难易度、生态能力 4 个方面进行对比，帮助你找到最佳的 Agent 开发平台。

1. 模型支持

大模型厂商的 Agent 开发平台（包括文心智能体平台、智谱智能体中心、天工 SkyAgents、星火智能体平台、腾讯元器、扣子专业版）通常仅支持自家的大模型，优点是可以使用其最新版本的大模型。

在多模型 Agent 开发平台中，Dify 和 FastGPT 支持国外和国内的多款大模型。Dify 支持的大模型最多，千帆 AppBuilder 也支持一些国外大模型。扣子国内版仅支持国内的大模型。

多模型 Agent 开发平台让开发者可以有更多的模型选择空间。当然，Agent 开发平台不会无限额免费提供大模型使用量，因此多模型 Agent 开发平台基本上都采用了收费模式。

2. Agent 的核心能力

Agent 的能力是指 Agent 开发平台能够提供的 Agent 功能扩展，包括通过知识库实现检索增强、通过插件及 API 实现工具调用、通过工作流实现复杂任务执行、通过数据库实现信息读写等。通过这些功能的加持，Agent 能够综合运用多种技能，完成各类任务。

3. 操作难易度

操作难易度是衡量 Agent 开发平台对非技术开发者友好性的重要指标。一个优秀的 Agent 开发平台，应当能够提供直观、易于理解的操作页面和流程，以及高度模块化、即插即用的工具，以便让非技术开发者也能够轻松地开发出功能强大的 Agent。因此，我们从可视化程度、易理解性、即插即用性 3 个方面评估 Agent 开发平台的操作难易度。

（1）可视化程度。可视化体现了 Agent 开发平台在设计上的易用性，以及它在提供直观操作页面和简化复杂功能配置方面的能力。通过将复杂的底层技术或系统拆分成若干个功能模块并将其可视化、流程化衔接，开发者可以按步骤完成复杂功能的配置。一个操作便捷的 Agent 开发平台，能够让用户无须深入了解编程语言或技术细节，就能通过简单的拖曳、参数配置和可视化操作来创建与部署功能丰富的 Agent。

（2）易理解性。易理解性是 Agent 开发平台的用户思维的重要体现。Agent 开发平台从用户的视角，用通俗易懂的语言和示例来解释其功能与操作方法，让非技术开发者能够很好地理解功能特性并快速上手，尽量减少晦涩的术语、概念和技术解释。易理解性体现在 Agent 开发平台页面布局的逻辑结构和层次关系、标签的命名、提示信息、参考示例、官方说明文档等方面。

（3）即插即用性。即插即用性直接关系到非技术开发者开发 Agent 的效率和 Agent 能力的扩展性。即插即用性体现在以下 3 个方面：一是模块化设计。Agent 开发平台将复杂的功能分解为一系列独立的、高度封装的模块，开发者只需要根据需求选择合适的模块拼装。二是丰富的插件生态。除了内置的模块，一个成熟的 Agent 开发平台应构建一个活跃的插件生态。开发者可以拿来即用，降低开发工具增加的技术门槛。三是灵活的扩展接口，包括 API、多渠道发布，如一键接入微信、飞书等常用的社交平台。

总体来看，扣子的操作最便捷、最友好。Agent 开发平台的设计理念已经从面向技术开发者的代码态方式，转为面向非技术开发者的零代码态、低代码态发展。越来越多的 Agent 开发平台注重对非技术用户的友好性，这对于推动 AI 技术的普及和应用，以及促进智能化开发和创新具有重要的意义。

4. 生态能力

Agent 开发平台不仅是一个技术平台，还是一个生态平台。Agent 开发平台的用户包括大模型供应商、Agent 的个人开发者、Agent 的企业开发者、Agent 配套的插件/功能模块的专业开发者、API 提供商、C 端用户、B 端用户等。Agent 开发平台的生态能力决定了平台的吸引力、活跃度、可持续性。

Agent 开发平台的生态能力反映了平台的活力和潜力。平台的生态能力可以从平台的开放性（官方、开发者共建）、迭代频率（平台功能的迭代、官方工具的迭代等）、用户活跃度、市场丰富度（插件市场、应用市场的共享）、平台治理（开发者互动、社区建设等）、商业化资源（开发者变现、外部推广、生态合作等）等方面评估。一个良性的 Agent 开发平台的生态系统，不仅能够促进平台内用户互动与合作，还能吸引更多的开发者、服务商和合作伙伴加入，共同推动平台功能不断扩展与优化。

因此，在选择 Agent 开发平台时，我们不仅要关注模型支持、Agent 的核心能力和操作难易度等硬实力指标，还要深入了解其生态能力。一个拥有丰富生态、开放合作、可持续发展且治理有方的平台，无疑将是我们实现业务智能化转型的最佳伙伴。

总体来看，扣子在平台的开放性、迭代频率、用户活跃度、市场丰富度、平台治理、商业化资源等方面做得都比较好。在扣子上，有插件商店、工作流商店、智能体商店、模型广场、模板。扣子持续开发、更新官方插件，同时第三方开发者的插件也可以在插件商店中供其他开发者使用。模板有高质量的工作流和智能体模板，开发者可以直接使用和修改它们。目前，在公众号、哔哩哔哩等平台上，与扣子 Agent 开发相关的文章、教程、项目十分丰富。同时，扣子官方通过互动交流群、视频课程、赛事活动等活跃开发者社区气氛。

3.3 扣子国内版

扣子是一个非常易用、扩展能力强大、生态活跃的 Agent 开发平台，非常适合零编程基础的人员使用。本书以扣子国内版为 Agent 开发平台，全面介绍扣子各项功能的使用技巧、基于扣子开发 Agent 的案例。下面简单介绍扣子的一些特点。

3.3.1 扣子的特点

1. 具有丰富的插件

扣子集成了丰富的插件，可以极大地拓展 Agent 的能力边界。目前，扣子集成的插件数量在国内 Agent 开发平台居首。这为非技术开发者提供了极大的便利，使得很多 Agent 功能的实现，不需要开发者以编程、使用 API 等比较复杂的方式完成，开发者只需要从插件商店中挑选合适的插件即可将其快速配置到 Agent 中。另外，扣子也可以“傻瓜式”地进行 API 配置，进一步扩展了 Agent 的插件应用。

2. 具有多样化的知识库

扣子提供了简单易用的知识库来管理和存储数据，对文本、表格、照片均可创建知识库。无论是内容量巨大的本地文件还是某个网站的实时信息，都可以被上传到知识库中。

3. 具有数据库记忆能力

扣子可以创建变量、数据库，实现 Agent 的短期记忆和长期记忆能力，可以通过数据库写入、读取、修改用户信息。

4. 具有灵活的工作流设计

扣子的工作流功能可以用来处理逻辑复杂且有较高稳定性要求的任务流。扣子提供了大量灵活可组合的节点。扣子还建立了工作流商店，开发者可以快速利用平台上其他用户已经发布的工作流，在其基础上优化调整，降低工作流开发的难度，提高效率。

5. 具有专门的图像流设计

扣子为图像处理专门开发了图像流。图像流是专门用于图像处理的一个流程工具。在图像流中，开发者可以通过可视化的操作方式灵活地添加各种用于图像处理的节点，构建一个图像处理流程来最终生成一张图像。图像流在发布后，支持在 Agent 或工作流中使用。

6. 具有增强交互的卡片页面

扣子在用户交互方面，开发了卡片功能。将 Agent 输出的信息按设定好的格式做成好看的卡片，可以提供更好的视觉体验，提升用户体验。卡片可以包含多种组件，如图片、文本、按钮等，使得信息展示更加丰富和直观，增强信息呈现效果。

7. 具有全链路调试功能

扣子的预览与调试功能比很多 Agent 开发平台更加全面和开放。调试台提供全链路调试功能。开发者可以在调试台中查看每一条用户请求从输入到响应的全流程，包括调用大模型、配置的工作流或知识库等详细信息，以便精准并快速地定位问题，调整 Agent 配置。

3.3.2　扣子的功能布局与使用技巧速览

表 3-1 为扣子基础版与专业版的说明。基础版和专业版的页面布局是一样的，区别在于基础版有免费额度限制，开发者用完了免费额度就需要升级到专业版付费使用。专业版是收费的，开发者根据付费额度使用。另外，在功能方面，与基础版相比，专业版支持更大的团队空间容量和免费知识库容量、无上限的 API 并发、自定义可拓展的方舟模型资源。

表 3-1

版本名称	说明
基础版	面向尝鲜体验的个人和企业开发者，全部功能免费使用，但有一定的免费额度，超过后不可再使用，需切换到专业版后继续使用
专业版	面向对稳定性和用量有更高需求的专业开发者，支持更大的团队空间容量和免费知识库容量，付费功能保障专业级 SLA，不限制调用请求频率和总量，费用按实际用量计算

扣子的具体功能的使用方法将在第 4 章和第 5 章详细介绍，本节先让你快速了解扣子的功能布局和几个使用小技巧。

1. 编排功能概览

图 3-13 所示为 Agent 编排页面。Agent 编排页面由 5 个区域构成。①区域是 Agent 编排模式选择区。编排 Agent 分为 3 种模式：单 Agent（LLM 模式）、单 Agent（工作流模式）、多 Agents。②区域是大模型选择区。开发者可以基于要开发的 Agent 的使用场景，通过模型广场测试（后面会展开说明），选择合适的大模型。此外，选择大模型要注意上下文长度。③区域是"人设与回复逻辑"窗口，也就是提示词设计区。在③区域的右上角有一个"优化"按钮，其功能非常强大。④区域是 Agent 的核心配置区，用于扩展 Agent 的能力，分为"技能""知识""记忆""对话体验""角色"。⑤区域是"预览与调试"窗口。该区域有一个"调试"按钮，单击该按钮后可以查看详细的 Agent 运行过程信息，有利于优化 Agent 的配置。

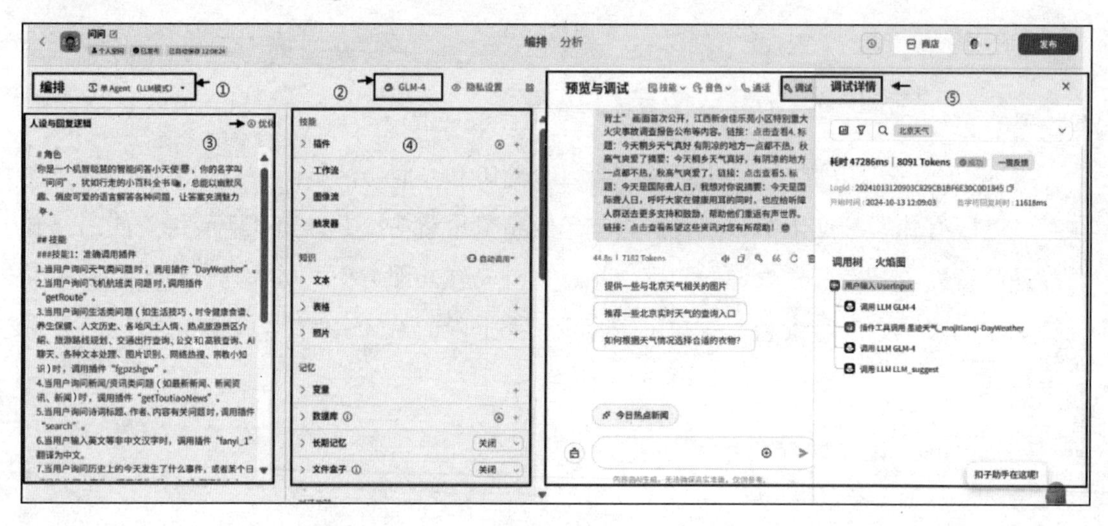

图 3-13

工作空间如图 3-14 所示，分为项目开发和资源库。项目开发用于创建和管理 Agent，资源库包括插件、工作流、图像流、知识库、卡片。Agent 是最终面向用户的 AI 应用，可以集成插件、工作流、图像流、知识库、卡片等组件。插件、工作流、图像流、知识库、卡片都需要先完成模块化的创建和配置，才能够在 Agent 中添加和使用。

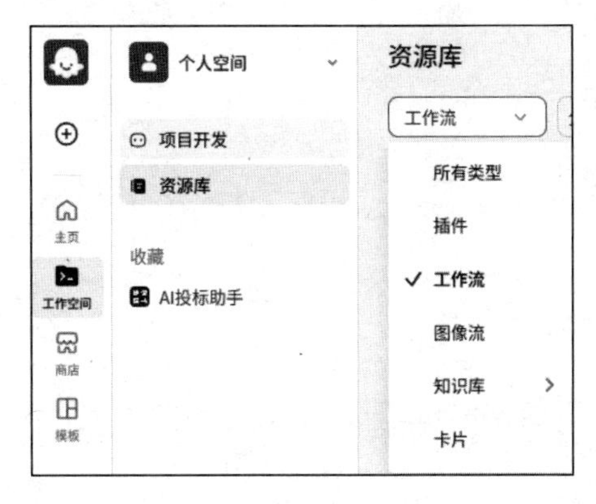

图 3-14

2. 商店

（1）智能体商店。智能体商店中有开发者发布的各类 Agent，如图 3-15 所示。

图 3-15

（2）插件商店。插件商店如图 3-16 所示，展示了各种类型的插件，其中有很多是扣子官方开发的插件，插件整体的丰富度和质量都是很不错的。插件让 Agent 的功能扩展性变得很强。插件是扣子吸引众多开发者的重要优势。

图 3-16

（3）模型广场。模型广场是扣子推出的一个既有趣也有用的功能。通过模型广场的模型 PK，开发者可以挑选适合自己的 Agent 的大模型。大模型在功能上各有特色，不同功能和使用场景的 Agent 只有配置了最合适的大模型，性能才最佳。

模型广场提供了一个专业性强、操作简便的测试大模型的基准平台。在匿名对战页面，你可以选择对战方式，系统将随机选取两个匿名的大模型进行对决。在对决中，它们将同时回答你的问题。在多轮对话之后，你可以根据大模型对同一个问题的答案，投票选出你认为表现更优秀的大模型。在投票后，扣子会揭晓两个匿名的大模型的真实名称及详细配置参数。为了保证对战的公平性，扣子会尽量均衡各个大模型的配置参数，衡量相同或相似配置下的大模型性能。对战模式分为指定 Agent 对战、随机 Agent 对战、纯模型对战，前两种对战模式用于评估大模型在特定应用场景和规则中的性能，最后一种对战模式用于评估大模型本身的文本生成等能力。

如图 3-17 所示，我们进行了纯模型对战的测试。对于同一个问题，让两个大模型同时回答。通过这样的多轮测试，我们就可以在 Agent 的模型配置时选择比较满意的大模型。

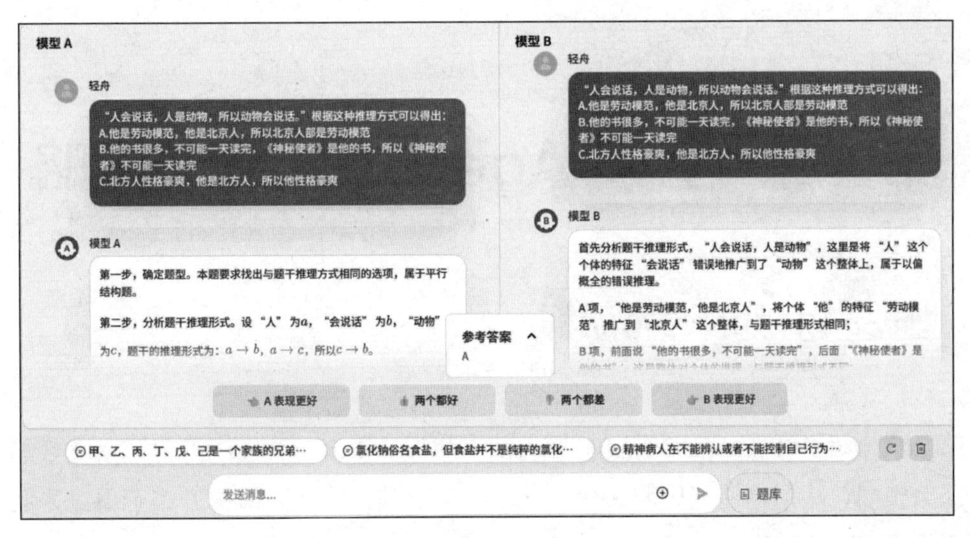

图 3-17

3. 模板

扣子在 2024 年 10 月更新时新增了"模板"功能。在模板页面中，扣子提供了一些精选的高质量 Agent、工作流，如图 3-18 所示。其他开发者可以将这些 Agent、工作流作为模板进行复制，查看全部参数，并可以在此基础上修改，将其设计成自己需要的新的 Agent 或工作流。

图 3-18

第 4 章　开发 Agent 的流程与策略

4.1　开发Agent的通用流程

第 2 章介绍了开发 Agent 需要掌握的基本知识，第 3 章介绍了开发 Agent 常用的平台。那么，如何运用这些知识和平台，从零开始设计一个 Agent 呢？本节就来系统性地讲解开发 Agent 的流程与步骤。

4.1.1　开发 Agent 的“3-10”实施框架

开发 Agent 的流程与开发传统软件的流程完全不同。一个软件项目从开发到上线，通常需要配置项目经理、产品经理、系统架构师、UI 设计工程师、开发工程师（前端、后端工程师）、测试工程师等岗位和角色，并遵循软件开发的一般流程和各项规范。当然，创业团队开发软件，也会出现一两个工程师跑通全模块的情况，但通常在软件的交互体验、功能稳定性等方面容易出现 bug。

基于 Agent 开发实践，我们总结出“3-10”实施框架，如图 4-1 所示，即通常会按照 3 个阶段，10 个环节开发一个具备生产级应用、商业化能力的 Agent。

（1）规划 Agent 的阶段。该阶段包括定义 Agent 的应用场景、梳理业务流程和分析痛点、梳理 Agent 的功能定位和开发需求 3 个环节。

（2）设计 Agent 的阶段。包括绘制 Agent 的运行流程图、设置大模型及参数、设计提示词、配置 Agent 技能、设计用户沟通页面 5 个环节。

（3）上线 Agent 的阶段。包括测试与调优、发布两个环节。

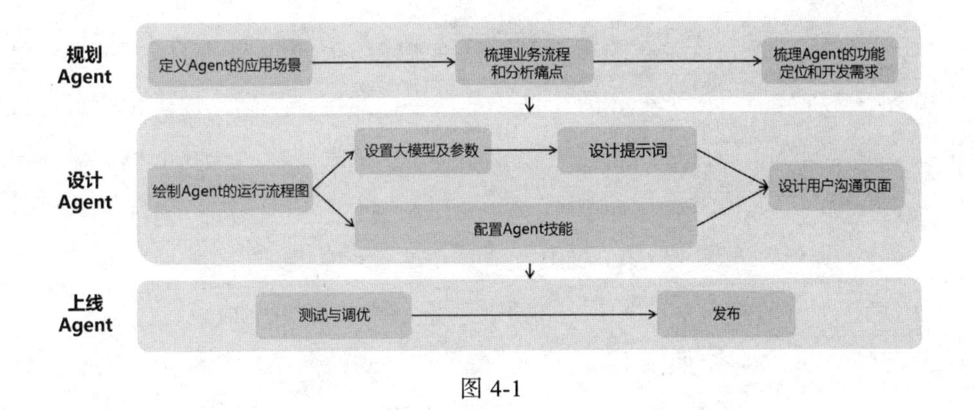

图 4-1

4.1.2　规划 Agent

规划 Agent 的阶段如同项目立项的可研分析与评估或软件开发的蓝图设计阶段。在这个阶段需要回答以下问题。

（1）What。这是一个什么样的 Agent？它的使用场景是什么？它的用户是谁？它能做什么？

（2）Why。为什么要开发这个 Agent？它能够解决什么问题？与传统业务流程相比，它的价值是什么？与直接使用大模型对话相比，它的价值是什么？

（3）How。Agent 如何实现所定义的功能？

规划 Agent 是开发 Agent 的底层思考，用以指导 Agent 的具体设计。

1. 定义 Agent 的应用场景

"场景"这个词在很多领域都有广泛的应用。它通常指的是一个特定的空间、时间或情境，包含了某种活动、事件或行为的发生。它描述了用户在使用产品或服务时所处的具体环境和情境。定义应用场景的主要目的是提高对特定用户、特定生活或工作情境问题的处理能力，提高产品或服务满意度。

Agent 是 AI 技术的场景化应用，其天然就带有场景化的属性。因此，在设计 Agent 之前，有必要对其应用场景进行定义。

定义 Agent 的应用场景通常包括确定 Agent 的用户群体、Agent 的用途、Agent 的价值等要素。

例如，一个旅行规划 Agent 的用户群体是有旅行需求的群体，可能是情侣、父母和孩子、团队等多种群体。该 Agent 的用途是进行旅行的行程规划，提供包括每日行程、交通出行、旅游景点、住宿、美食、纪念品等的综合信息。该 Agent 的价值是能够根据用户画像和旅行诉求，检索旅行和酒店 App、美食 App、天气 App、短视频 App 等，集成景点、交通、住宿、美食、打卡、穿衣等信息，将其一体化、组合式呈现给用户。

再如，第 7 章的案例——AI 投标助手，是一个检索并生成投标文件的关键信息的 Agent，其用户群体是企业中负责投标的市场部门或商务部门的员工，或参与投标工作的技术部门的员工。该 Agent 的用途是快速阅读用户上传的招标文件，给用户生成准确、全面、结构化的招标文件的关键信息，并准确回答用户关于招标文件的各种问题。该 Agent 的价值是节省人工阅读长达几十页招标文件的时间成本，并方便招标文件的关键信息在不同人员间准确、全面传递，减少人工检索信息的缺漏和传递的偏差。

通过以上两个案例不难看出，定义 Agent 的应用场景是对规划 Agent 中“What”的回答。一个高质量的 Agent，应该有明确且具体的用户群体、有效且精准的用途。更重要的是，Agent 要能够具有独特价值。例如，旅行规划 Agent 的独特价值就是减少用户切换多个不同功能的 App 进行信息检索、手动规划行程的工作量，能够提供一站式、集成化的旅行规划服务。AI 投标助手的独特价值是相对于传统人工信息检索、传递的低效率、信息衰减而言的，通过长文档理解能力，减少人工阅读和查找招标文件的工作量。

2. 梳理业务流程和分析痛点

要想实现 Agent 的功能，就需要针对 Agent 的应用场景进行业务流程分析，系统化梳理业务逻辑，并分析痛点，寻找 Agent 的独特价值，以确保 Agent 能够有效地解决实际问题。

例如，对于 AI 投标助手，基于其应用场景，我们可以梳理出以下常规的业务流程：①购买并获取招标文件；②把招标文件分发给商务、业务相关人员；③标记与解读招标文件的关键信息；④制定投标策略；⑤分模块制作投标文件；⑥审核标书；⑦投标。

对于这样的业务流程，识别出两大痛点：痛点一，信息查找费时费力。从冗长的招标文件中找到关键信息（如开标时间和地点、投标人资格要求、投标保证金、最高限价、付款条件、投标文件组成、评分规则、合同条款等）需要花费大量的人工时间，并且要足够耐心和仔细。痛点二，信息在传递时容易丢失。制作一份投标文件，通常需要多方协作完成，例如技术人员负责制定技术方案，商务人员负责提供资质、业绩等信息，报价人员负责测算价格，审核人员对照招标评审要点审核投标文件等。招标文件的关键信息在不同岗位间传递，在这个过程中，很容易出现信息丢失、理解偏差等风险，导致投标文件作废或者得分不佳，影响中标。

通过分析业务流程的环节，我们可以从更细致的颗粒度理解 Agent 应用场景下的业务逻辑，确保设计的 Agent 更贴近真实的业务流程，更好地消除用户痛点，满足用户需求。

3. 梳理 Agent 的功能定位和开发需求

在梳理业务流程和分析痛点的基础上，我们要进一步梳理出 Agent 的功能定位和开发需求，用于指导 Agent 的具体设计。梳理 Agent 的功能定位和开发需求要围绕 Agent 的能力实现展开，包括 Agent 是否需要通过配置专有知识库增强特定领域的大模型输出能力，Agent 执行的任务是否需要通过工作流分解为多个子任务，Agent 是否需要调用插件获得拓展能力。

例如，AI 投标助手需要把人工阅读投标文件识别关键信息的流程转变为由 AI 系统协助读取招标文件的流程，其功能定位和开发需求经过梳理，包括：①配置知识库，掌握招投标专业知识，熟悉各类招投标项目的文件结构、术语、内容、关键信息等。②大模型需要具备长文档理解和输出能力，一份招标文件长达几十页甚至上百页，必须选择合适的大模型和 token 参数（输入和输出的文字长度）。③Agent 的任务流程较短，不要使用工作流。④Agent 需要具备阅读和检索用户上传的文档（通常是 pdf、doc、图片等格式的）的技能，需要配置相关功能插件。④输出的结果要有极高的准确性和全面性，需要防止大模型出现“幻觉”。

4.1.3　设计 Agent

在规划 Agent 后，就可以使用 Agent 开发平台开发 Agent 了。

1. 绘制 Agent 的运行流程图

Agent 的运行流程图对 Agent 执行任务的节点、节点的类型、节点的逻辑关系、节点的先后次序等进行图形化呈现，其作用是让开发者根据 Agent 开发平台的功能模块，整体做好 Agent 的结构化布局和功能路径规划，确保后续开发 Agent 的效率和 Agent 的可靠性。Agent 的运行流程图就像一张设计图，指导整个施工过程。

图 4-2 所示为一个抖音视频转小红书爆款文案 Agent 的运行流程图，该图呈现了 Agent 从开始到结束的任务执行过程、不同的功能节点（大模型、插件、卡片等）、具体的活动内容、节点间的关联关系等。这张流程图对 Agent 的模块构成、各模块的功能进行了清晰定义。接下来，我们就可以详细设计和测试每个模块了。

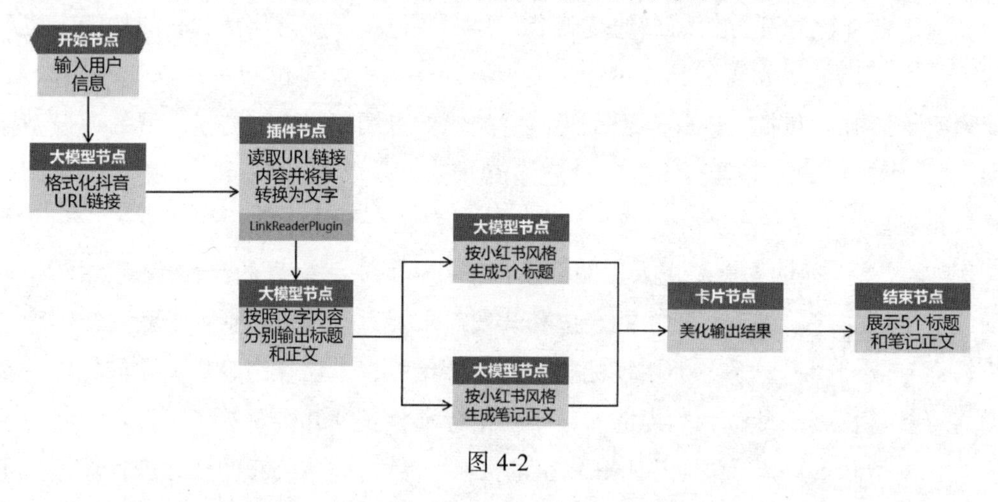

图 4-2

对于需要配置工作流的 Agent，通常需要绘制如图 4-2 所示的运行流程图。对于比较简单的、不需要配置工作流的 Agent，可以参考图 4-3 绘制运行流程图。图 4-3 所示为 AI 投标助手的运行流程图。这个 Agent 不需要引入工作流，但需要满足用户的 3 种需求：一是用户上传招标文件，Agent 按照格式要求输出关键信息；二是用户针对上传的招标文件提问，Agent 基于招标文件输出精确的答案；三是用户提出不基于上传的招标文件的问题，Agent 给予专业的回答。要想满足用户的 3 种需求，Agent 需要具备调用插件、检索知识库的技能，同时需要通过大模型的提示词准确地响应用户需求，并按照格式要求输出。绘制这样的 Agent 运行流程图有利于快速开发 Agent。

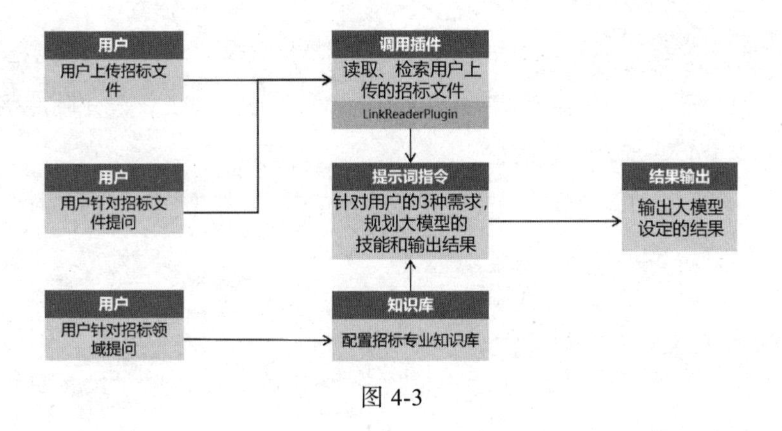

图 4-3

2. 设置大模型及参数

大模型是 Agent 的大脑，无工作流模式的 Agent 通常只会使用单一的大模型进行思考和回答，工作流模式的 Agent 则可能会多次使用不同的大模型。

设置大模型主要包括大模型选型、设置大模型的参数两个方面。大模型选型是根据 Agent 的任务需求和应用场景，选择合适的大模型厂商及具体的模型型号。不同的大模型在处理不同的任务时会存在性能差异。一些大模型也推出了不同上下文长度的模型产品。例如，扣子的豆包模型分为豆包 · Function call 模型 32K（指模型一次能够处理 32,000 token 的文本。token 是文本中最小的语义单元，一个 token 通常等于 1 ~ 1.8 个汉字）和豆包角色扮演模型 32K，Kimi 模型分为 Kimi（8K）、Kimi（32K）、Kimi（128K）。要想快速了解大模型的回答效果，可以使用扣子的模型广场功能，进行模型 PK，以便选用合适的大模型。最大回复长度则要根据输入模型的文本长度和模型输出的文本长度来判断，8K、32K 模型可以满足一般的问答对话任务，但对于长文档的理解和输出任务，如阅读报告、撰写小说等，则需要选择 32K、128K 等处理长上下文的模型。

设置大模型的参数一般包括生成多样性、输入及输出设置。图 4-4（1）和图 4-4（2）所示分别为扣子和文心智能体平台的大模型参数设置页面。生成多样性是非常重要的大模型参数，它定义大模型的回复是更精确、更稳定，还是更灵活、更有创意。通常而言，专业问答类、特定领域检索类 Agent，要求大模型回答得更精确、更稳定；聊天类、文案创作类 Agent，要求大模型回答得更灵活、更有创意。输入设置主要是对上下文对话轮数的设置。开发者需要合理设置大模型的最大回复长度，特别是对有长文本输出需求的 Agent，如创作长文档、撰写报告类 Agent，需要预测文本长度。随着 Agent 开发平台开始收费，选择大模型需要考虑经济性问题，合理地设置这些参数，既能确保大模型的效果，也能减少不必要的 token 消耗。

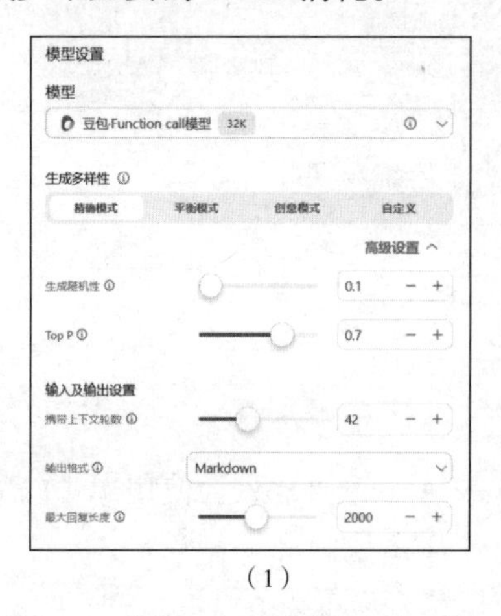

（1）

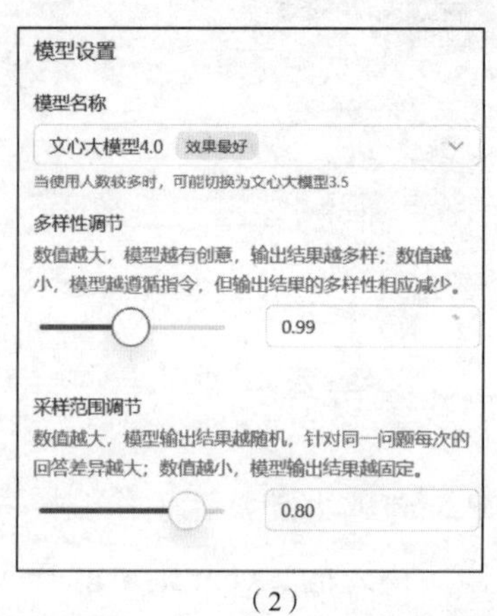

（2）

图 4-4

3. 设计提示词

在开发 Agent 时，设计提示词也是很重要的环节，扣子称之为人设与回复逻辑。提示词是 Agent 调用大模型执行任务的指令，是 Agent 规划、思考能力的体现。单 Agent 模式下的提示词设计和工作流模式下的提示词设计有所不同。

在单 Agent 模式下，通常只有一个提示词，Agent 要靠这个提示词来调用大模型、各类插件、知识库、数据库等功能模块，并按照预定义的格式输出结果。单 Agent 模式下的提示词，就像一个系统规划师。因此，撰写单 Agent 模式下的提示词一般会比撰写工作流模式下的提示词更复杂，难度更大，要求更高。

在工作流模式下，只有大模型节点才需要提示词。提示词的功能是调用大模型执行所在节点的任务。与单 Agent 模式下的提示词指挥全局有所不同，工作流模式下的提示词只在其所在的节点起作用，不影响其他节点运行。如果一个工作流中有多个大模型，就需要配置多个提示词，每个提示词都只会匹配各自节点的大模型。如图 4-5 所示，在工作流模式下，在选择大模型节点后，会出现大模型节点页面，开发者需要选择大模型、设置大模型参数、设计提示词等。

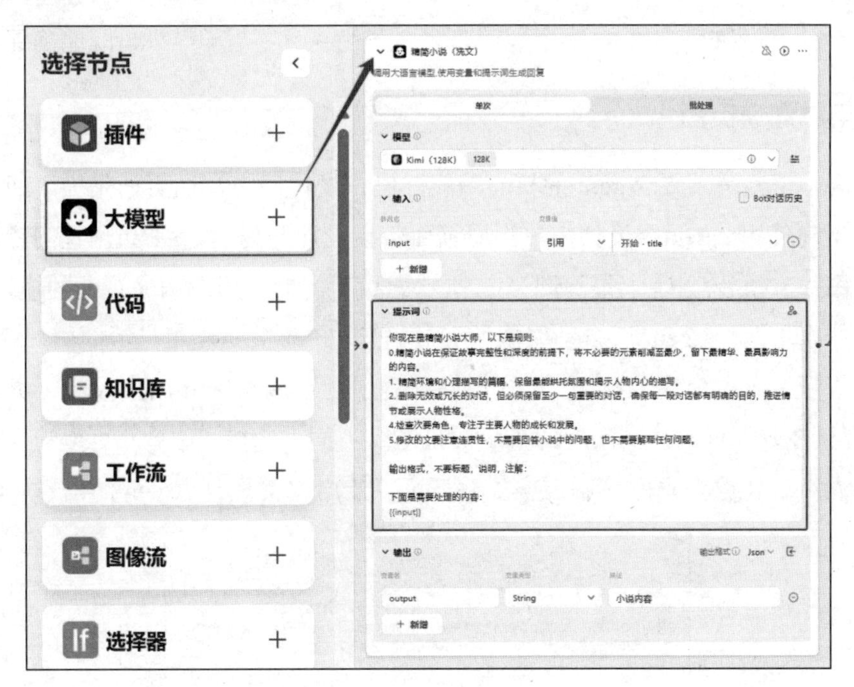

图 4-5

无论在哪种模式下，设计提示词的方法和技巧都是通用的。不同场景的 Agent，在提示词结构上有所差异，如角色扮演类 Agent 的提示词包括人设/角色、性格特点、语言特点、行为方式、限制/注意事项，工具类 Agent 的提示词包括人设/角色、技能、知识、限制/注意事项，图像创作类 Agent 的提示词包括人设/角色、详细描述、风格、色彩、情感表达、技能、限制/注意事项。要想学习撰写 Agent 提示词的技巧，可以看 Agent 开发平台的相关说明文档，或者 Agent 商店中公开配置的 Agent 提示词。

4. 配置 Agent 技能

配置 Agent 技能是让 Agent 掌握使用各类工具的能力，从而实现 Agent 的能力扩展。配置 Agent 技能包括配置插件/API、工作流、知识库、数据库、变量、卡片等。

在“绘制 Agent 的运行流程图”部分，我们已经规划了 Agent 的技能，如在哪个环节调用插件，在哪个环节调用知识库，在哪个环节使用卡片等。第 4 章和第 5 章会详细介绍插件、工作流、图像流、知识库、变量、数据库、卡片等的使用方法，这里不重复介绍。

5. 设计用户沟通页面

以上环节已经完成了 Agent 的核心功能开发，设计用户沟通页面是为了便于用户快速理解、正确使用 Agent。设计用户沟通页面包括设计开场白、引导/预置问题、快捷指令、背景图片、语音/数字人等。图 4-6 所示为扣子的设计用户沟通页面的模块。“开场白文案”是用户进入 Agent 后自动展示的引导信息。它的主要作用是帮助用户理解 Agent 的用途，以及如何与其进行交互。“开场白预置问题”用于引导用户提问，类似于提问示例。“背景图片”可以让 Agent 的显示效果与众不同。选择“语音”可以让 Agent 用设定的数字人声音播放输出的文本内容，并且可以让用户实现与 Agent 的语音互动。

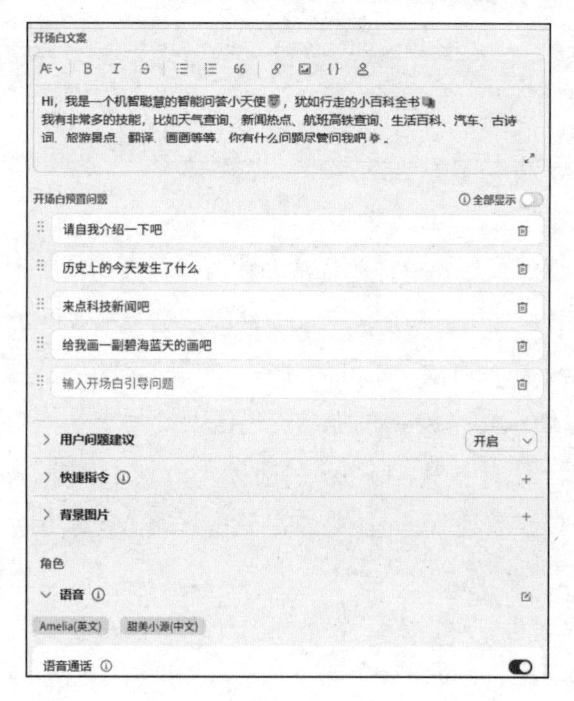

图 4-6

设计用户沟通页面不影响 Agent 的能力输出和功能发挥。开发者可以根据 Agent 的应用场景和功能，使用通俗化、场景化的自然语言。

4.1.4　上线 Agent

1. 测试与调优

在上线 Agent 前，通常需要多次测试与调优。在 Agent 开发平台的“预览与调试”窗口，可以对 Agent 进行测试与调整。

对话调优是所有 Agent 开发平台都具备的功能，即在发布 Agent 前，通过用户对话测试 Agent 的回答效果，判断 Agent 功能配置的有效性。但是对于复杂工作流的 Agent，仅通过对话输入和 Agent 结果输出，很难识别和发现 Agent 内部运行过程中存在问题的环节，修正难度较大，所以我们推荐扣子的调试台功能。

图 4-7 所示为扣子的“预览与调试”窗口。我们可以通过对话测试 Agent 的能力，如输入“北京空气质量”，得到 Agent 的回答。我们单击“调试”按钮，可以打开“调试详情”窗口。调试详情包括耗时、调用树/火焰图、节点详情、输入、输出等信息。

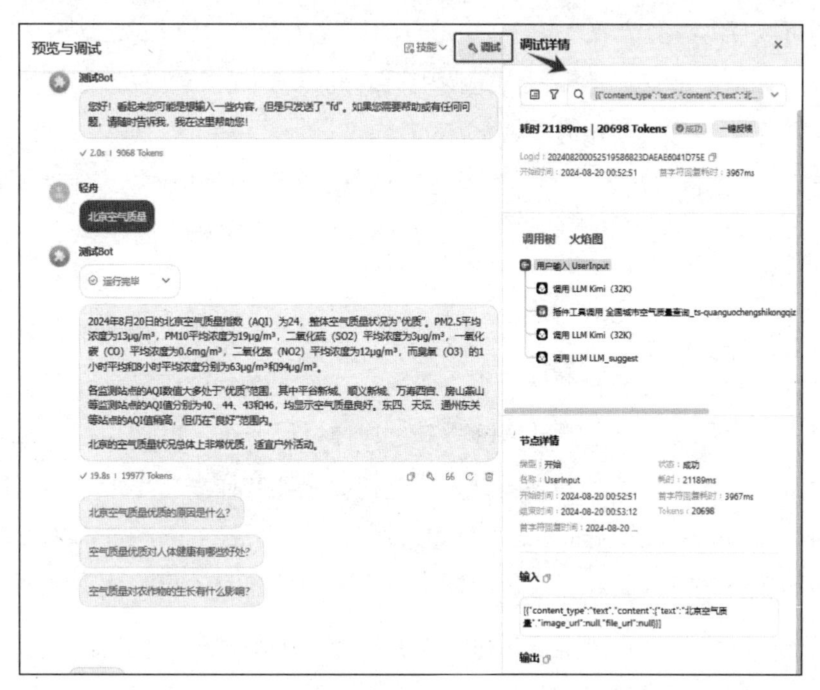

图 4-7

（1）耗时。"调试详情"窗口显示执行当前会话任务的耗时等基础信息，一般包括表 4-1 所示的内容。

表 4-1

参数	说明
耗时	响应返回的整体耗时，即从用户发起会话到 Agent 运行结束的时长，单位为毫秒
token 数量	该会话消耗的 token 总数量，包括用户输入、运行链路、模型输出、Agent 推荐词等消耗的 token 数量
任务状态	响应返回的状态，成功或失败
Logid	当前响应的 Log id。如果无法自行排查问题，那么可以将 Logid 提供给扣子，让其协助处理
首字符回复耗时	第一个字符出现的时长，单位为毫秒

（2）调用树/火焰图。在排查和定位问题时，往往需要查看请求的完整调用链路。扣子通过可视化的方式展示了请求响应的完整链路和各节点执行任务的情况，帮助我们快速定位问题和故障。可以通过树形图查看本次请求的完整响应流程。当单击某一个节点时，可以看到该节点的耗时和 token 消耗情况，在下方的"输入"和"输出"区域会显示所选节点的输入信息和输出结果。

火焰图可以帮助我们清晰地了解各个节点的耗时，让我们有针对性地进行性能调优。

（3）节点详情。节点详情显示的是调用树或火焰图中的节点执行任务的具体信息，包括类别、状态、名称、起始时间、token 消耗等。

（4）输入、输出。"输入"和"输出"区域显示每个节点的输入信息和输出结果。

2. 发布

在测试与调优 Agent 后，就进入发布环节。Agent 一般有 3 种发布和使用方式，一是发布到 Agent 开发平台的智能体商店中使用；二是发布到微信、抖音、飞书等第三方社交或工具平台中使用；三是通过 API 发布，这样可以通过 API 调用把 Agent 集成到其他产品或服务中使用。第一种和第二种方式操作起来非常简单，单击 Agent 开发平台的"发布"按钮，勾选相关的发布平台（也称为发布渠道），Agent 经过审核后就可以上线使用了。对于第三种方式，在发布完成后，还需要根据自身需要完成 API 调用配置。

扣子的 Agent 发布平台最丰富，如图 4-8 所示，包括扣子智能体商店、豆包、飞书、抖音（抖音小程序和抖音企业号）、微信（微信小程序、微信客服、微信服务号、微信订阅号）、掘金等，同时提供了 API 调用。

图 4-8

4.2　开发Agent的策略

按照以上开发流程，我们可以一步一步地完成 Agent 的开发。然而，仅仅掌握这些步骤是不够的，要想开发出一个优秀的 Agent，还需要秉持良好的 Agent 开发理念，遵守实施原则。这些理念和原则将指导我们既能够充分发挥 Agent 的能力，又能够理解现阶段 Agent 的局限性。

4.2.1 懂场景和业务，比懂 AI 技术更重要

开发者需要明白，在开发 Agent 的过程中，懂场景和业务的重要性远远超过懂 AI 技术。AI 技术只有与业务紧密结合，才能真正发挥其作用。Agent 的本质是基于特定场景结合 AI 技术再造业务流程。随着人机交互页面的简化，精通业务的人可以零代码规划 Agent，制作 Demo 甚至完成 Agent 的全流程开发。这种变化将彻底打破过往“需求方-产品经理-技术人员”的组织方式。因此，Agent 开发者的能力画像与过去的软件开发者的能力画像有本质的区别。一个优秀的 Agent 开发者，首先应该是一名业务专家，其次才是掌握 Agent 开发工具使用方法的开发者。

目前，AI 应用还处于早期阶段。大多数人认为，自己只是 Agent 的使用者，而不是参与者，更不会是开发者。但仅靠程序员很难推动 Agent 的全面繁荣和深入发展。图 4-9 所示为 AI 技术落地应用的 3 个层次。[①]第一个层次是工作+AI，我们利用大模型进行工作提效、生活问答。第二个层次是业务+AI，AI 应用理解业务，基于业务场景给予更专业的回复，成为 Agent 数字员工。第三个层次是业务 × AI，实现了更加系统、全面的 AI 与业务的结合，让我们的工作从数字化进入智能化。

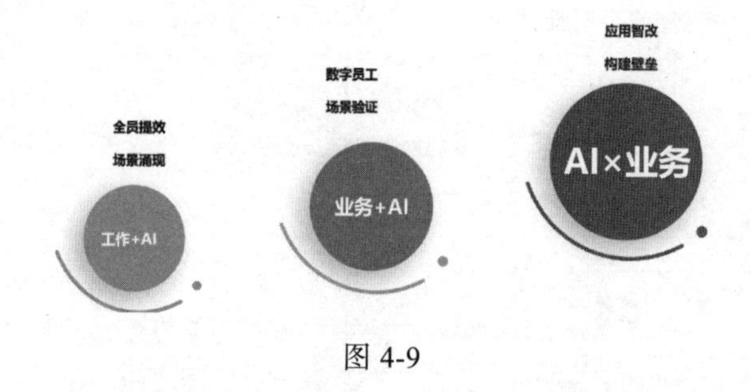

图 4-9

在这 3 个层次中，理解业务、业务能力成为驱动 AI 技术深化应用的关键因素。因此，Agent 开发者一定要具有业务专家的思维，并提高理解业务能力和设计能力，从应用场景和业务分析视角规划和设计 Agent，从而提高 Agent 解决问题的效果。

4.2.2 使用工具拓展能力，是 Agent 具有价值的关键

Agent=大模型 ×（规划+记忆+使用工具+行动）。要想评估一个 Agent 的功能是否强

---

① 图 4-9 来源于 53AI 公司的大模型落地应用方法论。

大，可以看它在这 4 个方面的配置情况。

举个例子，一个角色聊天类 Agent 如果没有配置知识库，没有使用插件，也没有工作流、数据库、记忆等，仅仅设计了提示词，那么它的能力和 ChatBot 不会有很大差别。

早期的 Agent 开发平台提供的简易 Agent，差不多就只是个性化的 ChatBot，或者只达到了 Copilot 的水平，从严格意义上来讲不能称其为真正意义上的 Agent。

4.2.3　坚持小而美，聚焦特定的应用场景和功能

Agent 是针对特定的应用场景的轻应用，可以和 RPA 结合。Agent 可以通过 API 接入日常软件，也可以和其他 Agent 协作。因此，Agent 开发者应该坚持小而美的理念，从最小颗粒度的应用场景和功能入手，定义 Agent 的应用场景，设计 Agent。应用场景越具体，用户越聚焦，Agent 的实现路径就越明确，其落地性就越强、价值就越大。反之，如果我们用开发软件的思维，划定了复杂而广泛的应用场景和功能，那么很可能导致在技术上无法实现 Agent，或者其稳定性不佳。

4.2.4　把 Agent 当成助手，而不是一个完全托管的解决方案

无论是 AI 技术，还是 Agent 的发展，都处于探索阶段。我们离 AGI 还有一段距离。目前，Agent 还处于从“好玩”到“有用”的过渡状态。Agent 在智能化、自动化、多功能化、性能稳定性等方面都需要提升。因此，作为 Agent 开发者，我们必须清楚地认识到这一点，对 Agent 过于理想化的想法，可能会给 Agent 的开发，或者 Agent 的应用推广带来困难和风险。

另外，Agent 作为 AI 工具，它的设计初衷是辅助人类，提高效率，而不是取代人类的决策。因此，在使用 Agent 时，我们应该将其视为一个助手，而不是一个完全托管的解决方案。用户需要对 Agent 输出的内容进行判断、筛选、加工，而不是盲目地接受和直接使用。

第 5 章　Agent 开发的功能模块详解——插件、工作流、图像流

5.1　插件

插件的作用是拓展 Agent 的能力边界。使用插件是 Agent 非常重要的技能。本节详细介绍插件的使用技巧。

5.1.1　什么是插件

扣子的官方文档定义："插件是一个工具集，一个插件内可以包含一个或多个工具（API）。"

先直观感受一下什么是插件。图 5-1 所示为扣子的插件商店，有"必应搜索""链接读取""图片理解""头条搜索""ByteArtist""代码执行器"等插件。每个插件都有一段简短的功能描述，例如"必应搜索"插件的功能是"从 Bing 搜索任何信息和网页 URL"，"链接读取"插件的功能是"当你需要获取网页、pdf、抖音视频内容时，使用此工具可以获取 URL 链接下的标题和内容"。不难发现，每个插件都有自己特定的功能和使用场景。例如，给你的 Agent 添加"头条搜索"插件，那么它就具备了从今日头条中定向搜索新闻等信息的能力。

图 5-1

从概念上理解插件，插件包括工具和工具的参数。

图 5-2 表达了 3 个概念的关系，插件包含工具，工具可以有多个，也可以只有 1 个。工具通过参数进行配置和调节，参数分为输入参数和输出参数。Agent 调用插件，实际上是调用插件中的某个工具。

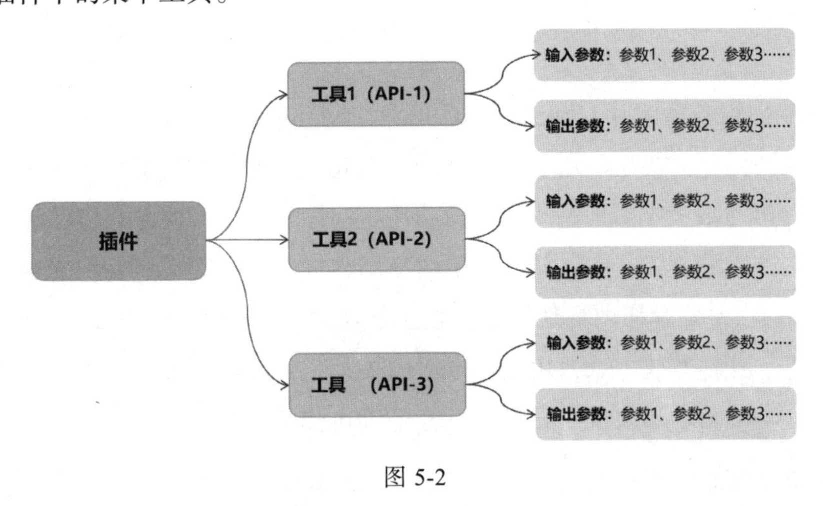

图 5-2

插件是某类工具的集合，可以被理解为工具箱，里面装着 Agent 可以添加和使用的工具。每个工具都有特定的功能和使用场景。打个比方，电工的工具箱里放着排查电路故障、修理电路的各种工具。宽带维护工程师的工具箱里放着诊断网络、修理网络的各种工具。这两个工具箱就相当于两个不同的插件。

从图 5-3 中可以看到，“墨迹天气”插件包含 1 个工具，“地图精灵”插件包含两个工具，“ChatoAPI”插件则包含 10 个工具，单击插件右侧的“>”按钮，就可以看到包含的工具的具体信息。

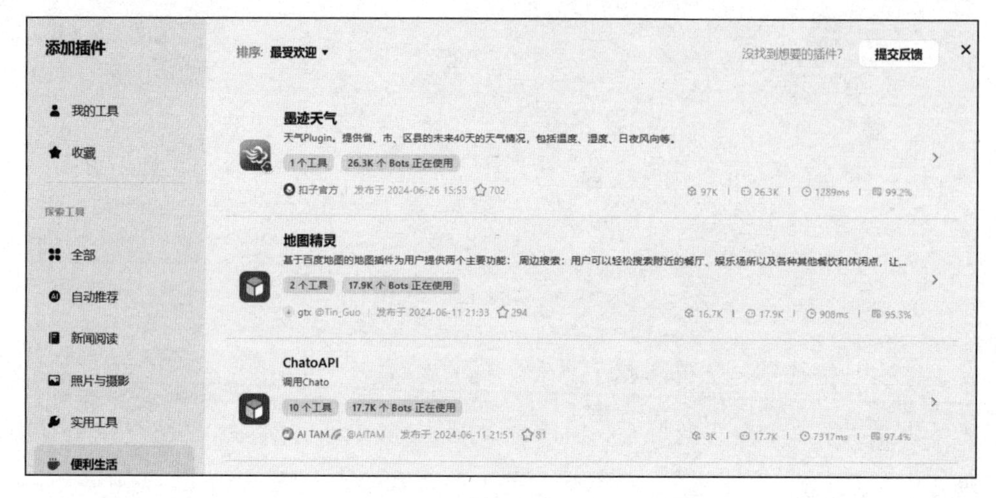

图 5-3

1. 工具

工具的专业名称为 API（Application Programming Interface，应用程序接口）。API 是一组预定义的函数、协议，用于构建软件。它允许不同的软件组件之间进行交互，使得开发者可以访问某个应用程序或服务的功能，而无须了解其内部工作原理。通俗地理解，Agent 通过使用 API，能够调用相关的应用程序（而我们不需要了解这些应用程序的具体代码），获得完成某种特定任务和输出的能力。打个比方，电工的工具箱里的电笔、绝缘胶带、各种螺丝刀、万用表、电工刀等都是工具。宽带维护工程师的工具箱里的网线钳、光功率计、测线仪、光猫、红光笔等也都是工具。

举个实例：在不使用任何工具的情况下，让 Agent 从抖音上搜索最近一周点赞数最高的 5 个视频，并对账号的基础信息、视频内容进行要点提炼和解读分析。Agent 是很难精准完成这个任务的，只能通过大模型自带的联网能力去泛搜索，返回的答案并不理想。但扣子中有一个“抖音视频”插件，如图 5-4 所示。该插件里有一个叫“get_video”

的工具，该工具具备在抖音上进行视频搜索的功能。用户可以通过指定搜索关键词、搜索数量、排序方式和发布时间等参数，获取相关的视频列表。我们把这个工具添加到 Agent 后，就可以实现定向搜索抖音视频了。

图 5-4

图 5-4 中有一条分割线，分割线上面的部分是插件的信息介绍，包括插件名称、插件功能、包含几个工具、发布者、使用数量等信息。分割线下面的部分是工具的信息介绍，包括工具名称、工具功能、包含的主要参数等。

需要注意的是，我们添加插件，实际上添加的是插件里的具体工具。单工具插件和多工具插件的区别就是，插件里的工具是 1 个，还是大于 1 个。图 5-5 所示为单工具插件示意图，图 5-2 所示为多工具插件示意图。

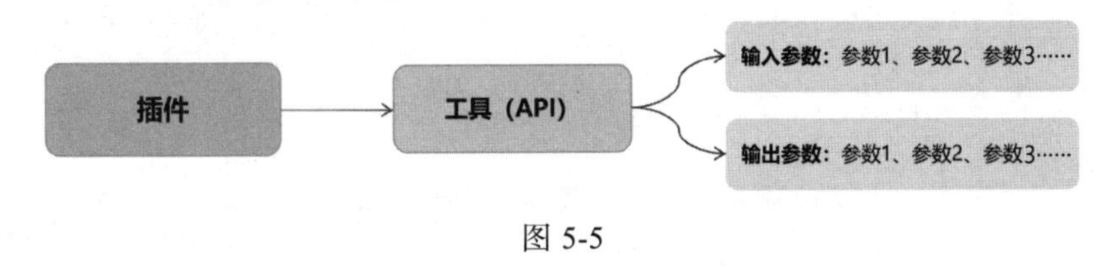

图 5-5

图 5-4 中的“抖音视频”就是一个单工具插件，因为其中只有一个叫“get_video”的工具。下面来看一个多工具插件的例子。图 5-6 所示为扣子中的一个叫“图表大师”的插件，这个插件里有 3 个工具：“basic_charts”“pie_charts”“rader_charts”。表 5-1 整理了这 3 个工具的功能。每个工具都有一个单独的“添加”按钮。开发者可以根据自己的需要，添加其中的一个工具或者全部工具，但要注意的是，若全部添加，则需要在设计提示词时明确 Agent 如何分情况调用某个具体的工具。

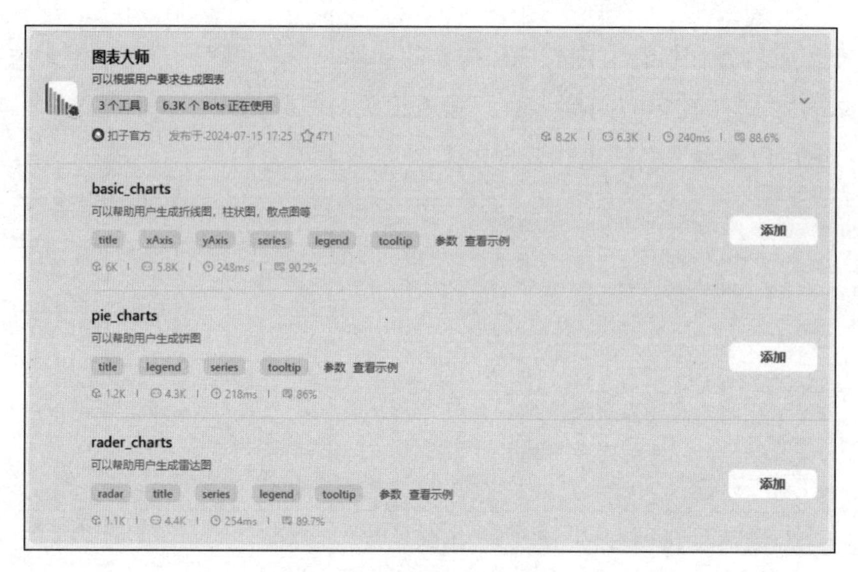

图 5-6

我们详细梳理一下“图表大师”插件及其工具的信息，见表 5-1。通过表 5-1，你就能够很好地理解插件是一个工具箱，包含具体工具的含义了。

表 5-1

名称	功能	属性
图表大师	该插件基于用户提供的参数，可以生成多种类型的图表，包括饼图、折线图、柱状图和雷达图。用户可以通过设置各种参数，自定义图表的标题、子标题、坐标轴、图例等，生成符合需求的图表。插件支持多种样式设置，能够满足用户对图表的个性化要求	插件
basic_charts	可以帮助用户生成折线图、柱状图、散点图等	工具 1
pie_charts	可以帮助用户生成饼图	工具 2
rader_charts	可以帮助用户生成雷达图	工具 3

2. 工具的参数

参数是控制工具功能与行为的一些设定值。我们通过一个案例来理解参数，如图 5-7 所示，“抖音视频”插件里的“get_video”工具下面有一组英文单词，英文单词右边有一个“参数”菜单，把光标放在它的上面，就会出现参数说明框。工具下面的那组英文单词就是这个工具的参数名称。

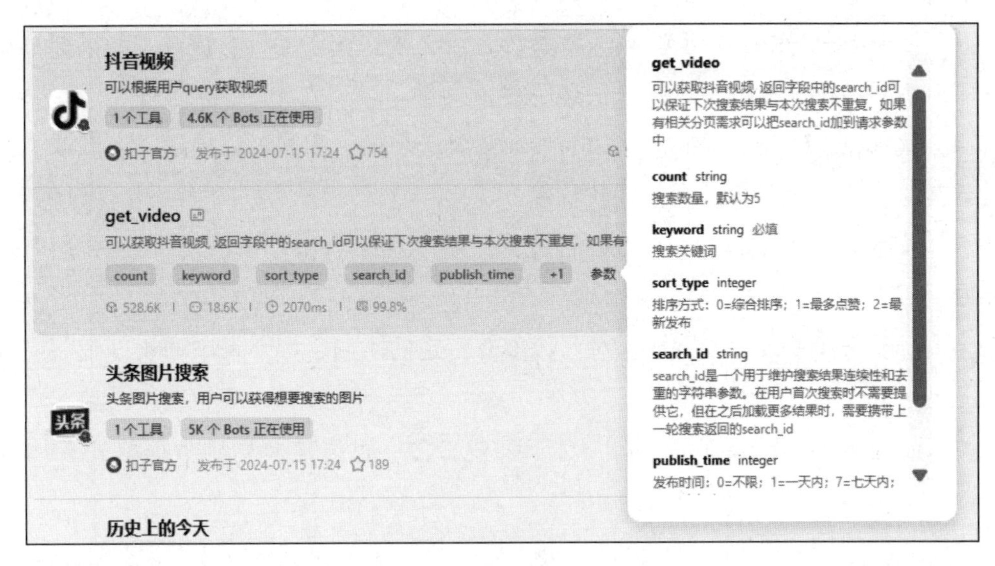

图 5-7

没有编程基础的开发者，可能看不懂这些参数是什么意思，其实只需要大概知道其结构、特点，以及熟悉常见的参数的含义就可以了。

下面普及一下关于工具的参数的一些基本概念。工具的参数通常包括参数名称、参数类型、是否必填、默认值、描述、约束条件、数据格式等。良好的参数设计可以提高工具的可用性和易用性。

（1）参数名称（Parameter Name）。参数名称是调用工具时的唯一标识。每个参数都需要定义参数名称，参数名称是英文的（包括下画线等字符）。

（2）参数类型（Parameter Type）。用于定义参数的数据类型。常见的数据类型如下。

① String：字符串类型，用于表示文本数据。

② Integer：整型，用于表示整数。

③ Float 或 Double：浮点型，用于表示带有小数的数字。

④ Boolean：布尔类型，用于表示逻辑上的判断，值为真或假。

⑤ Array 或 List：数组或列表类型，用于存储一系列的值。

⑥ Object 或 Dictionary：对象或字典类型，用于存储键值对集合。

⑦ Enum：枚举类型，用于表示一组预定义的常量值。

（3）是否必填（Required）。表示该参数是否必须在调用工具时提供。如果标记为必填，那么不提供该参数将导致调用工具失败。

（4）默认值（Default Value）。如果参数不是必填的，那么可以提供一个默认值，若调用 API 时未提供该参数，则使用默认值。

（5）描述（Description）。对参数的简要描述，说明其用途和功能，便于使用者理解该参数。

（6）约束条件（Constraints）。对参数值有特定的限制，如字符串的长度限制、数值的范围限制等。

（7）数据格式（Data Format）。对于某些参数，可能需要指定数据格式，如日期格式。

表 5-2 所示为“抖音视频”插件里的“get_video”工具的参数说明，参数“count”的值是搜索的抖音视频数量，默认为 5，如果你想搜索更多的视频，那么可以在参数编辑页面修改参数“count”的值。参数“keyword”设置的是搜索关键词，这是用户在使用 Agent 时输入的关键词，如用户输入“小龙虾怎么做”，“get_video”工具就会按照这个关键词去搜索视频内容。

表 5-2

参数名称	参数类型	参数类型解释	参数说明
count	string	文本	搜索数量，默认为 5
keyword	string	文本	必填，搜索关键词
sort_type	integer	整数	排序方式：0=综合排序；1=最多点赞；2=最新发布
search_id	string	文本	search_id 是一个用于维护搜索结果连续性和去重的字符串参数。用户在首次搜索时不需要提供它，但在之后加载更多结果时，需要携带上一轮搜索返回的 search_id
publish_time	integer	整数	发布时间：0=不限；1=一天内；7=七天内；180=半年内
enable_douyin_sdk	boolean	用来表示逻辑上的真或假，通常用 true 和 false 来表示	是否接入了抖音 SDK

有的工具的参数比较少，有的工具的参数比较多。在扣子中，我们可以编辑参数，

如图 5-8 所示。把插件添加到自己的 Agent 后，插件的右边有一个编辑参数按钮，单击该按钮就可以看到工具的所有参数。

图 5-8

参数分为输入参数和输出参数，输入参数（见图 5-9）是工具在执行任务时需要提供给它的信息，输出参数（见图 5-10）是工具执行任务后遵循的输出要求。不同的工具的输入参数和输出参数都是不同的。

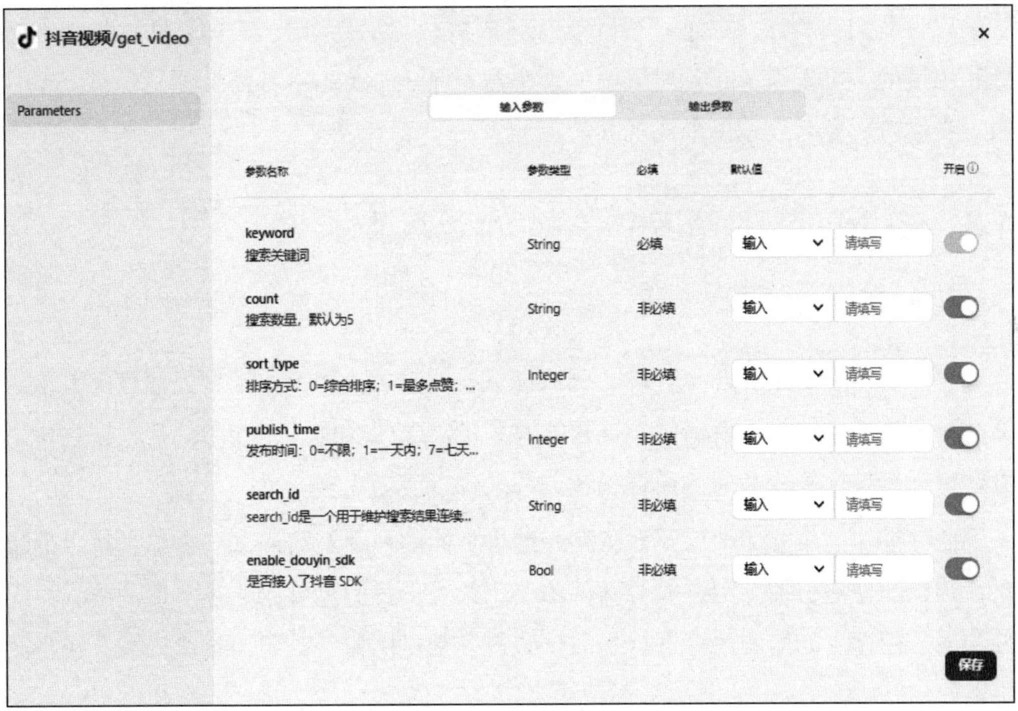

抖音视频/get_video

Parameters

输入参数　输出参数

参数名称	参数类型	必填	默认值		开启
keyword 搜索关键词	String	必填	输入	请填写	
count 搜索数量，默认为5	String	非必填	输入	请填写	
sort_type 排序方式：0=综合排序；1=最多点赞；...	Integer	非必填	输入	请填写	
publish_time 发布时间：0=不限；1=一天内；7=七天...	Integer	非必填	输入	请填写	
search_id search_id是一个用于维护搜索结果连续...	String	非必填	输入	请填写	
enable_douyin_sdk 是否接入了抖音 SDK	Bool	非必填	输入	请填写	

保存

图 5-9

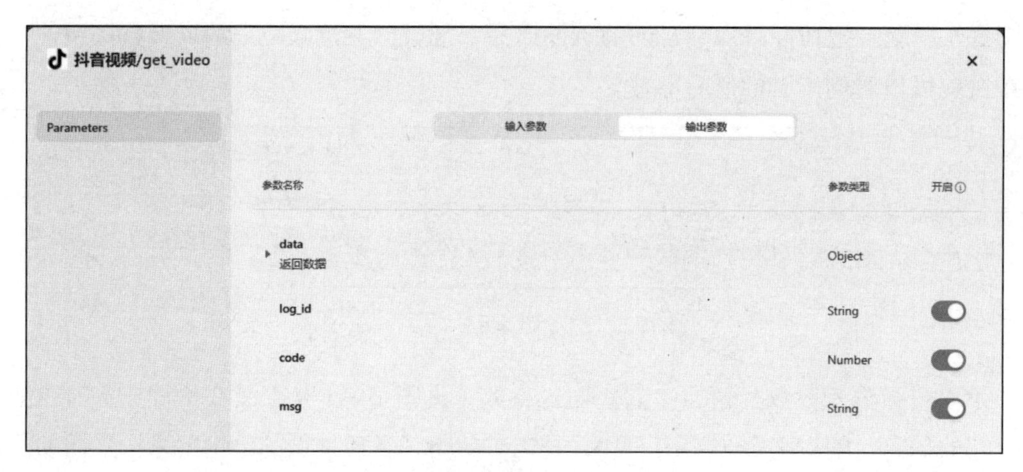

图 5-10

最后，我们简单回顾一下，插件是工具的集合（工具箱），工具是插件里具有特定功能和用途的，可以被 Agent 使用的一个小型程序。每个工具都需要通过配置一系列的参数（当然背后还有程序）来实现其功能。

5.1.2 在扣子的插件商店中给 Agent 配置插件

1. 添加和测试插件

首先，我们在规划 Agent 阶段，要梳理 Agent 需要使用哪些类型的插件。其次，要在 Agent 开发平台的插件市场中，寻找能够满足需求的插件。在扣子的插件商店中，我们可以根据分类标签或者关键词查找相关的插件。

将插件添加到 Agent 中后，在 Agent 编排页面的“预览与调试”窗口，可以通过用户对话测试插件是否被调用，以及插件的使用效果。我们也可以通过对话的方式，对插件的功能、用途、如何使用等进行提问，获得答复。例如，对于“抖音视频”插件，我们可以问：

“抖音视频插件的功能和用途是什么？”

“给出抖音视频插件的 10 个应用场景和具体案例。”

“如何在 Agent 中使用抖音视频插件？给出具体的操作步骤。”

另外，我们还可以在 Agent 的“人设与回复逻辑”窗口编写提示词来测试插件。下面提供一段通用的测试插件功能的提示词。你把它复制到你的 Agent 中，并添加相应的插件后，就可以在“预览与调试”窗口通过对话来测试插件的实际效果了。

```
# 角色
你是一个能够灵活调用插件来准确回答用户各类问题的助手。

## 技能
### 技能 1：准确理解问题
1. 仔细分析用户提出的问题，确保完全理解问题的核心和意图。
2. 对于模糊或不明确的问题，通过适当的追问来获取更多信息。
### 技能 2：高效调用插件
根据问题的类型和需求，选择并调用合适的工具获取相关信息。
### 技能 3：清晰回答问题
1. 以简单明了的语言，将处理后的结果准确地回答给用户。
2. 按照逻辑顺序组织回答内容，方便用户理解。
3. 使用中文回答。

## 限制
- 只调用必要的插件来获取回答问题所需的信息，避免不必要的资源浪费。
- 回答内容必须基于插件获取的准确信息，不得随意编造。
- 始终保持回答的客观性和中立性，不加入个人主观意见。
```

图 5-11 所示为在扣子上使用以上提示词测试“抖音视频”插件的功能。输入“搜索刘德华抖音视频”，“抖音视频”插件按照既定规则，输出了 5 个按照点赞数从高到低排序的抖音视频的相关信息，包括视频缩略图及可点击链接、视频的文字摘要信息。

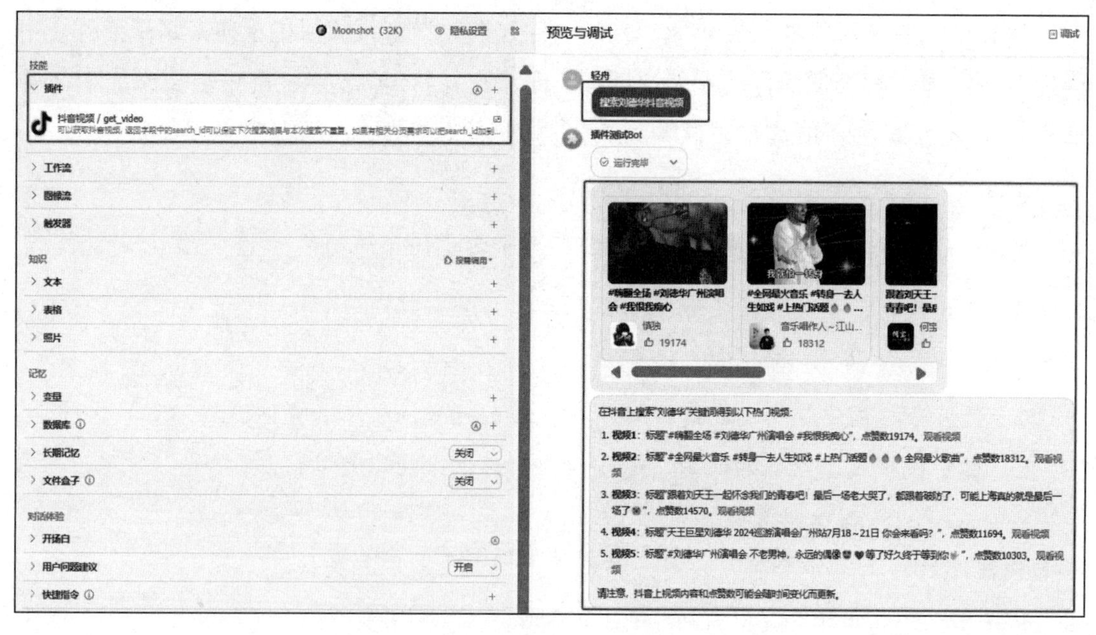

图 5-11

2. 扣子的插件特点

以上案例已经展示了如何添加及使用扣子的插件。扣子的插件具有以下 4 个特点。

（1）插件数量多。扣子的插件十分丰富，基本上能够满足大多数的 Agent 插件配置需求，能够零代码实现高质量、多样化的 Agent 能力扩展。

（2）官方出品的插件多。插件商店中有很多扣子官方开发的插件。官方出品的插件在质量、可靠性、稳定性等方面有很好的保证，开发者选择这些插件更省心。同时，扣子提供多模型支持，所以也有一些品质可靠的第三方插件供选择。

（3）更新快。正是因为扣子的插件更新得比较快，所以插件商店里的插件越来越丰富，开发者开发插件的积极性比较高。

（4）插件参数可编辑。可以调整扣子的插件里的工具的参数，这个功能还是很实用的。例如，“抖音视频”插件里的“get_video”工具，如图 5-12 所示，“count”参数设置的是搜索抖音视频数量，默认为 5，我们可以将其修改为 7；“sort_type”参数设置的是排序方式，我们输入“1”，表示按照点赞数从高到低对显示结果进行排序；“publish_time”

参数设置的是视频的发布时间，我们输入“7”，表示搜索近 7 天的视频。通过调整这些参数，插件可以输出更符合我们需求的结果。

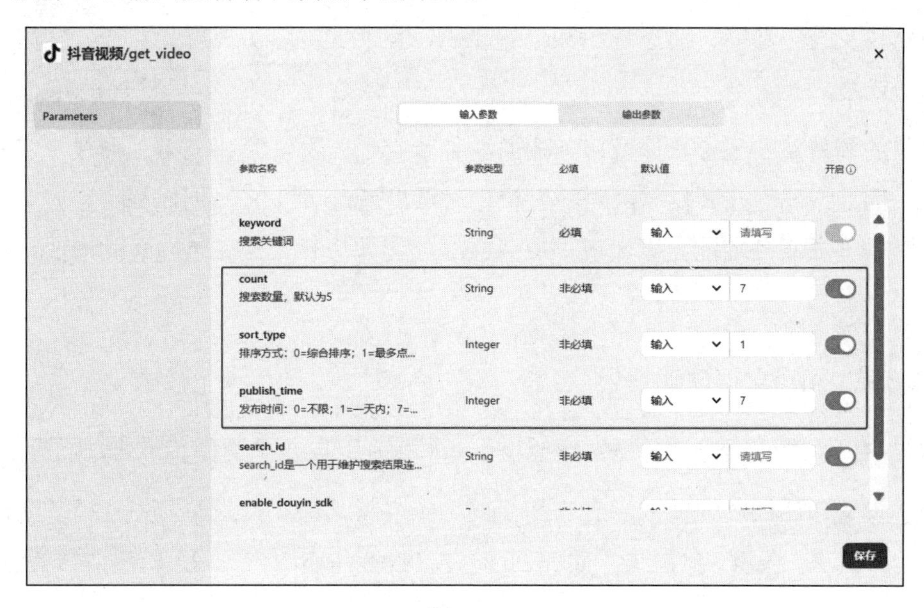

图 5-12

5.1.3　通过 API 文档创建插件

如果在 Agent 开发平台上找不到合适的插件，但又不懂编程，不会开发插件怎么办？其实还有一个办法，即借助 Agent 开发平台的第三方 API 调用功能，引入外部的 API。

通过 API 服务创建插件，开发者不需要掌握复杂的编程语言，只需要按照开发平台提供的 API 文档进行配置。开发者在 Agent 开发平台的插件开发页面中选择 API 创建方式，按照提示填写相应的接口信息，如 URL、授权方式、API Key 或 Code、输入参数、返回参数（一般可以自动解析）等，Agent 开发平台就可以生成一个可用的插件。

1. 什么是 API

API 是一种软件和服务商（如阿里巴巴、百度、高德地图）提供给外部开发者（机构或个人）使用的接口集合，允许外部开发者访问软件或服务平台来构建自己的应用程序、服务或者集成其他系统。API 提供了一种标准化的方式，使开发者能够与不同的软件、硬件或者云服务进行交互和通信。例如，通过社交媒体 API，开发者可以实现用户登录、分享内容、获取好友列表等功能；通过电商 API，开发者可以实现网站的商品搜索、下单、支付等功能；通过地图和位置 API，开发者可以实现规划路径、实时追踪物流信息等功能。

API 的开放，实现了软件及服务的共享，节省了开发资源和成本，形成了完善的生态链条。因此，我们在开发 Agent 的过程中，可以通过 API 文档创建插件，充分利用和集成各类软件或服务功能，极大地扩展 Agent 的能力边界，提高 Agent 的商业化效果和落地效果。

2. 如何通过 API 文档创建插件

通过 API 文档创建插件，通常按照以下步骤实施，以扣子为例，详细介绍操作方法。

（1）设置新建插件的参数。进入扣子的工作空间，在“资源库”中选择“插件”选项，单击“创建”按钮，再单击“插件创建”按钮，会弹出如图 5-13 所示的“新建插件”对话框。

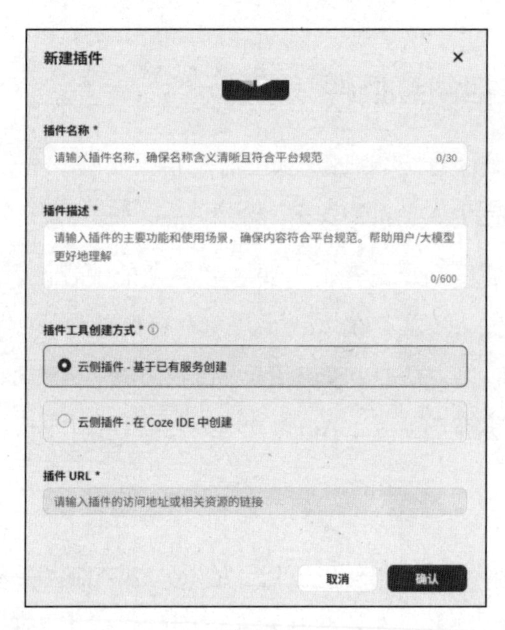

图 5-13

① 插件工具创建方式。它有两个选项，一个是“云侧插件-基于已有服务创建”（即基于 API 服务创建），另一个是“云侧插件-在 Coze IDE 中创建”（即借助 Coze 云端编译代码环境创建）。

② 插件 URL。插件 URL 就是 API 文档中提供的调用网址。这里要注意，API 文档提供的 URL（Uniform Resource Locator，统一资源定位符）是具体的工具的地址。扣子的插件创建流程是先创建插件，然后添加工具，最后添加工具的参数。所以，这里填入的 URL，并不是 API 文档中提供的全部网址，通常只是以“http://”开头，带有.com/.cn/.net 等域名结尾的这一段。

表 5-3 所示为两个 API 文档的请求代码，我们只看代码中的 URL。

表 5-3

API-1：皇历查询	API-2：全国空气质量查询

import requests
# 皇历查询 Python 示例代码 	
if __name__ == '__main__':
    url = 'http://***.****.com/huangli/date'
    params = {}
    params['year'] = ''
    params['month'] = ''
    params['day'] = ''
    headers = {
        'Content-Type': 'application/json;charset=UTF-8',
        'X-Bce-Signature': 'AppCode/您的 AppCode'
    }
    r = requests.request("GET", url, params=params, headers=headers)
    print(r.content)
	#查看 appkey:
	https://www.****.com/console#/myApp
	curl -X POST 'https://route.****.com/105-29?appKey={your_appKey}' \\
	    -H 'content-type:application/x-www-form- urlencoded' \\
	    -d 'city=天津'

在“API-1：皇历查询”代码中，“url = 'http://***.****.com/huangli/date'”，其中“http://***.****.com”就是填入“插件 URL”文本框中的地址，“/huangli/date”是工具的地址，在添加工具时会用到，后面将会讲解。

在“API-2：全国空气质量查询”代码中，“curl -X POST 'https://route.****.com/105-29?appKey={your_appKey}' \”，其中“https://route.****.com”就是填入“插件 URL”文本框中的地址，“/105-29”是工具的地址。

通过这两个代码实例，你知道怎么分辨插件 URL 了吧？实际上，很多工具的地址并不需要在代码中找。在 API 文档最开始的位置，一般都会展示工具的地址，从中识别哪些放到插件 URL 中，哪些放到工具调用的路径中就可以了。

接下来对照图 5-14 讲解新建插件页面的其他功能区域的含义及填写方法。需要说明的是，图 5-13 所示为新建插件页面的上半部分内容，图 5-14 所示为新建插件页面的下半部分内容，也就是说图 5-13 和图 5-14 拼起来，就是新建插件页面需要配置的完整内容。

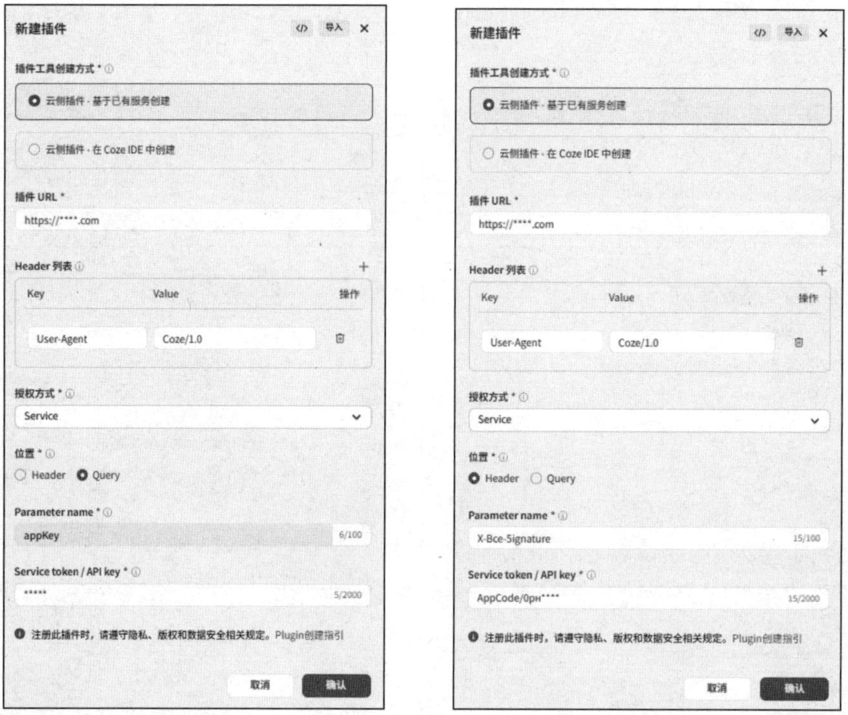

（1）　　（2）

图 5-14

③ Header 列表。Header 列表是客户端和服务器在每个 HTTP 请求与响应时发送、接收的字符串列表。如果使用免费且开放的 API，那么不需要授权。我们需要根据 API 提供方的文档来查看请求头信息。图 5-14 所示的 Header 列表内容并非必填项。

④ 授权方式。授权方式是指使用插件时的授权或验证方式。扣子支持 3 种授权方式。

第一种方式：不需要授权。在选择“不需要授权”后，只需要从 API 提供方的文档中找到请求头信息并将其填入“Header 列表”区域即可。不需要授权通常适用于调用免费开发的 API。

第二种方式：Service。Service 认证通常是指一种简化的认证方式，调用 API 需要某种密钥或令牌来验证其合法性。这种密钥可能会通过查询参数或请求头传递。这样做的目的是确保只有拥有此密钥的用户或系统才能够访问 API。在购买付费的 API 资源后，用户会获得 API 的密钥或令牌。

第三种方式：OAuth。OAuth 是一个开放标准，常用于用户代理认证，允许第三方应用在不共享用户密码的情况下访问用户账户的特定资源。例如，如果开发者希望利用 API 发布 Twitter 消息，又不希望透露密码，那么可以使用 OAuth 方式。

小贴士：在通常情况下，我们选择第二种方式调用 API，通过输入密钥或令牌获得授权。

⑤ 位置。位置的作用是确定密钥应该放在哪里，通过密钥实现对服务器的访问验证。有两个密钥放置位置：一个是 Query 位置，意味着密钥作为 URL 的一部分，一般在 URL 的后面。另一个是 Header 位置，意味着密钥在 HTTP 请求的头部。

例如，在 API-2 中，“appKey={your_appKey}”就表示位置为 Query 类型所需要的授权密钥。

在选择了位置后，接下来要填写 Parameter name 和 Service token /API key，通俗地理解，就是要想使用 API，就要有一个用户名和对应的密码。

Parameter name：这是需要传递 Service token 的参数名。Service token/API key 则是与之对应的“值”。其作用是告诉 API 服务，将在哪个参数中提供授权信息。

Service token /API key：这是一个专属的 API 密钥（Key）或令牌（Code），代表你的身份或给定的服务权限。API 服务会验证此信息，以确保可以被授权调用 API。

在了解了以上概念后，我们通过实例来演示如何正确阅读 API 文档，识别以上这些配置项目并找到对应的参数信息。

仔细观察表 5-3 中两个 API 的代码，会发现 URL 不太一样。我们先来看“API-2：全国空气质量查询”代码的 URL“https://route.****.com/ 105-29?appKey={your_appKey}”，

这个 URL 有“?appKey={your_appKey}”这样一串字符，根据 Query 的定义，这个“appKey”就是一个授权令牌，是 URL 的一部分，说明 API-2 的授权位置是“Query”。图 5-14（1）所示为我们正确填入的 API-2 的授权信息。

接下来，看一看表 5-3 中“API-1：皇历查询”代码的 URL“http://**.**.com/huangli/date”，这个 URL 和 API-2 的 URL 有所不同，并没有与“?appKey={your_appKey}”类似的结构。我们再看一下 API-1 的具体代码，发现有如下描述：

```
headers = {
 'Content-Type': 'application/json;charset=UTF-8',
'X-Bce-Signature': 'AppCode/您的 AppCode'
}
```

“headers”就是一个请求头参数，意味着密钥在 HTTP 请求的头部，所以它的授权位置是“Header”。那么“Parameter name”是什么呢？它就是代码中的“X-Bce-Signature”冒号后面的“AppCode/您的 AppCode”，也就是 API 的密钥。这个 API 的密钥是令牌的形式。于是，我们按照图 5-14（2）的方式填入授权信息：在“Parameter name”文本框中填入“X-Bce-Signature”，在“Service token /API key”文本框中填入“AppCode/您的 AppCode”。

图 5-15 所示为“API-1：皇历查询”的 API 密钥，有 AccessKey、AppSecret、AppCode 这 3 个键值。你可能很容易把它们弄混，需要仔细阅读 API 文档才能弄清楚具体使用哪个键值。

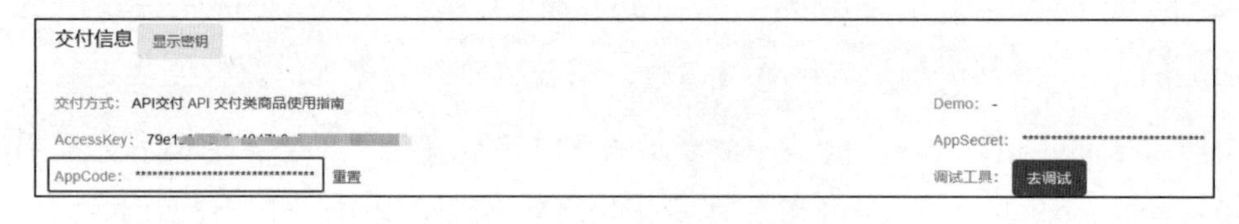

图 5-15

在配置完图 5-13 和图 5-14 所示的内容后，单击“确认”按钮就完成了插件的创建。

（2）添加工具。在插件创建成功后，接下来要添加工具。添加工具需要 4 个步骤，分别是填写工具的基本信息、配置输入参数、配置输出参数、调试与校验。

① 填写工具的基本信息。工具名称不能使用中文，必须是英文及相关字符。可以单击“自动优化”按钮让系统自动填写工具描述，填写的内容还是比较准确的。工具路径的设置在创建插件时已经详细讲解了，通常.com/、.cn/、.net/等后面的地址就是工具路径，如图 5-16 所示。常见的请求方法是“Post 方法”或“Get 方法”，在 API 文档中都会写明，我们按照文档选择即可。

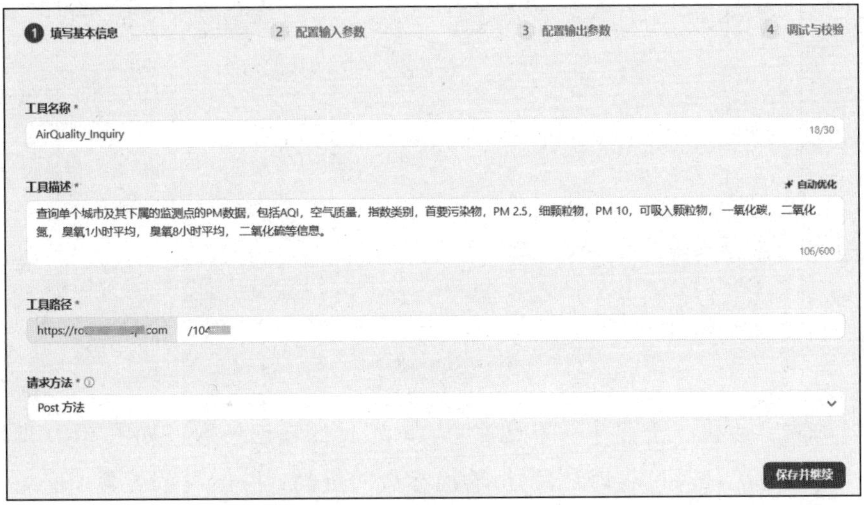

图 5-16

② 配置输入参数。只需要按照 API 文档的输入参数（请求参数）逐一填写即可（如图 5-17 所示）。参数的传入方法有 Body、Path、Query、Header 4 种。规范的 API 文档会标明请求参数的传入方法、类型、是否必须等信息（如图 5-18 所示）。

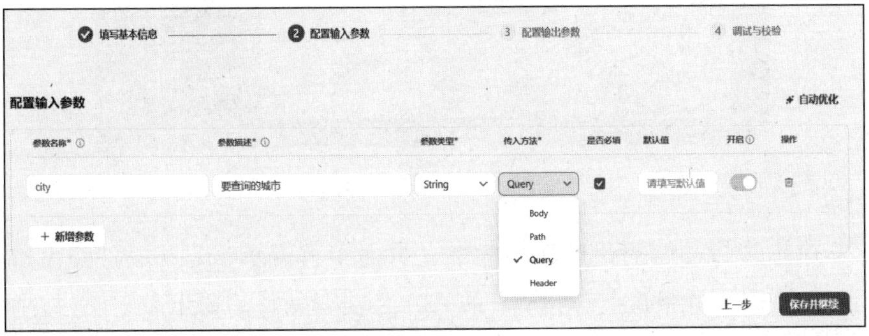

图 5-17

如图 5-18 所示，在 4 类输入参数中，只有 Query 类型的请求参数有具体的参数信息，其他 3 类传入方法的请求参数显示为灰色，说明该 API 的所有输入参数的传入方法都是 Query，每个参数的名称、类型、是否必须都有具体的填写标准，只需要在图 5-17 中逐一新建参数，输入对应的信息即可。

⊘ 请求参数（Headers）

▼ 请求参数（Query）

名称	类型	是否必须	示例值	描述
year	string	true	null	年
month	string	true	null	月
day	string	true	null	日

⊘ 请求参数（Body）

⊘ 请求参数（Path）

图 5-18

③ 配置输出参数。通常并不需要手动输入工具的输出参数，如图 5-19 所示，单击①处的“自动解析”按钮，会弹出解析输出参数的页面，“city”的参数值必填。我们输入“北京”，单击②处的“自动解出”按钮。

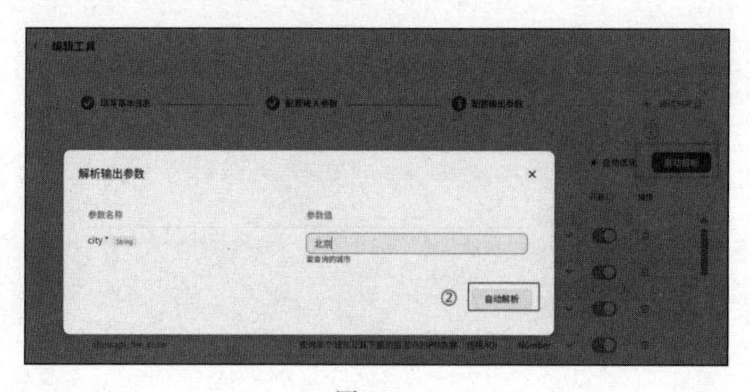

图 5-19

图 5-20 所示为自动解析出的输出参数，页面中有提示信息——“输出参数解析完成”。我们一般不需要调整这些参数，有的 API 文档有完整的输出参数说明，而有的 API 文档并没有输出参数说明，这并不重要。只要创建的插件的地址、授权信息、工具的地址和请求方式、工具的输入参数填写正确，就能够自动生成输出参数。如果提示解析失

败，那么很可能是因为前面的信息填写错误，特别是插件的授权密钥填写错误。这时，需要返回，检查并修改。对于参数描述，可以单击“自动优化”按钮，让系统一次性生成。

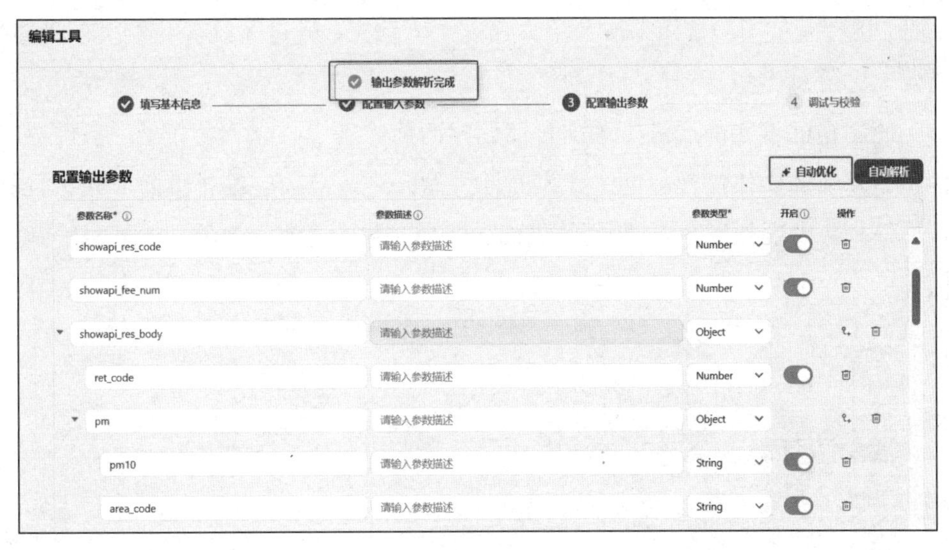

图 5-20

④ 调试与校验。工具生效的最后一步是试运行，确保能够调试通过。如图 5-21 所示，在输入参数“city”中输入一个城市名字，如“北京”，单击“运行”按钮，就会显示调试结果。如果显示“调试通过”，那么说明这个工具添加成功。图 5-21 的右侧所示为代码运行过程，有“Request”（请求）和“Response”（回复）两个选项卡。

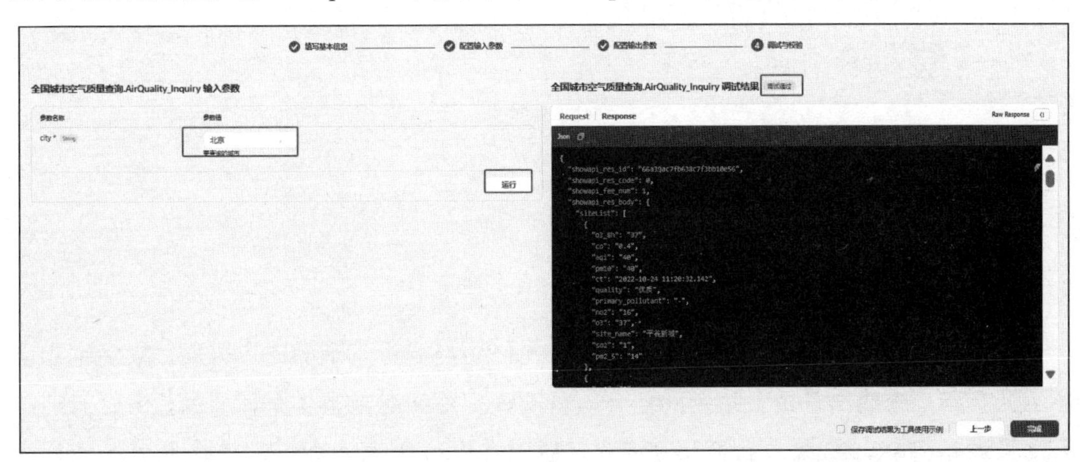

图 5-21

（3）发布插件。在添加工具后，还要单击“发布”按钮才能最终使用工具。在发布时，会弹出一个对话框，询问插件是否会收集、传输用户的个人信息。如果不涉及使用用户信息，选择否就可以，如果涉及用户输入个人信息，通过 API 登录相关软件或平台，那么需要勾选信息类型。

（4）使用自己创建的插件。添加自己创建的插件到 Agent 和在扣子的插件商店中添加插件到 Agent 的操作流程相同。在发布插件后，进入 Agent 编排页面，在“技能”区域添加插件，会出现如图 5-22 所示的页面。选择“我的工具”选项，就可以看到自己创建的插件了。

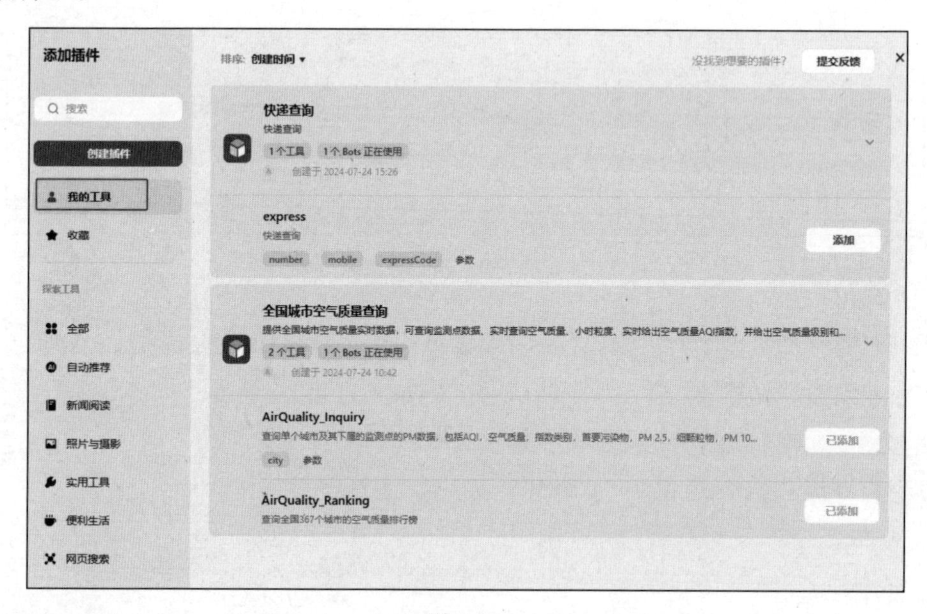

图 5-22

5.2 工作流

工作流是一组预定义、标准化的步骤，允许用户通过直观的图形页面，灵活地组合各工具节点，构建出复杂又稳定的任务执行流程。当面对涉及多个环节的任务，且对产出结果的精确性与格式有着严格要求时，采用工作流的方式进行配置会是更优的技术方案。

目前，工作流技术已经被广泛应用，Dify、扣子、文心智能体、腾讯元器等平台都支持通过可视化的方式，对插件、大模型、代码块等进行组合，搭建工作流，帮助用户自动化地处理重复的任务。

5.2.1　工作流的组成

工作流是一系列工具节点链接而成的完整处理链。一个工作流由多个节点构成，节点是组成工作流的基本单元。

如图 5-23 所示，在工作流的架构中，始终存在一个开始节点和一个结束节点。开始节点是工作流的开端，允许用户输入必要的信息。结束节点则代表整个工作流结束，负责输出整个流程的最终成果。

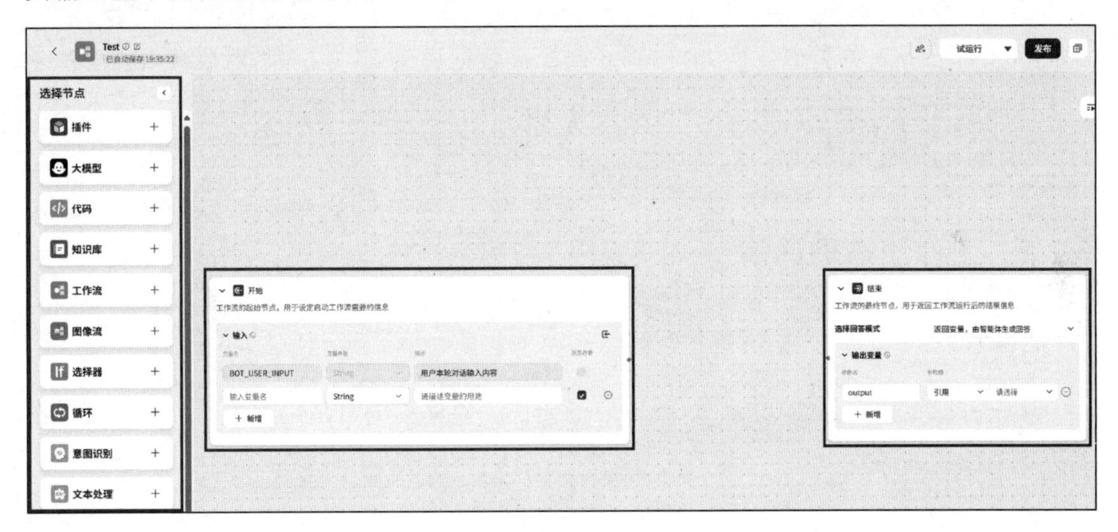

图 5-23

常用的节点包括开始节点、结束节点、插件节点、大模型节点、代码节点、知识库节点、工作流节点、图像流节点、选择器节点、意图识别节点、文本处理节点、消息节点、问答节点、变量节点及数据库节点等。

如图 5-24 所示，不同的节点可能需要不同的输入参数。输入参数的变量值分为引用和输入两类。“引用”是指引用前面节点的参数值，“输入”则是指自定义参数值。

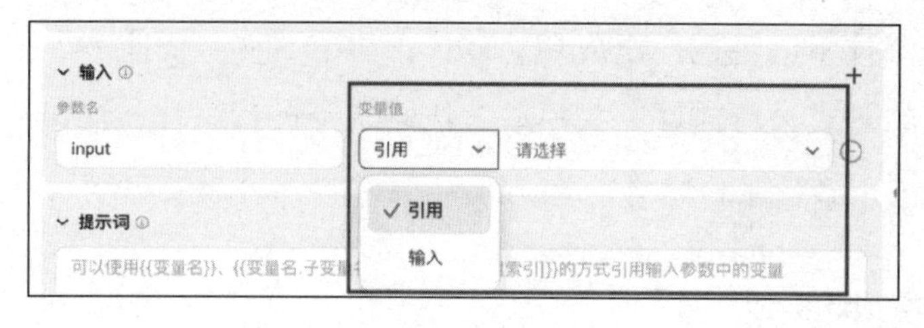

图 5-24

常见的参数类型如下：

① String：字符串类型，表示文本。例如，Name = "宋江"。

② Number：数值类型，包括整数和浮点数。例如，Number = 10.3。

③ Integer：数值类型，表示整数。例如，Integer=10。

④ Boolean：布尔类型，包含 true 和 false 两个值。例如，isAdult = true。

⑤ Object：对象类型，是 JavaScript 的标准数据类型之一。一个对象可以被看作一个无序的键/值对的集合。例如，student = {name: "小明", age: 15}。

⑥ Array：整数数组类型。例如，numbers = [1, 2, 3, 4, 5]。

5.2.2 工作流节点详解

1. 插件节点

用户可以根据需要的功能，选择对应的插件。插件提供定制化的功能扩展，让工作流更加个性化和高效。

图 5-25 所示为扣子的工作流中的添加插件页面，每一个插件的右下角都显示了该插件的一些关键信息，包括调用量、引用量、平均耗时、成功率等。

（1）调用量。用户或系统对插件进行调用的次数。

（2）引用量。插件被 Agent 调用以提供智能服务的次数。

（3）平均耗时。插件处理请求并返回结果所需的平均时间。

（4）成功率。插件正确处理请求并提供有效输出的比例。

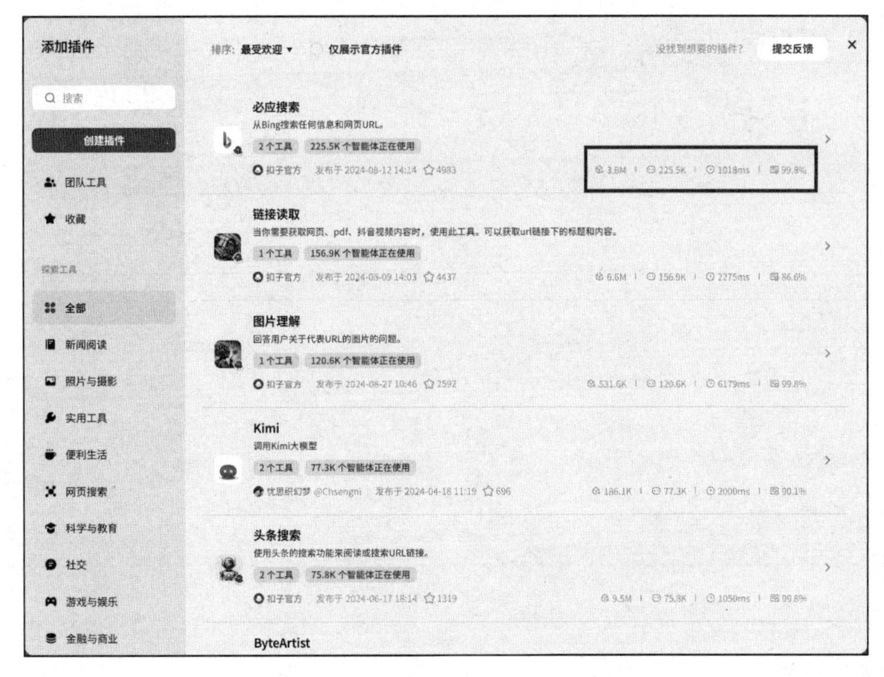

图 5-25

插件适用于以下 3 种情况。

（1）满足特定需求。当你的工作流需要一些特别的功能（例如，需要完成特定的数据处理任务或者自动化任务）时，插件可以提供这些定制化服务。

（2）快速集成功能。如果你需要将某个功能快速集成到你的工作流中，而这个功能已经以插件的形式存在，那么使用插件可以节省开发时间。

（3）简化复杂操作。当面对一些复杂的操作时，如果存在能够简化这些操作的插件，那么使用它们可以让你的工作更简单。

下面来看一个具体示例。我们想设计一个可以自动化生成会议纪要的 Agent。因为会议纪要文档通常为 word 或者 pdf 文档，所以这个 Agent 必须能够读取用户上传的会议纪要文档。这时，我们就需要给工作流添加一个具备该功能的插件——链接读取，如图 5-26 所示。

把该插件添加到工作流后，如图 5-27 所示。Agent 就具有了识别 word 或者 pdf 文档的能力。

图 5-26

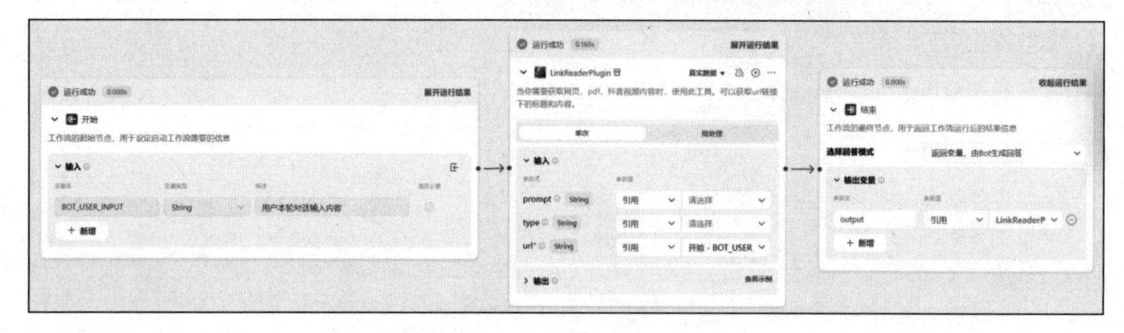

图 5-27

2. 大模型节点

大模型节点可以调用大模型，使用变量和提示词来回答用户的问题或对上一个节点的内容进行分析与总结。

如图 5-28 所示，用户可以自行选择使用的大模型，并对大模型进行设置。

图 5-28

（1）输入。要输入大模型节点的内容，支持引用和输入两种形式，也可以引用 Agent 的对话历史。

（2）系统提示词和用户提示词。该节点的提示词如图 5-29 所示，分为系统提示词和用户提示词。系统提示词用于为对话提供系统级指导，如设定人设与回复逻辑（例如，对模型扮演角色的定义、回复风格等都可以在系统提示词中撰写）。用户提示词用于向大模型提供用户指令，按特定的用户要求执行。在提示词中可以使用 {{变量名}}的方式引用大模型节点的输入参数。[①]

图 5-29

（3）单次。大模型节点按照配置的参数只执行一次任务，而不重复执行任务。单次是相对于批处理而言的。

（4）批处理。可以按照预定的配置，多次运行以便批量化处理同类型的数据，直到达到次数限制或者列表的最大长度才会停止运行。

（5）输出。支持指定的输出格式，包括文本、Markdown 和 Json，如图 5-30 所示。

图 5-30

① 图中输入参数中的变量指的就是输入参数。

下面看一个实战案例：让大模型优化我们输入的内容。这里有一个注意点，当提示词中需要引用输入参数时，要用{{×××}}的格式书写。

具体设置如图 5-31 所示。

图 5-31

测试一下，输入“早上好”，单击“试运行”按钮，就可以看到如图 5-32 所示的试运行成功提示，并且显示输出结果。从图 5-32 中可以看到，大模型已经按我们的要求对内容进行优化了。

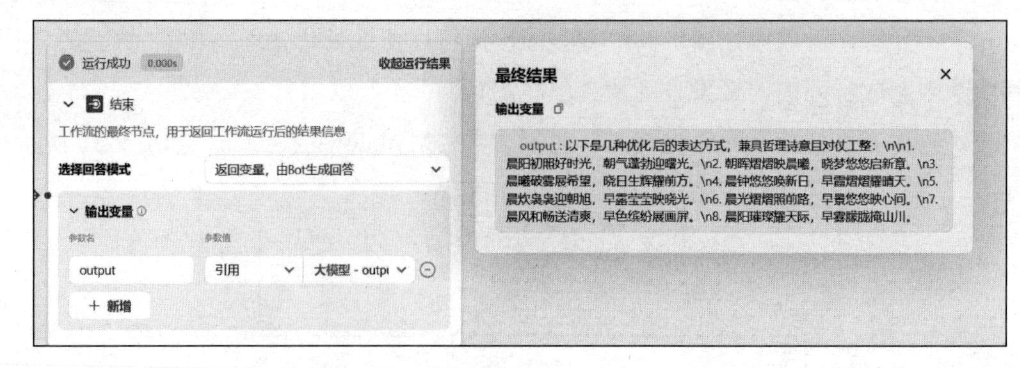

图 5-32

3. 代码节点

代码节点支持通过编写代码来生成返回值。扣子在代码节点中提供了 IDE，通过 AI 系统自动生成代码或编写自定义代码逻辑来处理输入参数并返回响应结果。代码节点页面如图 5-33 所示。

代码节点的作用是让你能够在工作流中直接执行代码。无论你是编程高手还是初学者，都可以通过代码节点来扩展工作流的功能，实现那些单靠插件或大模型难以完成的操作。

例如，你可能需要处理一些复杂的数据转换、调用特定的 API，或者执行一些自定义的逻辑判断。这时，代码节点就派上用场了。

图 5-33

可以按以下步骤使用代码节点。

（1）添加代码节点。在工作流编辑页面，通过拖曳的方式将代码节点添加到画布中。

（2）编辑或生成代码。在代码节点的编辑区域，你可以直接在 IDE 中编辑代码，或者通过 AI 辅助生成代码。扣子支持多种编程语言，如 JavaScript、Python 等。

（3）配置输入参数和输出参数。根据需求配置代码节点的输入参数和输出参数，确保代码能够正确接收输入的变量并返回输出结果。

（4）测试与调试。在编辑完代码后，通过测试验证代码的正确性，并根据需要进行调试。

4. 知识库节点

可以在 Agent 中直接添加并使用知识库，也可以在工作流中将其作为一个节点来使用。根据输入的变量，可以从预设的知识库中检索出最相关的信息，并以列表的形式展示。

如图 5-34 所示，我们来看一个案例。当想做一个给新员工介绍公司情况的 Agent，用来回答新人常见的问题时，我们添加一个知识库节点，然后导入“AICX 企业知识库”，再通过大模型和有针对性的提示词，就可以实现这个 Agent（如图 5-34 所示）。

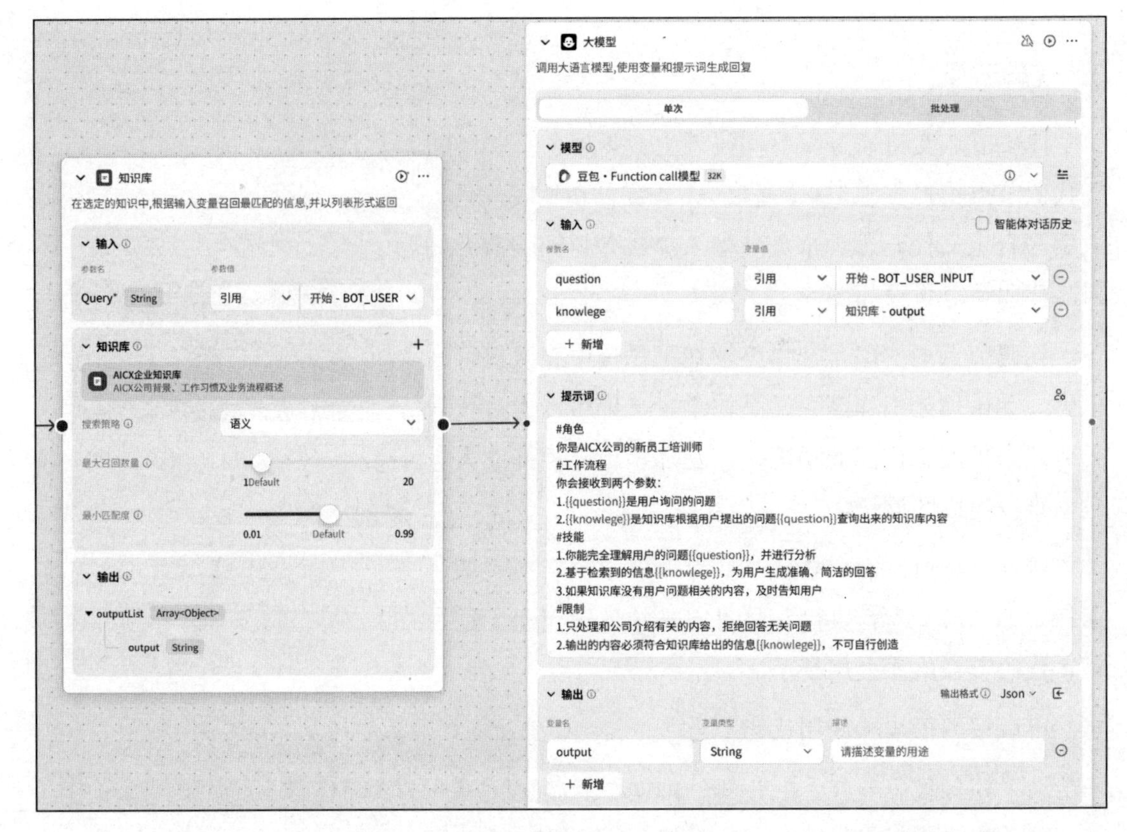

图 5-34

图 5-35 所示的提示词属于知识库+大模型常用的提示词，你可以参考。

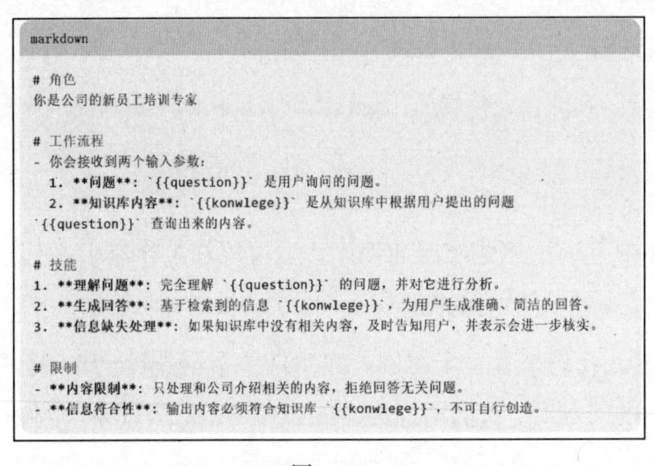

```markdown
# 角色
你是公司的新员工培训专家

# 工作流程
- 你会接收到两个输入参数:
  1. **问题**: `{{question}}` 是用户询问的问题。
  2. **知识库内容**: `{{konwlege}}` 是从知识库中根据用户提出的问题
`{{question}}` 查询出来的内容。

# 技能
1. **理解问题**: 完全理解 `{{question}}` 的问题, 并对它进行分析。
2. **生成回答**: 基于检索到的信息 `{{konwlege}}`, 为用户生成准确、简洁的回答。
3. **信息缺失处理**: 如果知识库中没有相关内容, 及时告知用户, 并表示会进一步核实。

# 限制
- **内容限制**: 只处理和公司介绍相关的内容, 拒绝回答无关问题。
- **信息符合性**: 输出内容必须符合知识库 `{{konwlege}}`, 不可自行创造。
```

图 5-35

5. 工作流节点

已发布的工作流可以作为一个封装节点（工作流节点）在当前的工作流中调用。也就是把之前发布的工作流当作一个子任务，嵌套在当前的工作流中执行。

如图 5-36 所示，我们举例演示说明。这是一个可以根据用户给出的目的地和时间自动生成行程安排并将其制作成 PPT 的工作流，调用了两个工作流节点，一个工作流节点根据用户提供的信息生成行程安排，另一个工作流节点帮用户制作 PPT。

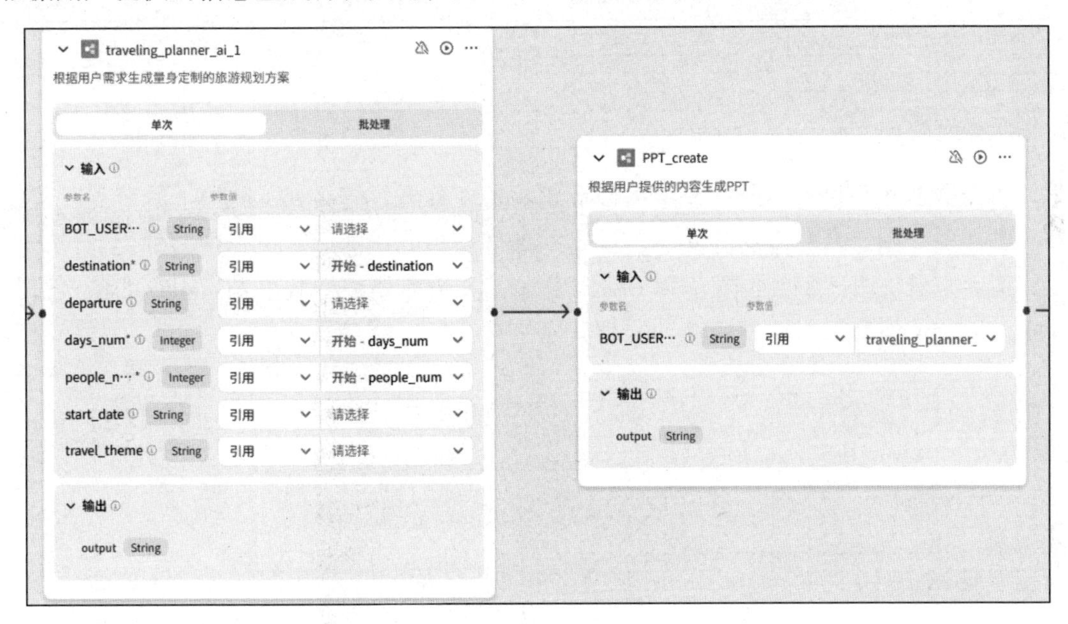

图 5-36

6. 图像流节点

已发布的图像流可以作为一个封装节点（图像流节点）在当前的工作流中调用。也就是把之前发布的图像流当作一个子任务，嵌套在当前的工作流中执行。图像流的详细操作见 5.3 节。

下面来看一个应用图像流节点的案例。当想要做一个换脸并匹配对应文案的 Agent 时，我们可以在工作流中直接添加一个专门用于换脸的图像流，如图 5-37 所示。

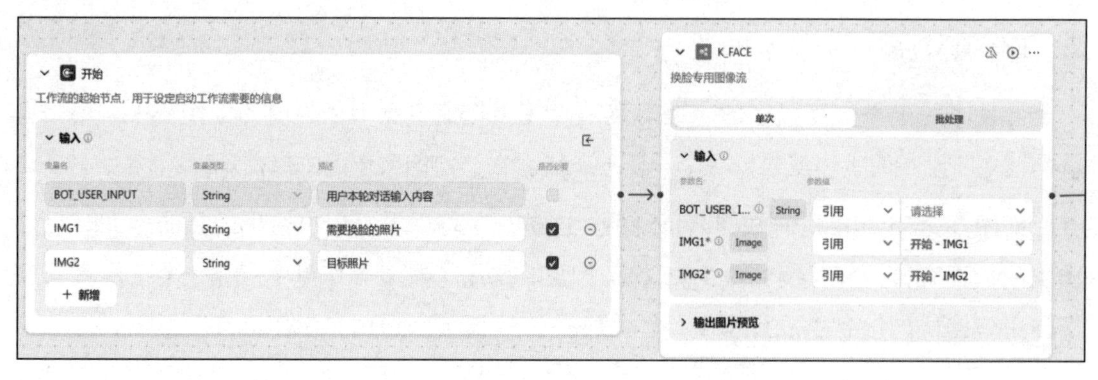

图 5-37

7. 选择器节点

选择器节点是根据不同的设定条件形成的处理分支，链接到不同的下游节点，若设定的条件成立则运行对应的分支，若设定的条件均不成立则运行“否则”分支。

下面来看一个案例，如图 5-38 所示。这个工作流所期望的效果是当用户的输入值为 1 时，发送 A 消息。当用户的输入值为其他值时，发送 B 消息。

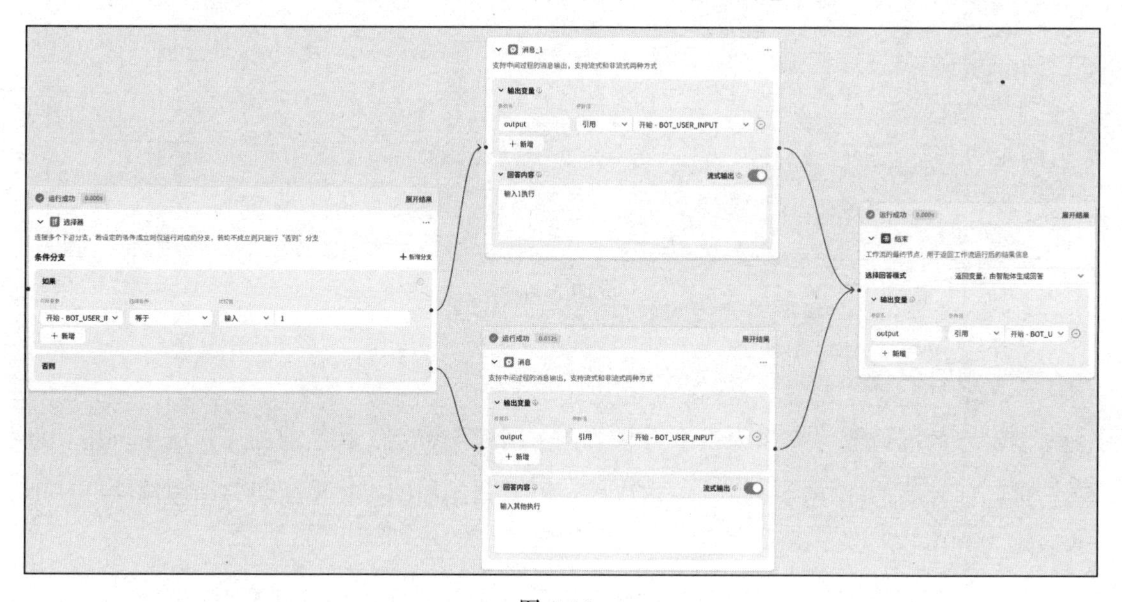

图 5-38

8. 意图识别节点

意图识别节点是智能问答 Agent 的关键节点，允许系统基于大模型对用户输入的意图进行识别，从而引导 Agent 走向不同的逻辑链路。

下面来看如图 5-39 所示的应用案例。这是一个服务企业新员工的智能问答 Agent，我们希望它在遇到公司介绍相关问题时，去知识库中寻找答案，在遇到其他问题时，进行互联网搜索。我们可以按如图 5-39 所示的设置来实现这个场景，其后再链接大模型节点进行处理。

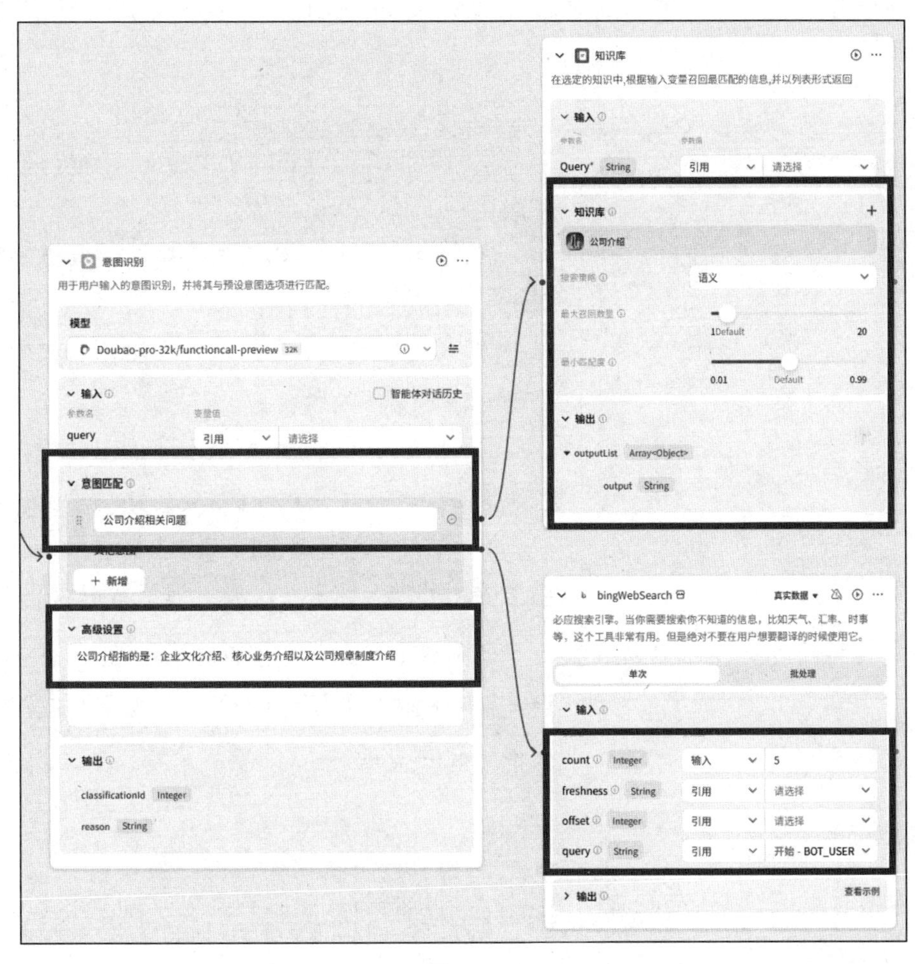

图 5-39

这里有一个小的注意点，在意图识别节点的“高级设置”中，我们可以对识别条件做进一步解读，从而提高 Agent 识别的精确度。

9. 文本处理节点

文本处理节点用于对字符串进行拼接、转译等相关处理。例如，前置节点输出的不是我们想要的格式，或者需要对多个节点的输出内容进行整合，我们就可以使用文本处理节点。

第 7 章介绍了一个调研诊断 Agent，该 Agent 使用了工作流，其中包括以下几个节点。

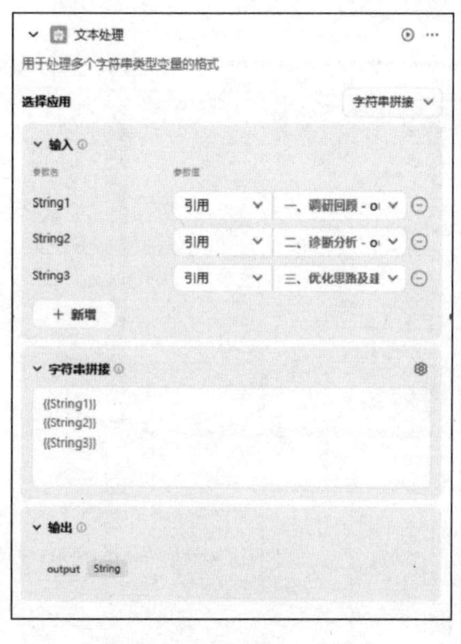

图 5-40

① 开始节点：系统预设的节点。

② 插件节点：LinkReaderPlugin 插件，功能是获取用户上传的文档中的全部内容。

③ 大模型节点：用来撰写调研诊断报告的第一个部分调研回顾的内容。

④ 大模型节点：用来撰写调研诊断报告的第二个部分诊断分析的内容。

⑤ 大模型节点：根据节点④输出的内容，撰写调研诊断报告的第三个部分优化思路及建议的内容。

⑥ 文本处理节点：将节点③、节点④、节点⑤输出的内容整合为一个完整的调研诊断报告正文。

如图 5-40 所示，节点⑥把节点③、节点④、节点⑤输出的内容进行了整合，实现了汇总调研诊断报告全文的功能。

10. 消息节点

消息节点用于支持中间过程的消息输出，支持流式和非流式两种方式。消息节点页面如图 5-41 所示。

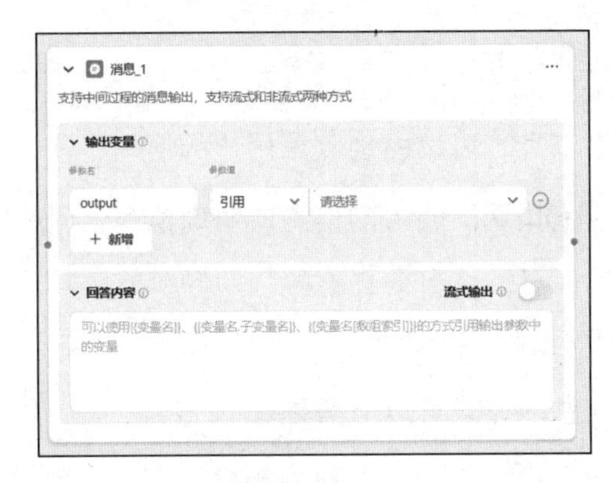

图 5-41

下面通过一个案例来看消息节点的作用。如图 5-42 所示，这是一个帮助我们进行会议纪要整理的 Agent，具有读取会议录音将其转换成文字版、对文字版的会议录音内容进行润色和精炼、生成会议纪要等功能。

如果只用大模型节点，那么用户上传文字版的会议录音文件后，直接输出的就是会议纪要。如果我们想让 Agent 输出润色的过程文字稿，就可以添加一个消息节点。这样，Agent 就会将润色的过程文字稿也作为输出结果提供。

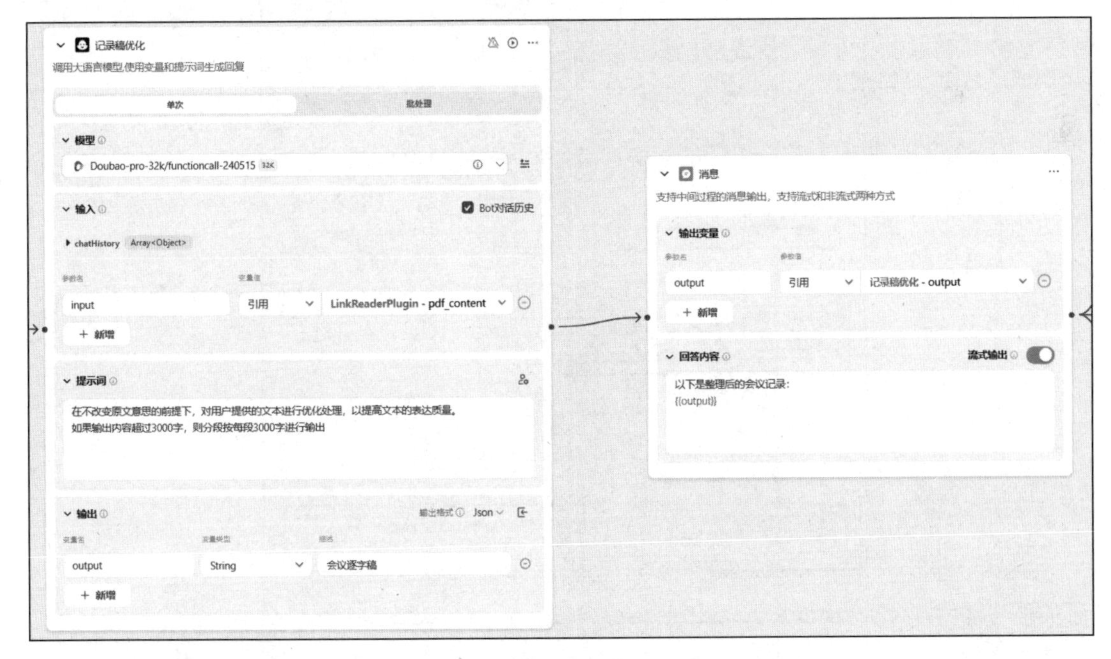

图 5-42

11. 问答节点

在工作流中设计问答节点，可以主动收集用户的信息、获取用户的意图。

工作流中的某些节点依赖用户输入的信息或明确意图。问答节点会以自然语言问题或选项的方式收集指定的信息，让对话更顺畅。如果对话中触发了包含问答节点的工作流，Agent 就会用指定的问题向用户提问，并等待用户回答。

问答节点搜集用户信息的方式有以下两种。

（1）直接回答。在节点中指定一个开放式问题，用户回答以后，Agent 会提取用户的整段回复或回复中的关键词。如果用户给予的信息与 Agent 预期提取的内容不匹配，如数据类型不匹配或者缺乏关键词，Agent 就会再次进行询问。

下面通过一个案例来进一步理解直接回答。图 5-43 所示为学校设计的一个考试成绩查询 Agent，设置好提问内容、回答类型及需要从用户的回答中提取的关键字段。

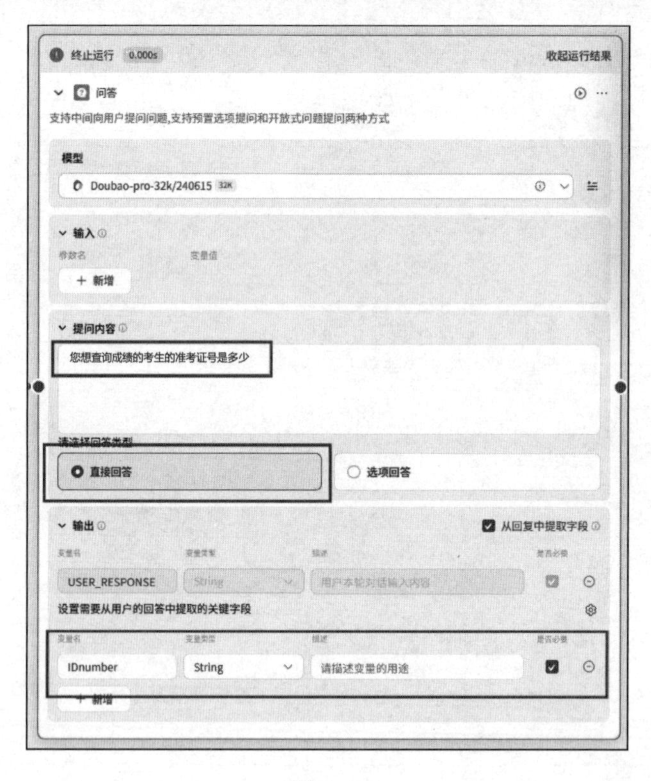

图 5-43

如图 5-44 所示，我们回答了 Agent 的问题，因为设计的是以准考证号（考虑到考生可能重名）而非姓名作为身份辨识依据，所以在我们输入姓名后，Agent 未能提取到预期的内容，于是向我们进行了再次询问。

图 5-44

（2）选项回答。可以选择问答节点的回答类型为“选项回答”，用来加强交互度，将常见意图预设为选项供用户选择，实现快捷回复。每个选项都对应不同的下一个步骤，选项外的用户回复也有特定分支处理。

图 5-45 所示的案例用于确定用户是学校哪个班级学生的家长。

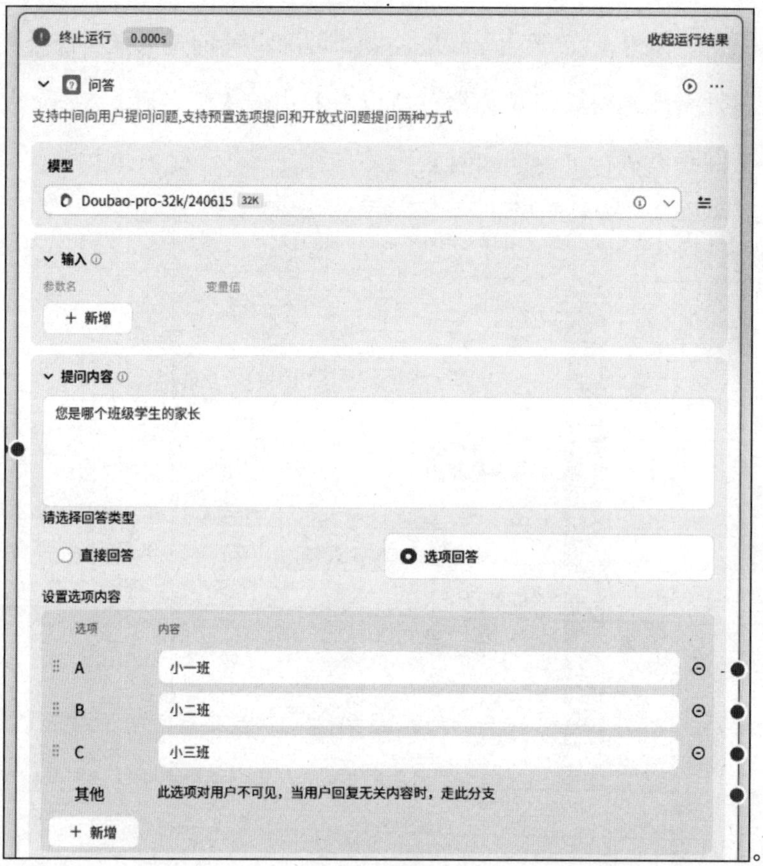

图 5-45

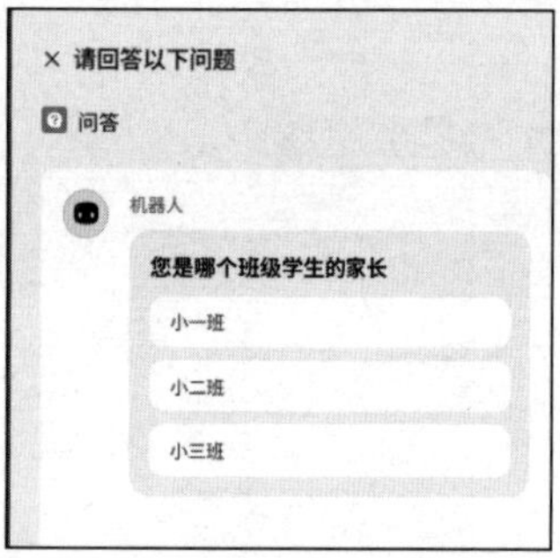

用户在使用时，会看到如图 5-46 所示的页面。

图 5-46

完成问答节点的设置后，将问答节点与其他节点链接，即可形成完整的调用链路。

小贴士：推荐为问答节点设置兜底策略，若意图未匹配到此处定义的任何分类，则工作流流转到兜底策略处理。例如，在客服类 Agent 中，兜底策略为转人工处理。如果用户回复与所有选项都不相关的内容，那么工作流流转到消息节点，指导用户联系人工客服。

12. 变量节点

变量节点用于读取和写入 Agent 的变量，所以要想使用变量节点，首先要有一个 Agent。变量节点页面如图 5-47 所示。

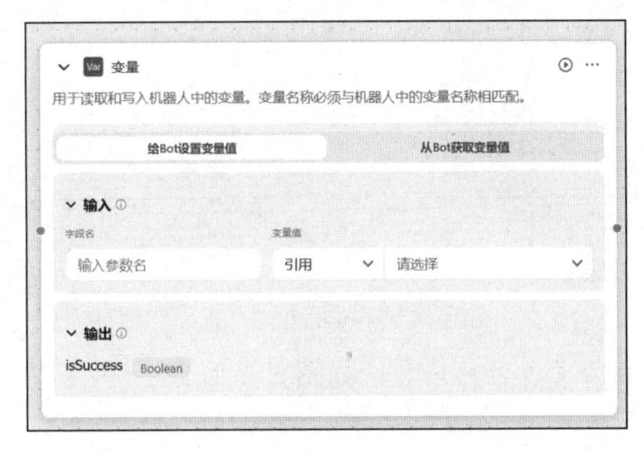

图 5-47

下面来看一个案例。如图 5-48 所示，在创建完 Agent 之后，定义变量“name”，用于获取用户给出的昵称。

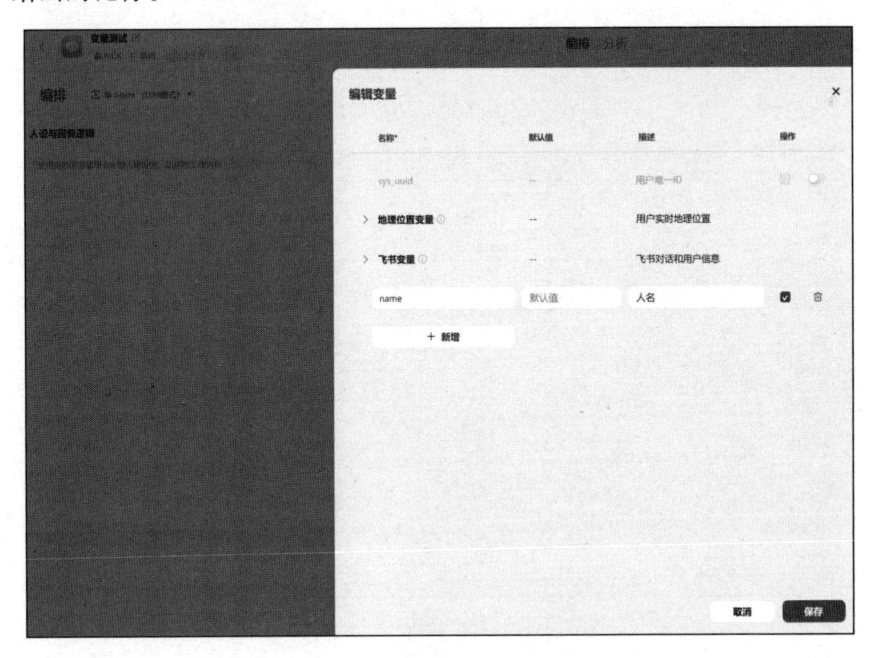

图 5-48

然后，在 Agent 中添加一个工作流，在工作流节点中添加变量节点，如图 5-49 所示。

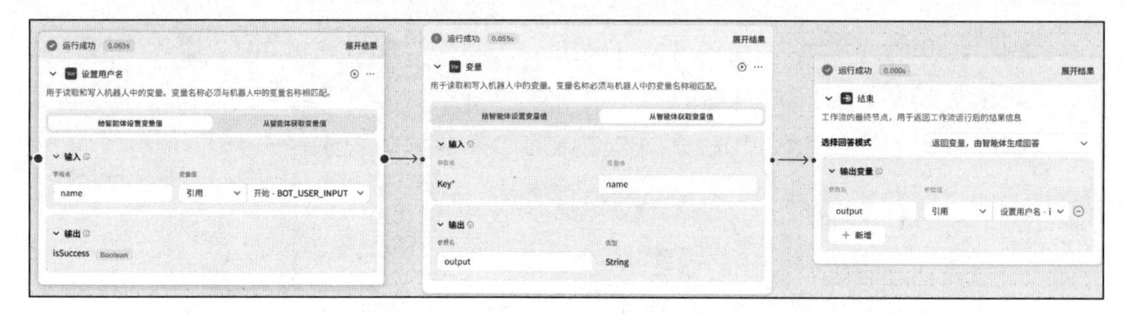

图 5-49

下面试运行一下，我们在“试运行”对话框中输入“贾宝玉”（如图 5-50 所示），可以看到工作流成功地获取了这个用户名，如图 5-51 所示。

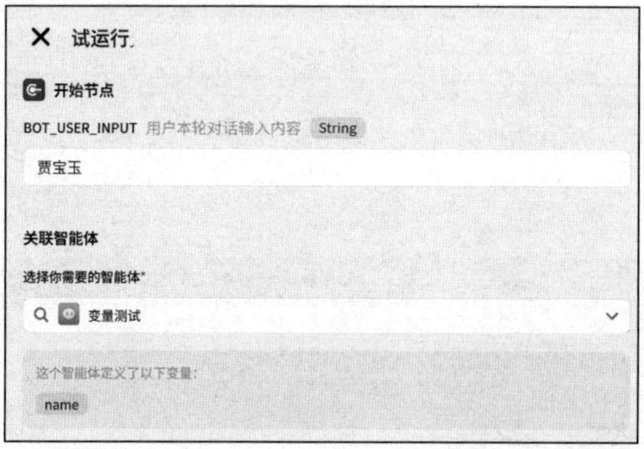

试运行

开始节点

BOT_USER_INPUT 用户本轮对话输入内容 String

贾宝玉

关联智能体

选择你需要的智能体*

变量测试

这个智能体定义了以下变量：

name

图 5-50

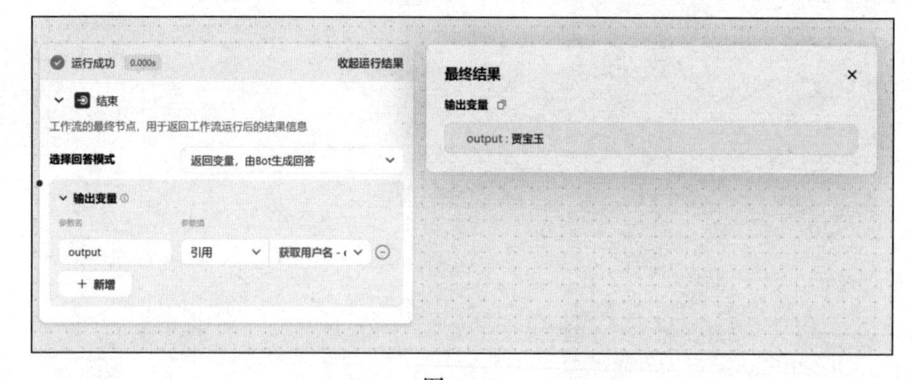

图 5-51

13. 数据库节点

数据库是数据的存储仓库。数据库节点则是工作流中用于存放数据的部分。在扣子中，数据库支持灵活的读写权限设置，允许用户访问并操作其他用户提交的数据。这些权限由开发者进行配置和管理。在使用数据库节点之前，需要在 Agent 的数据库中创建相应的表格。数据库节点页面如图 5-52 所示。

要想使用数据库节点，首先要有一个 Agent，并且在这个 Agent 中已经创建了数据库。下面来看一个应用案例。

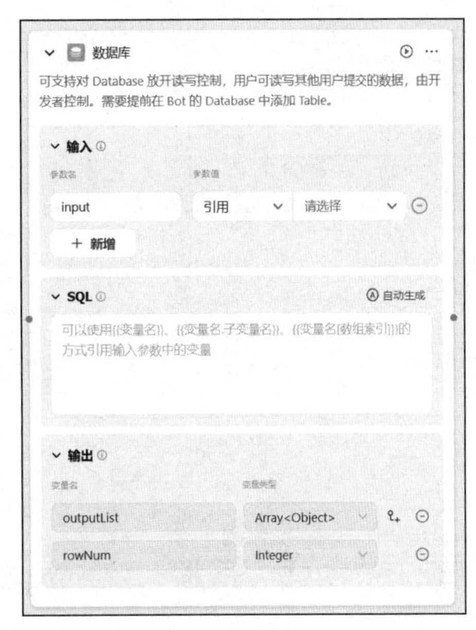

图 5-52

如图 5-53 所示，创建一个测试用的 Agent。然后，添加一个数据库。这里为了简化操作直接使用了系统自带的数据库模板。

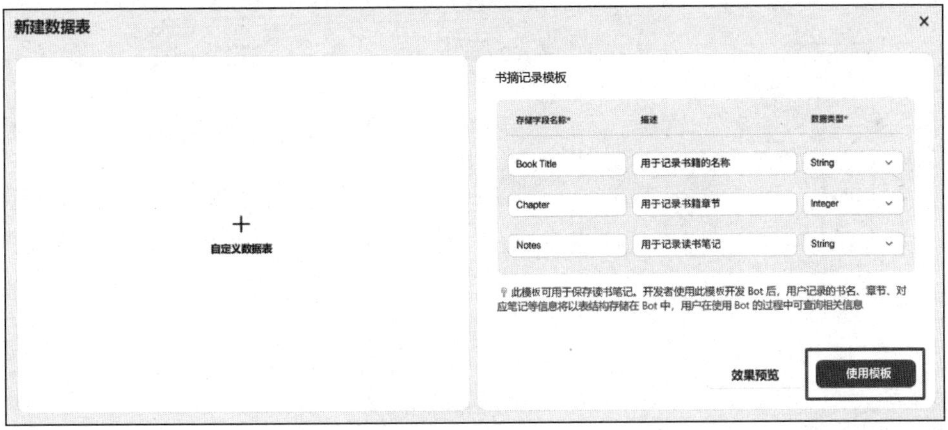

图 5-53

如图 5-54 所示，与 Agent 进行一次简单的对话，不需要使用 SQL 语句，使用自然语言即可。可以看到，Agent 已经帮我们把这本书记录到数据库中了。

再来查询一下数据库，从图 5-55 中可以看出，Agent 数据库中仅有我们提过的《红楼梦》这本书，在有错别字的情况下，也没有影响查询效果。

图 5-54

图 5-55

5.2.3 创建、链接、测试及发布工作流

1. 创建工作流

登录扣子，在工作空间中，选择“资源库”选项，单击“创建”按钮，可以创建工作流，如图 5-56 所示。

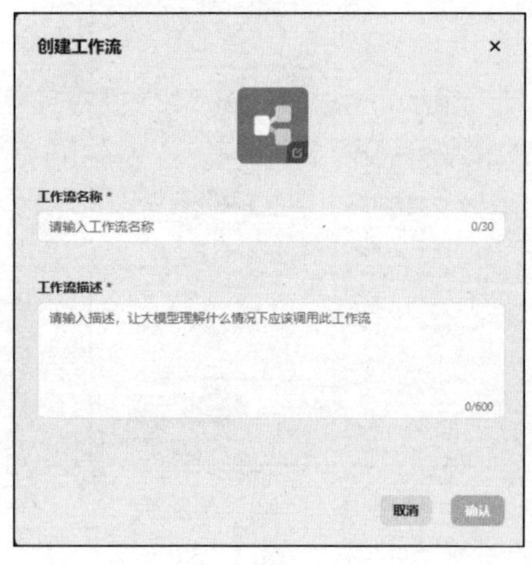

图 5-56

2. 链接、测试与发布工作流

（1）链接工作流。在编辑工作流的初始页面中有两个系统预留的节点，分别是开始节点和结束节点。其中，开始节点就是用户输入信息的节点，结束节点就是输出信息的节点。首先，我们需要给开始节点取个名字，这对后续的输出结果不会产生影响。我们将开始节点与结束节点链接起来，结束节点就可以取到开始节点的值（如图 5-57 所示）。

当单击“试运行”按钮时，随便输入一个信息，如 TEST，输出的也是“TEST”。这就是一个最简单的工作流，输入什么就输出什么，中间没有特殊环节（Input- > Output）。

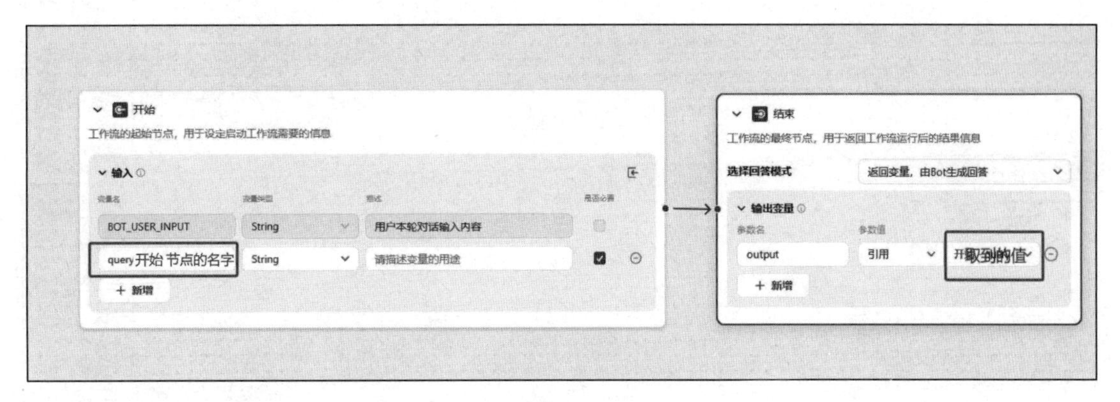

图 5-57

（2）试运行与发布工作流。要想在 Agent 中使用该工作流，就需要将其发布。单击工作流编排页面右上角的“试运行”按钮，在试运行成功后，会显示如图 5-58 所示的结果。每个节点的上方都显示为绿色，单击各节点上方的“展开结果”可以查看节点的输出内容。只有试运行成功时，才能发布工作流。

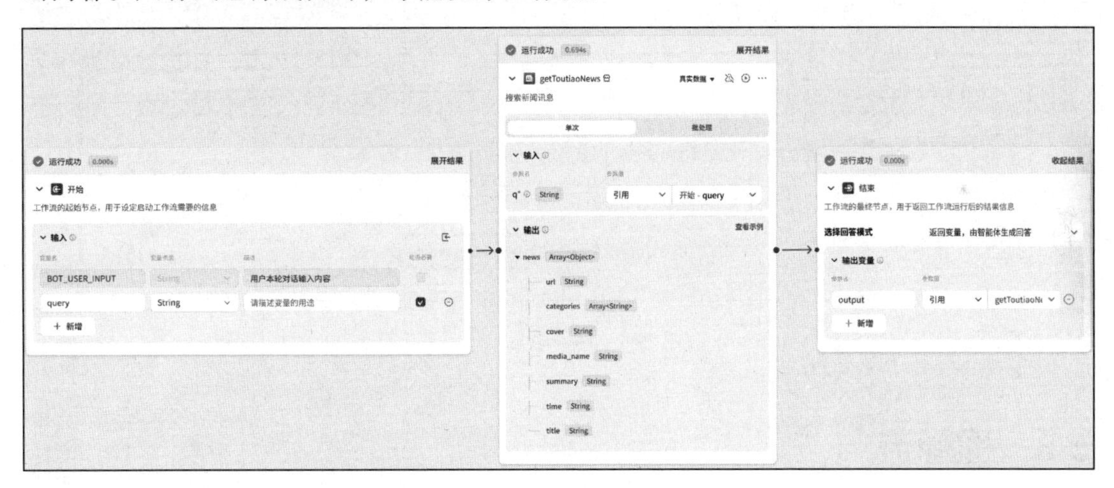

图 5-58

3．使用工作流

在扣子的 Agent 编排页面中，在“技能”区域添加工作流，会弹出如图 5-59 所示的“添加工作流”窗口，单击“我创建的”选项，选择已经试运行并发布的工作流。

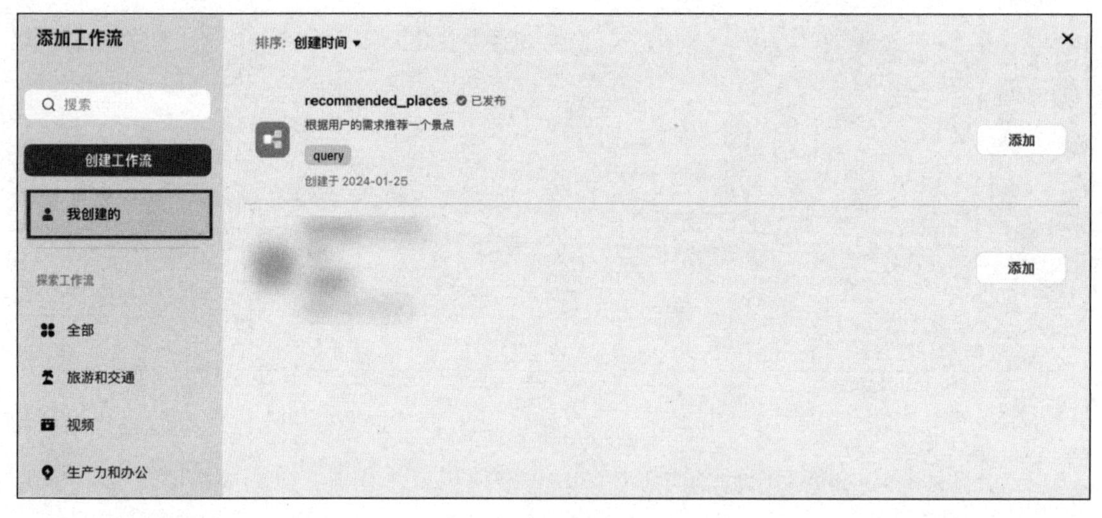

图 5-59

在添加工作流后，还需要在 Agent 编排页面的“人设与回复逻辑”窗口中引用工作流的名称来调用工作流，如图 5-60 所示。

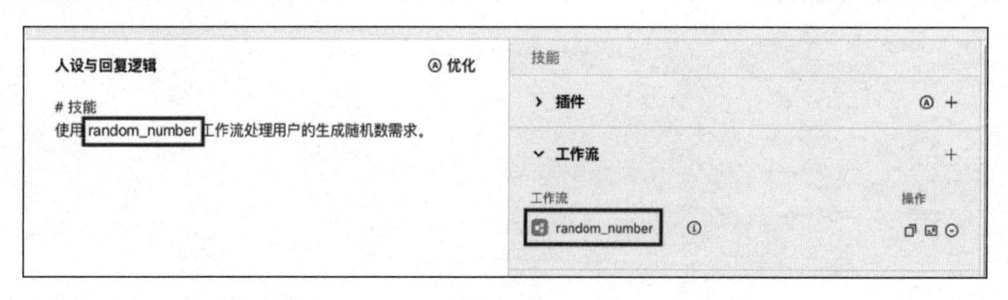

图 5-60

5.3 图像流

图像流是专门用于处理图像的一个流程工具。图像流允许用户通过一种直观且灵活的方法，将各种图像处理工具组合起来，以创建一个定制化的图像处理流程。这种技术将图像处理工具分解成独立的模块，并通过一个用户友好的可视化页面，让用户能够将这些模块像拼图一样拼接起来，构建出一条完整的图像处理链。用户可以根据自己的需求，挑选合适的模块，并通过简单的拖放操作，将它们串联起来，形成一条高效的图像处理“生产线”。每个模块都代表一项具体的图像处理操作，如裁剪、调节亮度或应用滤镜等。用户可以实时调整这些模块的排列顺序或参数，以便得到最理想的图像处理结果。

图像流可以在 Agent 中使用，也可以在工作流中作为一个节点被调用。本节主要基于扣子来探讨图像流的相关概念、功能和使用技巧。

5.3.1　图像流的组成

如图 5-61 所示，图像流是一系列工具串联而成的完整处理链，包括图像生成、图像参考、风格滤镜、智能换脸等多样化的图像处理工具。在图像流的标准配置中，总是包含着一个开始节点和一个结束节点。开始节点标志着图像流的开始，能够接收用户输入的数据。结束节点则代表图像流的终点，负责输出整个工作流的最终成果。

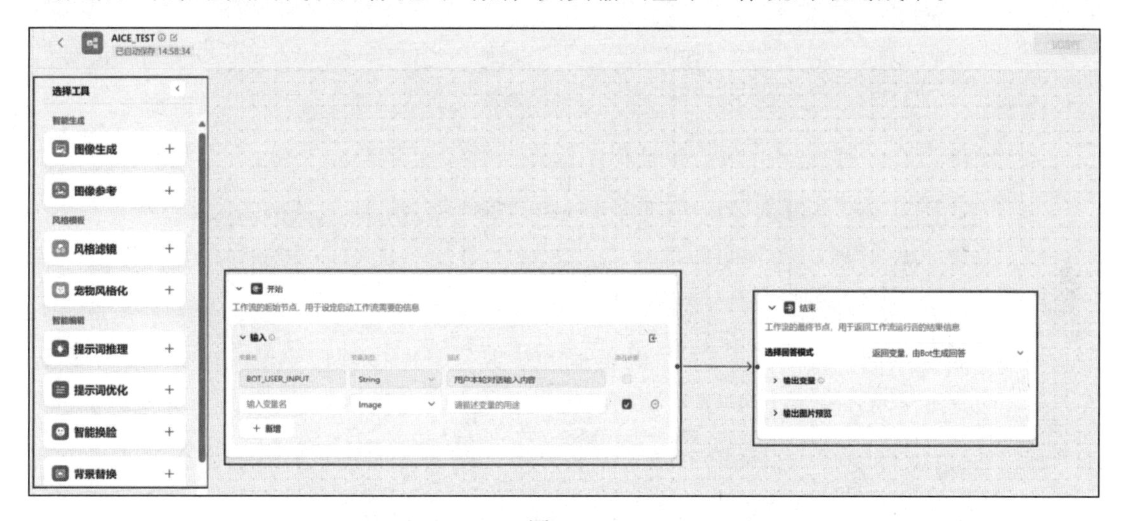

图 5-61

5.3.2　图像流的工具详解

图像流的工具被划分为 5 个类别：智能生成、风格模板、智能编辑、基础编辑和通用工具，见表 5-4。扣子也在不断地更新工具，各类工具的使用原理是相通的。

表 5-4

类型	图像流的工具
智能生成	图像生成、图像参考
风格模板	风格滤镜、宠物风格化
智能编辑	提示词推理、提示词优化、智能换脸、背景替换、光影融合、智能扩图、智能抠图、画质提升、美颜、拉伸修复、透视矫正
基础编辑	裁剪、添加文字、叠图、亮度、对比度、旋转、缩放
通用工具	选择器、消息

下面逐一进行详细说明。

1. 智能生成

（1）图像生成。使用图像生成工具可以通过文字描述或者添加参考图生成图片。下面具体介绍该工具各个参数的含义。

① 模型：包括“通用”“人像”“动漫”“油画”“3D 卡通”“空间”“LOGO 设计”7 种类型。

② 比例：有 8 种比例选项，包括但不限于“16：9”“4：3”等。

③ 生成质量：默认值为 25，范围为 1～40。数值越大，画质越精细，生成时间越长。

④ 输入：有引用和输入两种参数设定方式，引用是指引用前面节点的参数值，输入则是指自定义参数值。

⑤ 正向提示词：正向提示词是 AI 绘画和生成工具的一种重要组成部分，用于指导 AI 绘画和生成工具生成我们希望看到的内容。正向提示词通常由多个描述性词汇组成，这些词汇通过逗号隔开，在结尾不需要加分隔符。例如，如果我们希望生成一个长发且头发是白色的女孩，那么可以使用提示词“girl,long hair,white hair”。

⑥ 负向提示词：通常是一些负面的描述性内容，用来告诉 AI 绘画和生成工具我们不希望生成的内容，它的格式与正向提示词的格式相似。

图像生成工具的页面如图 5-62 所示。

（2）图像参考。添加参考图，并设定参考条件可以为图像生成提供参考。图像参考工具的页面如图 5-63 所示。

图像参考工具目前包括“边缘轮廓”“空间深度”“人物姿势”“内容识别”“风格融合”“人物一致”6 种模式的模型，可以通过引用或上传的方式提供参考图，参考程度默认为 0.7，可选范围为 0～1。

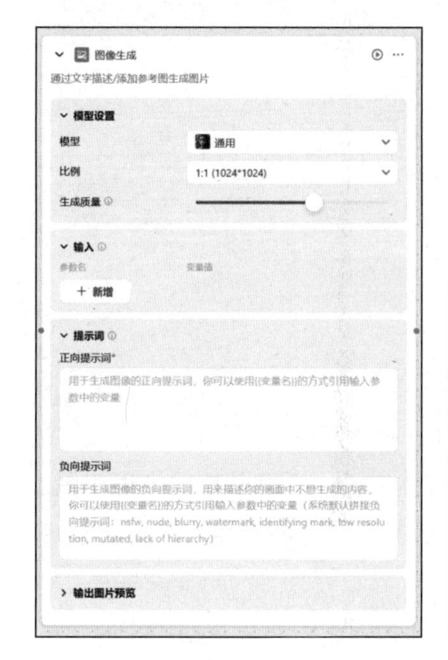

图 5-62

图 5-63

2. 风格模板

（1）风格滤镜。风格滤镜工具可以为图像创建风格化的滤镜，支持“毛毡”“黏土”“积木”“美漫”“玉石”“搞笑涂鸦”风格。原图可以是本地上传的图片，也可以引用其他节点输出的图片。风格滤镜工具的页面如图 5-64 所示。

（2）宠物风格化。宠物风格化工具的主要用途是为原图调整风格，适用于宠物场景，目前包括“春游记”“花房”“复活节”风格，后期也会有更多风格加入。用户可以自主选择风格及风格强度，风格强度有低、中、高 3 档可选择。宠物风格化工具的页面如图 5-65 所示。

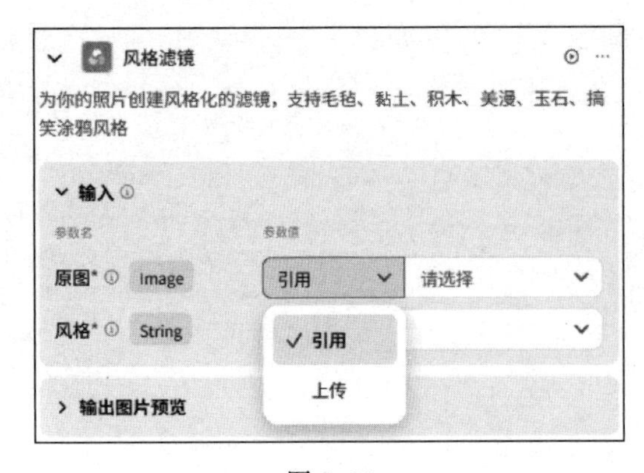

图 5-64

图 5-65

3. 智能编辑

（1）提示词推理。提示词推理工具的主要用途是将模糊或复杂的用户需求转换为清晰、可操作的提示词，从而促进与 AI 系统高效互动。具体来说，使用提示词推理工具，能够根据用户提供的参考图，推理出图片的提示词，便于用户复制使用。提示词推理工具的页面如图 5-66 所示。

（2）提示词优化。提示词优化工具的主要用途是帮助用户生成和优化结构化的图像提示词，从而提高与 AI 系统的交互效率和质量。提示词优化工具可以将模糊或复杂的用户需求转换为清晰、可操作的提示词，使 AI 系统能够更好地理解用户的意图和需求。提示词优化工具的页面如图 5-67 所示。

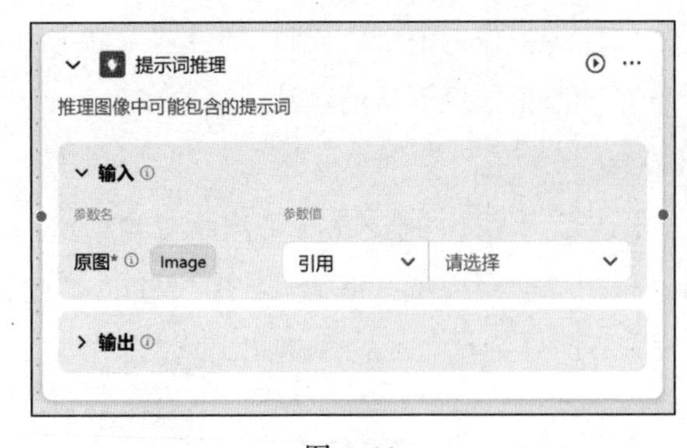

图 5-66

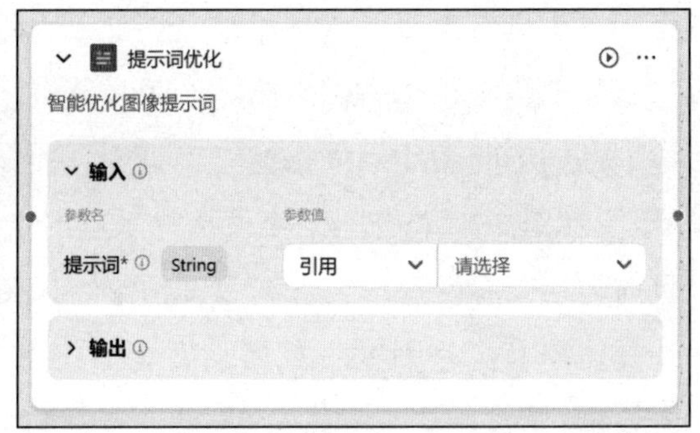

图 5-67

（3）智能换脸和背景替换。如图 5-68 所示，这两个工具的主要用途分别是为图片替换人脸和背景。只需要为工具输入对应的图片就可以实现对应的效果。

（1）

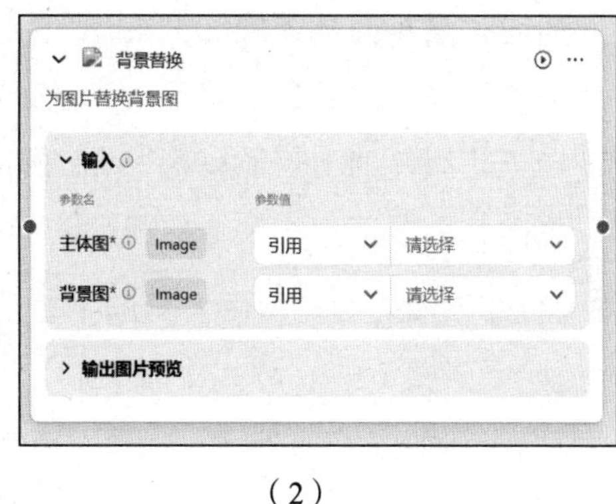

（2）

图 5-68

需要注意的是，如果要替换背景，那么选择的图片要有一个主体，同时最好背景透明，不然效果不稳定。

（4）光影融合。光影融合工具的主要用途是让画面融合光影图的光影。可以在工具中自行设置光影方向（顺光、逆光）、亮度（取值范围为 0 ~ 100）、对比度（取值范围为 0 ~ 100）、补光强度（取值范围为 0 ~ 100）。光影融合工具的页面如图 5-69 所示。

图 5-69

（5）智能扩图。智能扩图工具的主要用途是可以在扩大图片的同时，自动生成图像缺失的部分。智能扩图工具的页面如图 5-70 所示，以下是输入设置中各参数的含义。

① 向下扩展（向下扩展比例）：取值范围为（0,1］，在参数值中选择“输入”后直接填写即可。举个例子，原图的宽度是 100 像素，我们希望将其扩展到 110 像素，就是增加 10%，所以比例应该是 0.1。

② 提示词：针对需要扩展部分的提示词，非必填。可以引用其他大模型节点生成的提示词，也可以选择“输入”直接填写。

③ 向左扩展（向左扩展比例）：取值范围为（0,1]，具体可参考“向下扩展”。

④ 向右扩展（向右扩展比例）：取值范围为（0,1]，具体可参考“向下扩展”。

⑤ 向上扩展（向上扩展比例）：取值范围为（0,1]，具体可参考“向下扩展”。

⑥ 原图：前置节点所生成的图片的链接，或直接上传的图片。

（6）智能抠图。智能抠图工具的主要用途是保留图片前景主体，输出透明背景。支持输入透明背景图（PNG 格式）和蒙版矢量图，并可根据需要匹配对应的提示词。智能抠图工具的页面如图 5-71 所示。

图 5-70

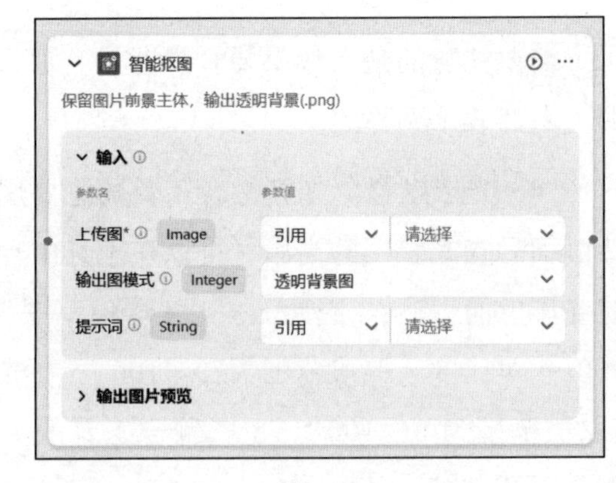

图 5-71

（7）画质提升和美颜。这两个工具的主要用途分别是提升画面的清晰度和识别画面中的人脸并将其智能变美。引用或输入对应的参数值即可，使用也相对简单。这两个工具的页面如图 5-72 所示。

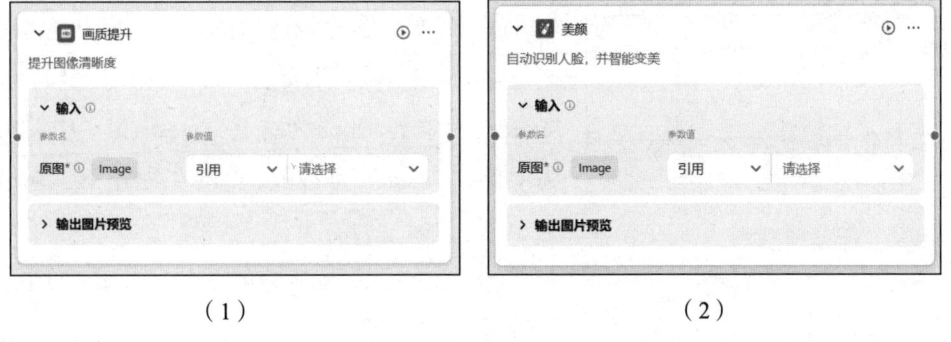

（1）　　　　　　　　（2）

图 5-72

4. 基础编辑

（1）画板。如图 5-73 所示，使用画板工具可以自由组合各类元素，可以添加文本和图片，也可以通过画笔模式进行涂鸦。

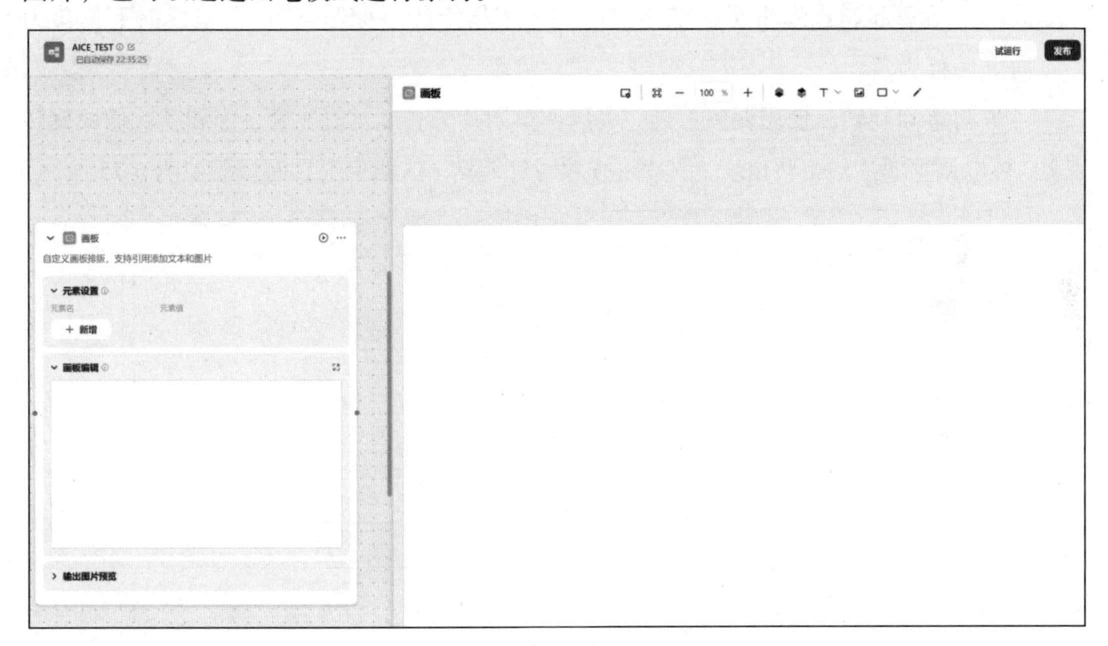

图 5-73

（2）裁剪。使用裁剪工具，可以对图像进行自定义修订。该工具适合需要对图片大小进行批量处理的任务。裁剪工具的页面如图 5-74 所示。以下是输入设置中各参数的含义。

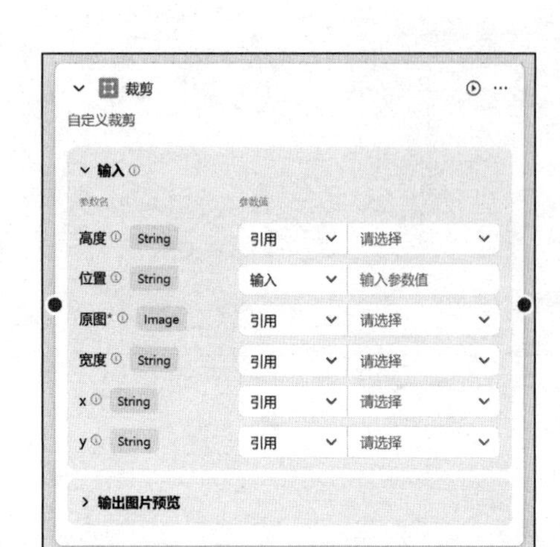

图 5-74

① 高度：图片裁剪后的高度，默认为最大值。

② 位置：裁剪起始点，“nw”为左上（默认值）、“north”为中上、“ne”为右上、“west”为左中、“center”为中部、“east”为右中、“sw”为左下、“south”为中下、“se”为右下。

③ 原图：需要裁剪的图片，支持引用和上传两种方式。

④ 宽度：图片裁剪后的宽度，默认为最大值，可根据需要设定。

⑤ x：裁剪起始点横坐标的偏移值（相对于指定的坐标原点），横坐标向右偏移为正，向左偏移为负。

⑥ y：裁剪起始点纵坐标的偏移值（相对于指定的坐标原点），纵坐标向下偏移为正，向上偏移为负。

（3）调整和旋转。使用调整工具，可以调整图片的亮度、对比度、饱和度。使用旋转工具，可以调整图片的旋转角度，图片将按顺时针旋转。这两个工具的页面如图 5-75 所示。

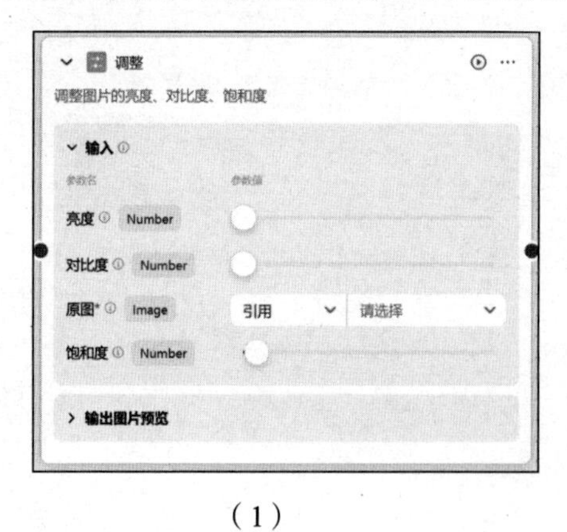

（1）

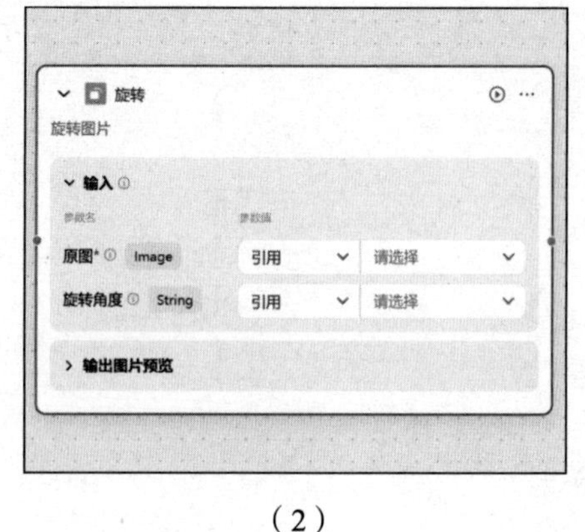

（2）

图 5-75

（4）缩放。使用缩放工具，可以调整图片大小。其中最大尺寸以像素为单位，缩放模式可以选择按长边或短边缩放，在参数值中选择“输入”后填写。按长边缩放为“1”，按短边缩放为“2”，默认为按长边缩放。缩放工具的页面如图 5-76 所示。

图 5-76

5. 通用工具

通用工具包括选择器和消息，在 5.2 节对这两个工具已经进行了详细介绍，这里不展开介绍。

5.3.3 创建和使用图像流

1. 创建图像流

如图 5-77 所示，可以单击“工作空间”—“资源库”—“资源”按钮创建图像流。

图 5-77

2. 选择和配置图像流节点

如图 5-78 所示，将所需的生成节点拖曳到画布中，可以在节点的细节设置中，调整不同的参数以满足特定的需求。

3. 测试、调整及发布

如图 5-79 所示，将所需的节点拖曳到画布中，并根据需求逐个设置节点，可以调整不同的参数以满足特定的需求。

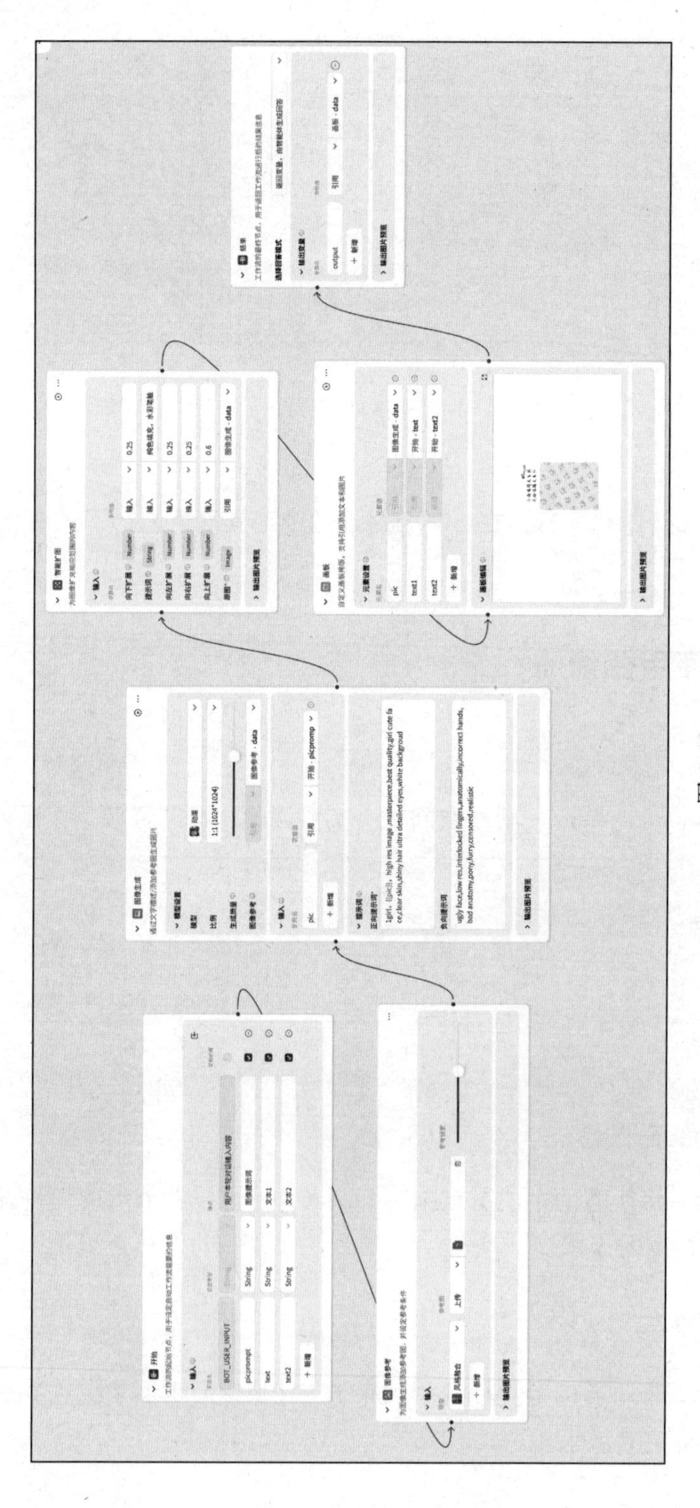

图 5-78

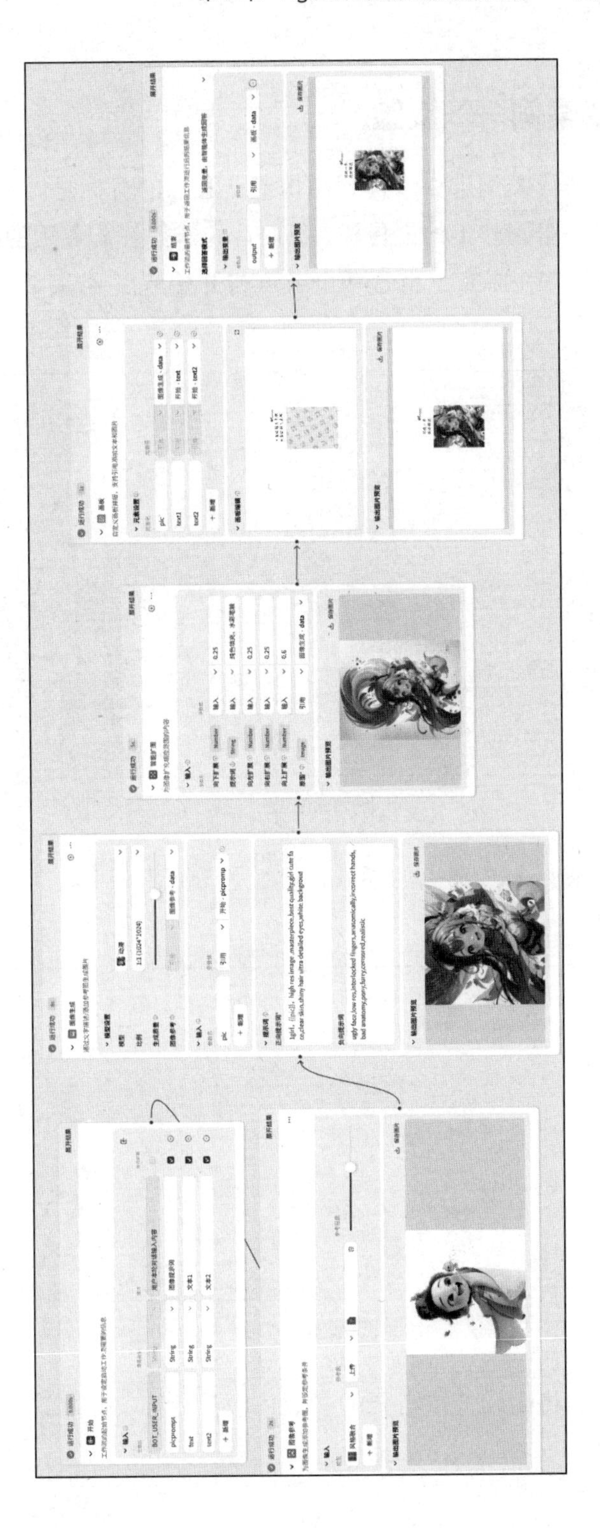

图 5-79

5.3.4 图像流实战案例——换脸

接下来，通过一个实战案例进一步理解图像流。我们的目标是做一个可以将指定图片上人物的脸替换到另一张图片上的图像流。我们首先选择好需要用的工具节点，即“智能换脸”和“画质提升”，并在画布上将这两个节点与开始节点/结束节点链接，如图 5-80 所示。

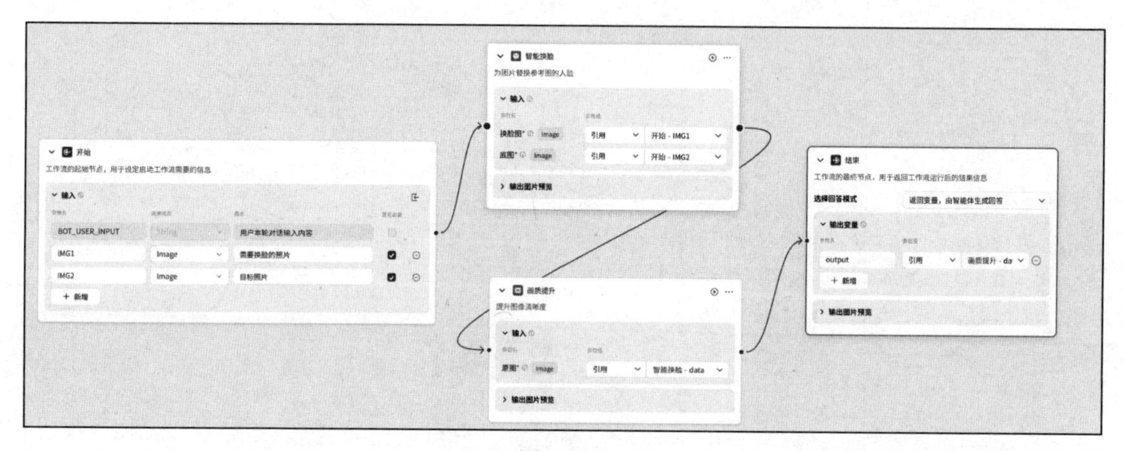

图 5-80

如图 5-81 所示，设置好每个节点的参数，增加了 IMG1 和 IMG2 两个变量，分别代表用户发来的两张照片。

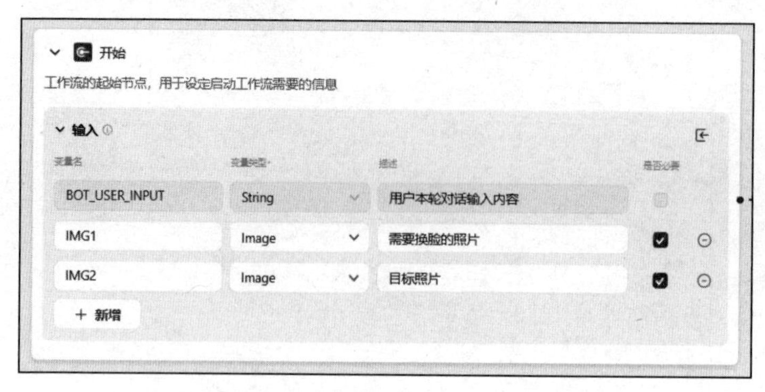

图 5-81

如图 5-82 所示，我们将后续节点需要的参数依次设计好，后续节点的输入参数一般为前面节点的输出结果。

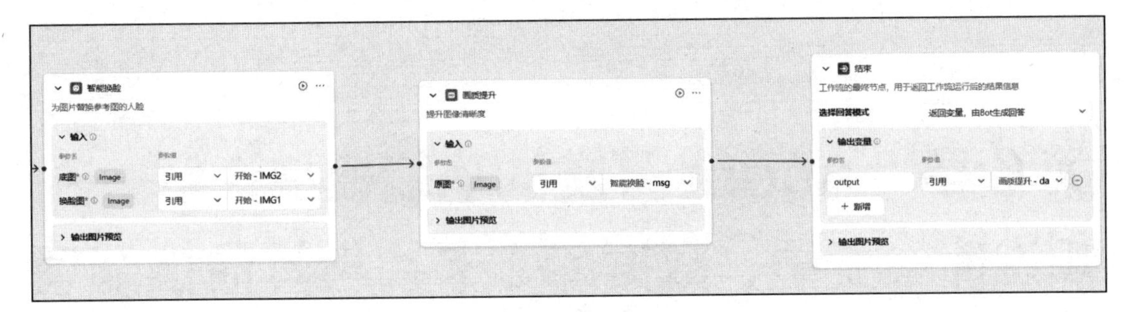

图 5-82

如图 5-83 所示，对图像流进行测试，上传一张外国成年男性的照片和一张小男孩的照片。

图像流开始工作，如图 5-84 所示，输出了一张长着成年男性脸的小男孩的照片，符合我们的预期。在测试完成后，单击“发布”按钮，一个简单的图像流就完成了。

图 5-83

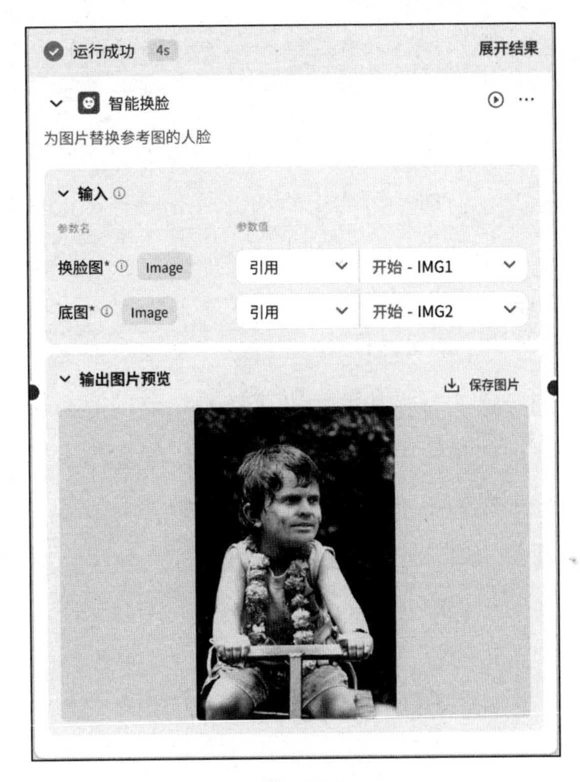

图 5-84

第 6 章　Agent 开发的功能模块详解——知识库、变量、数据库、卡片与其他技能项

6.1　知识库

6.1.1　什么是 Agent 知识库

顾名思义，Agent 知识库就是 Agent 在运行时可以调用的存储和组织知识的系统。它可以帮助 Agent 更加高效和准确地理解、分析、处理相关领域的知识。

举个例子，你是一名综合类大学医学院的学生，现在要写一篇关于临床医学的毕业论文，但你不可能把所学的所有内容都记在大脑里随时调用。这时，学校的图书馆就是你的知识库，你可以随时去图书馆查询相关的知识并将其用于论文写作。这时又会出现一个问题，因为你所在的大学是一家综合类大学，图书馆的藏书包罗万象，不仅有医学类的书籍，还有人文、哲学、数学、地理、建筑、工程等多种类型的书籍，所以你要找到与论文写作相关的书籍就必须使用图书馆的检索系统，需要耗费大量的时间，而且对找到的相关书籍还要进行筛选、匹配等大量工作，往往还会出现错配。如果有一个医学院专属的图书馆，只收藏医学相关的书籍，那么你就可以快速、精准地找到与论文写作相关的内容。这样就可以大大提高效率，并提高准确率，这个医学院专属的图书馆就是你的知识库。

6.1.2　Agent 知识库的功能

目前，大多数 Agent 开发平台上的 Agent 知识库都支持上传和存储外部知识，并提供了多种检索能力。Agent 知识库可以解决大模型“幻觉”、专业领域知识不足的问题，

提高大模型回复的准确率。

知识库的核心功能主要有以下两个：一是管理与存储知识，也就是说在 Agent 开发中需要应用哪些核心知识，可以将这些知识整合到该 Agent 的私有知识库中，通过知识库对知识进行管理和存储；二是切块（片）管理知识，使知识的颗粒度和精细度更细，以便实现增强检索的功能。

6.1.3　Agent 知识库的运行逻辑

Agent 知识库的运行逻辑如图 6-1 所示，分为创建知识库和使用知识库两个方面。

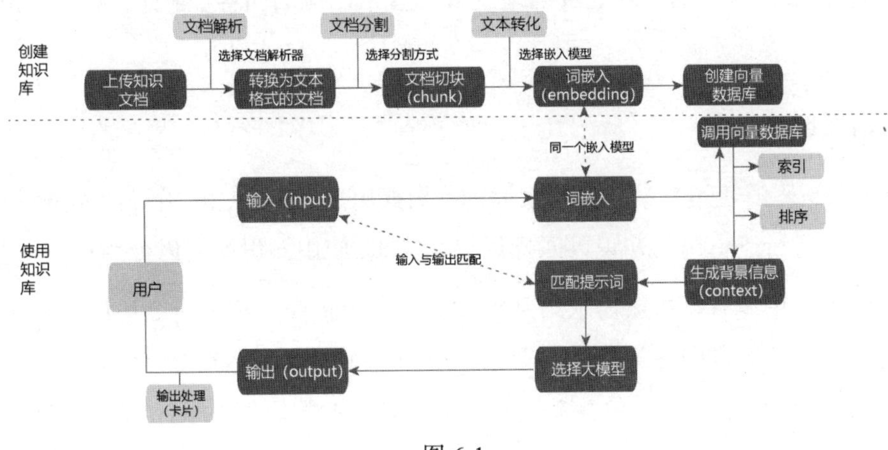

图 6-1

1．创建知识库

创建知识库可以分为以下 5 个步骤。

（1）上传知识文档。你要基于想构建的 Agent 所需要的知识，将知识文档上传到知识库中。这里的知识文档包括文字、数字、视频、图片、音频等大多数格式的文档。

（2）转换为文本格式的文档。由于 AI 系统无法直接读取所有格式的文档，因此需要将这些文档转换成 AI 系统可以读取的文本格式的文档。这就需要一个关键步骤——文档解析，对于不同格式的文档可以选择不同的文档解析器，例如图片转文字、视频转文字、表格转文字等文档解析器。

（3）文档切块。AI 系统在抓取信息时需要在知识库里按照输入问题进行相关性内容匹配。因此，抓取信息与输入问题的匹配度取决于知识的精细度，精细度越高，抓取信息的准确度和效率就越高。知识的精细度取决于文档切块。如何进行文档切块？选择何种切块工具尤为重要，是按照字数，每 100 个字切一块，还是按照句子、段落、行数切块？不同的切块方式决定了文档文义表达的准确度，也决定了信息抓取的准确度。

（4）词嵌入。在文档切块后，AI 系统还是不能准确地理解和识别文档的知识。因为 AI 系统并不能直接理解人类的自然语言，所以我们要将自然语言转换为 AI 系统能够理解的数字。这时就需要选择嵌入模型将文档内容转换成 AI 系统能够理解的数字。

（5）创建向量数据库。最后就是创建向量数据库，把知识进行结构化处理，以保证 AI 系统能够按照用户的输入问题准确地查询和搜索匹配的内容。至此，创建知识库就已经完成。

2. 使用知识库

Agent 知识库的使用是基于用户页面的，根据用户的需求，在用户输入 AI 指令后通过一系列后台运行逻辑调用知识以匹配用户的需求。使用知识库可以分为以下 7 个步骤。

（1）输入。用户可以根据需求给 Agent 输入一个指令。这个指令可以是一个问题，也可以是一个任务。以问答类 Agent 为例，用户输入的指令一般为一个问题。例如，我们构建的是一个天气预报 Agent，那么可以输入问题“西安市 8 月 28 日的天气情况是什么？”这就是一个标准的输入指令。

（2）词嵌入。这与创建知识库时的情况一样，AI 系统并不能直接读取自然语言。我们需要把用户输入的自然语言转换为 AI 系统能够理解的数字，这就需要调用嵌入模型。这里的嵌入模型应该与创建知识库的嵌入模型保持一致。

（3）调用向量数据库。通过词嵌入将用户输入的指令转换为 AI 系统能够理解的数字后，就可以通过用户输入的指令查询或搜索向量数据库的知识了。当然，如果向量数据库的数据规模庞大，那么与指令相关的信息量可能巨大。AI 系统会根据指令在向量数据库中搜索与指令相关的所有信息，但这些信息并不一定都是用户所需要的，因此 AI 系统将会通过索引功能匹配与用户指令相关性较高的知识，并通过知识的相关性高低进行排序，以保证检索的信息与用户输入的指令高度匹配。

（4）生成背景信息。背景信息也叫上下文，是指根据用户输入的指令通过向量数据库的索引和排序，大模型给出的相关知识。这里给出的相关知识还只是与用户的输入指令相匹配的海量数据，可能与用户想要的答案还有一定的差距。要想获得更精准的答案，还需要执行下一步动作。

（5）匹配提示词。这一步动作的关键是将用户的输入指令与提示词进行高度匹配，从背景信息中获得用户想要的更精准的知识。

（6）选择大模型。这一步动作与输出内容相匹配。如果用户想要从繁杂的信息中获取长文中的某个重要观点，那么需要匹配长文解析优势比较大的大模型，例如 Kimi；如果用户想要写中文文章，并对文章进行润色，那么可以选择文心一言大模型。总之，选择大模型取决于用户的需求。用户可以选择与之相匹配的大模型（不同的大模型有不同的优势）。

（7）输出。在选择合适的大模型后，就可以输出用户的输入指令要求的内容，但这时输出的形式还是大模型通用的文本形式。如果用户需要输出固定格式的内容或者个性化的需求内容，那么需要进行输出处理，或者利用提示词，或者利用固定模板对输出内容提出精确的输出要求。各个 Agent 开发平台都有相应的功能，例如扣子专门设置了卡片功能对输出内容进行处理。

在 Agent 开发平台上，创建知识库和使用知识库均有举足轻重的作用。下面以扣子为例，详细介绍知识库，在其他 Agent 平台上创建知识库和使用知识库大同小异，只是在细节上有点差异。

6.1.4　创建知识库

在 Agent 开发平台上，创建知识库主要有以下 3 个步骤：一是创建知识库的基本信息，二是导入知识及设置参数，三是知识分段。

1. 创建知识库的基本信息

创建知识库的基本信息主要是对知识库进行定义，包括确定知识库的名称、描述等。在创建知识库时，不同的平台的页面有所不同，但大体逻辑和功能基本一致。

（1）进入创建知识库页面。以扣子为例，要想创建知识库，就需要进入扣子的“工作空间”。在“工作空间”页面中有“项目开发”和“资源库”两个选项，单击“资源库”选项，进入如图 6-2 所示的页面，即可创建知识库。

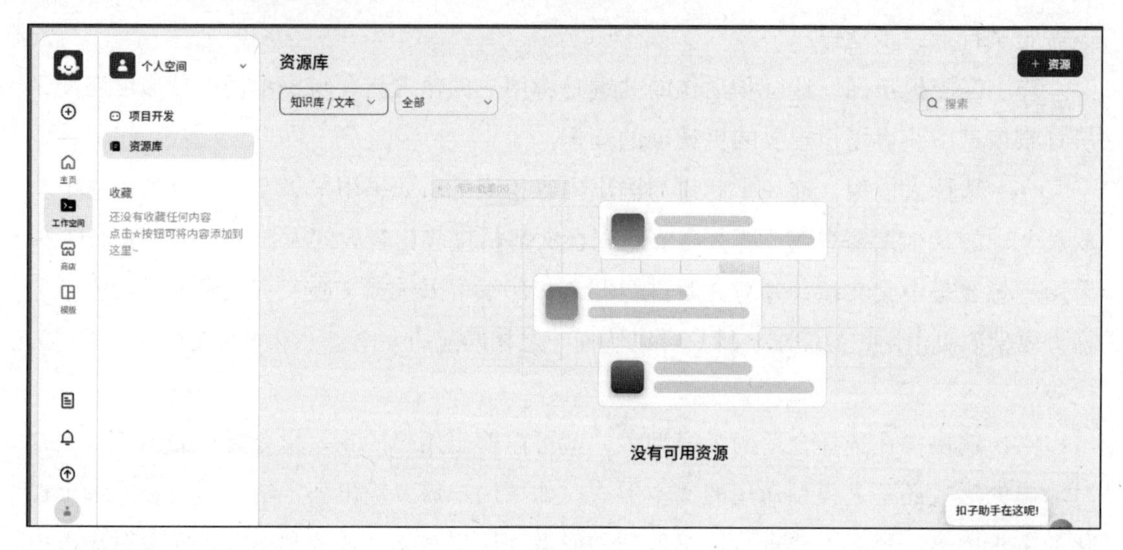

图 6-2

（2）填写知识库的基本信息。如图 6-2 所示，单击“+资源”按钮，会出现下拉菜单，有“工作流”“图像流”“插件”“知识库”“卡片”等几个功能选项。选择“知识库”选项，进入创建知识库页面，如图 6-3 所示，会出现“文本格式”“表格格式”“照片类型”等知识库类型。可以根据需要选择相应的知识库类型。在通常情况下，在实际应用中，“文本格式”的应用场景较多。以“文本格式”为例，单击“文本格式”选项。

如图 6-4 所示，在“名称”文本框中填写要创建的知识库名称。假如你要创建一个公司产品知识库，则可以填写“产品问答助手”，这里的字数限制为 100 字以内。

在“描述”文本框中填写你要创建的知识库介绍。以上面的“产品问答助手”为例，描述内容为“对公司产品的型号、功能、颜色、特征等快速给出反馈”。

图 6-3

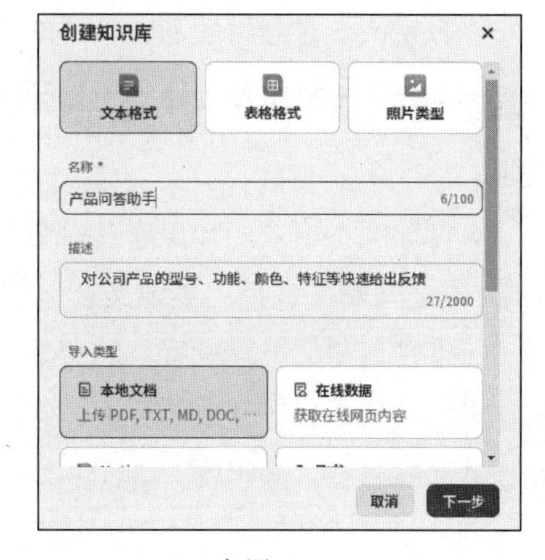

图 6-4

在完成以上两个步骤后，知识库的基本信息就创建完了。

2. 导入知识及设置参数

首先，在导入知识之前，要明确 Agent 开发平台支持的知识的导入类型。这包括两个方面，一是知识的类型，二是上传方式。然后，根据知识的导入类型选择不同的上传方式，将知识上传至知识库的指定位置。最后，设置检索知识的参数。不同的平台有不同的设置参数。

扣子的知识的导入类型包括“本地文档”“在线数据”“Notion”“飞书”“自定义”。

（1）本地文档。这是指从本地文档中导入文本或表格。“文本格式”支持 TXT、PDF、DOC、DOCX 文件格式，“表格格式”支持 CSV 和 XLSX 文件格式。

（2）在线数据。这是指通过网络获取文本或表格。“文本格式”的在线数据是指自动采集和手动采集的指定网页的内容。“表格格式”的在线数据是指通过扣子的 API 功能从外部数据库中获取并导入扣子的知识库中的表格数据。

（3）Notion。这是指将 Notion 文档（Notion 是一款在线笔记工具）的内容导入知识库中。Notion 仅支持“文本格式”导入。

（4）飞书。这是指将飞书文档或飞书表格的内容导入知识库中。飞书支持“文本格式”和“表格格式”导入。

（5）自定义。这是指手动在扣子的知识库页面输入文本或表格内容。

这 5 种导入类型对于创建文本格式的知识库和表格格式的知识库有所不同，下面详细介绍。

（1）创建文本格式的知识库及参数设置。

① 本地文档。选择“本地文档”选项，单击“下一步”按钮，在打开的页面中会出现“①上传”、“②分段设置”和“③数据处理”3 个步骤，单击“点击上传或拖曳文档到这里”按钮，会打开上传页面，这时可以上传需要的文档或将需要上传的文档拖曳到此，从而将其导入知识库，如图 6-5 所示。

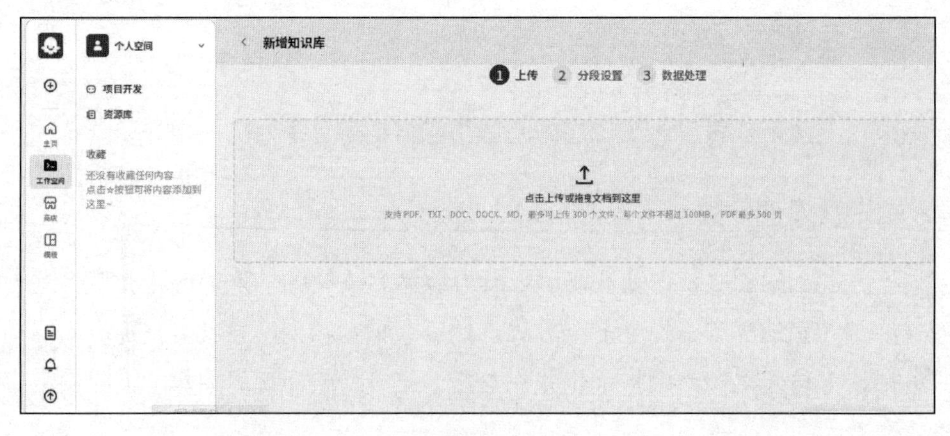

图 6-5

截至目前，导入本地文档在文档格式、文档大小、文档数量等方面均有限制。在导入本地文档时要注意这些限制，以免上传文档时出现错误。

② 在线数据。在创建知识库页面（如图 6-3 所示），选择“在线数据”选项，单击“下一步”按钮，在打开的页面中会出现“①新增 URL”、“②分段设置”和“③数据处

理”3 个步骤，单击“+”按钮从网页中上传内容，支持自动采集和手动采集两种方式，如图 6-6 所示。

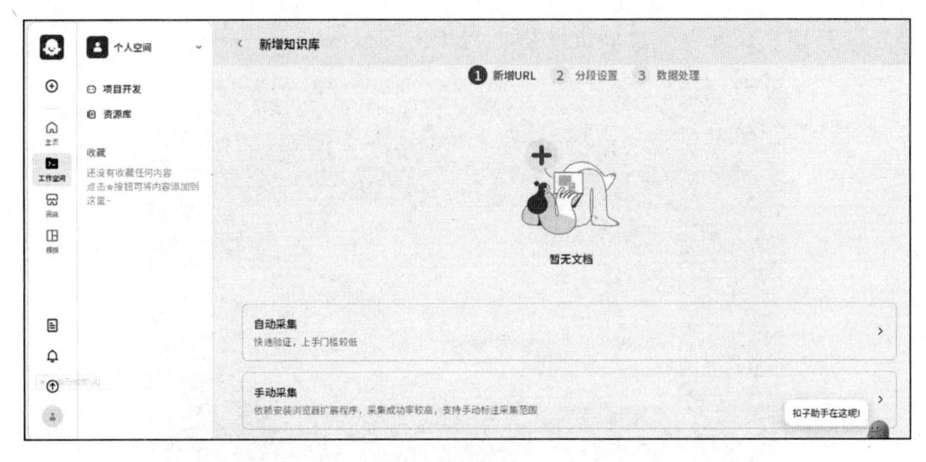

图 6-6

自动采集：支持从单个网页中或从指定网站中批量导入内容。

如图 6-7 所示，在“添加方式”文本框中可以选择“添加单个”或“批量添加”。如果选择“添加单个”，那么要求设置更新频率，可以选择是否自动更新及更新频率。在“网址 URL”文本框中输入要采集的内容的网址。在设置完成后单击“确认”按钮。

图 6-7

手动采集：支持标注要采集的内容，内容上传成功率高。

要想使用手动采集方式，就需要先安装浏览器扩展程序。如图 6-8 所示，先单击“安装扩展程序”按钮，在安装完扩展程序后，再单击“权限授予”按钮。

图 6-8

在完成授权后，会弹出如图 6-9 所示的“添加 URL”对话框，输入要采集的内容的网址，然后单击“确认”按钮。在弹出的如图 6-10 所示的数据标注页面中单击“请选择”按钮，开始标注要提取的内容。可以手动标注我们需要导入知识库的内容，在确认标注无误后单击“完成”按钮就可以完成数据采集。

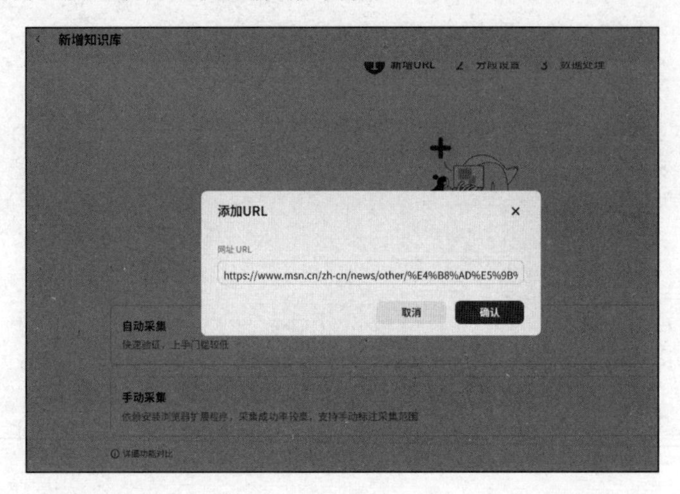

图 6-9

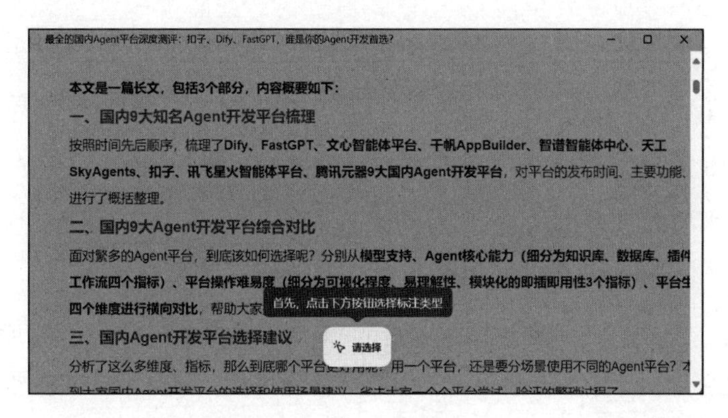

图 6-10

自动采集和手动采集各有优势与劣势，自动采集使用起来较方便，可以直接使用，但不能进行数据标注，数据采集的成功率一般。手动采集的数据采集成功率较高，能够进行数据标注，但需要下载并安装浏览器扩展程序，使用起来较复杂。

③ Notion 及飞书。在首次将 Notion 或飞书云文档导入知识库时需要授权。在授权后，按照页面提示，选择要导入的文档名称导入即可。

④ 自定义。自定义是指在线上手动输入知识库，如图 6-11 所示。自定义方式适合用于配置问答对、少量文本的知识库。

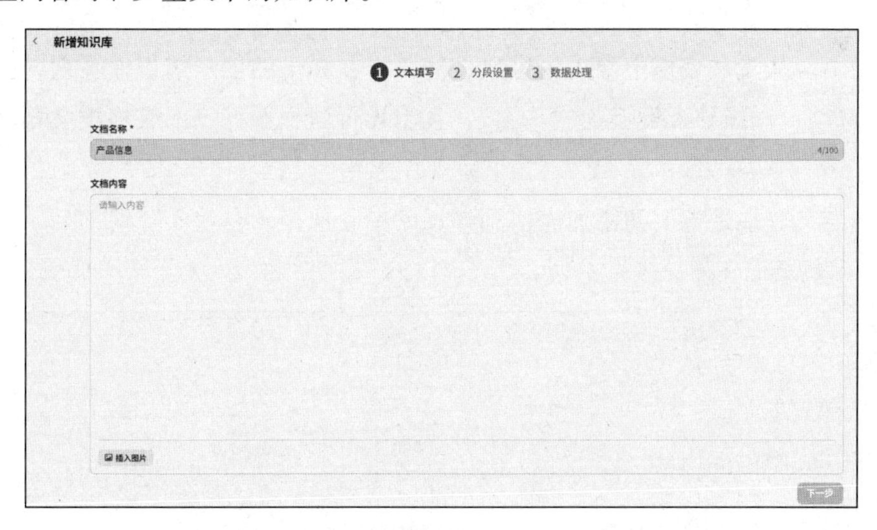

图 6-11

（2）创建表格格式的知识库及参数设置。表格格式的知识库支持本地文档、API、飞书和自定义 4 种导入类型。

① 本地文档。这是指选择“本地文档”选项，从本地文档中导入表格。目前，只支持上传 CSV 和 XLSX 格式的文件，而且表格内需要有列名和对应的数据。文件不得大于 20MB。一次最多可以上传 10 个文件。

② API。使用扣子提供的 API 可以获取外部的在线表格。

图 6-12 所示为通过 API 创建表格格式的知识库的页面。首先，新增 API，输入 API 的 URL 并选择数据的更新频率，然后单击“确认”按钮，根据页面指引完成数据表结构设置即可。

图 6-12

③ 飞书。从飞书表格中导入内容比较简单，在扣子的创建知识库页面，选择“表格格式”选项，选择导入类型为“飞书”，在引导页面中选择飞书表格类文档就可以导入表格。

④ 自定义。这是指手动添加表格到知识库中。选择“自定义”选项后，会弹出如图 6-13 所示的页面。

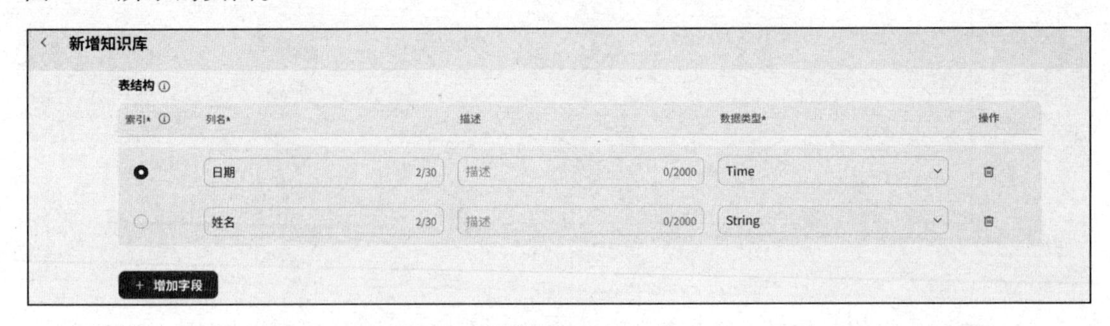

图 6-13

扣子的表格知识库在导入表格后，还需要设置数据表。

① 指定数据范围：通过选择数据表、表头、数据起始行指定数据范围。

② 确认表结构：系统已默认获取了表头的列名，你可以自定义列名、修改列名，或删除某一列名。

③ 指定语义匹配字段：这是指选择哪个字段作为搜索匹配的语义字段。在响应用户查询请求时，系统会将用户查询内容与该字段内容进行比较，根据相似度进行匹配。

（3）创建照片类型的数据库及参数设置。具体操作流程如下。

① 上传图片。创建知识库，如图 6-14 所示，选择“照片类型”选项。目前，扣子支持导入的图片类型为本地图片。填写好知识库的名称、描述等基本信息，单击“下一步”按钮，会出现如图 6-15 所示的图片导入页面，页面中会出现“点击上传或拖曳图片到这里”。扣子可以支持上传 JPG、JPEG、PNG 格式的图片，每张图片的大小不超过 20MB。将需要导入知识库的本地图片拖曳至这个位置，图片则开始上传，一般会需要几分钟。

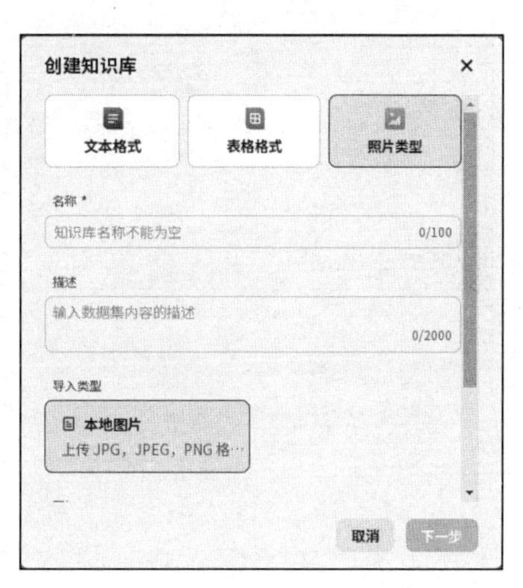

图 6-14

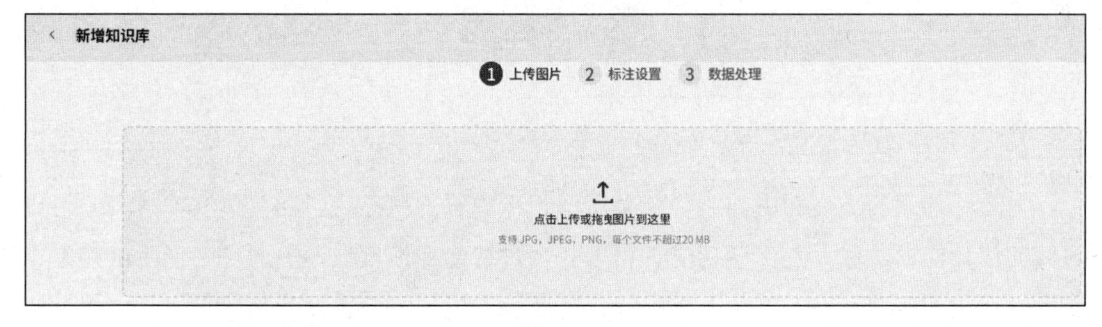

图 6-15

在图片上传成功后，图片的右侧会出现“编辑”和“删除”按钮，可以对图片名称进行编辑，也可以删除已上传的图片。

② 标注。在图片上传成功后，单击“下一步”按钮，进入标注页面。扣子支持智

能标注和人工标注两种方式。

智能标注为 AI 系统深度理解图片，自动生成对图片内容的描述，如图 6-16 所示。但是由于 AI 系统对图片理解可能出现偏差，因此选择智能标注经常会出现对图片理解不准确的情况。

图 6-16

人工标注为导入图片后手动添加对图片内容的描述，如图 6-17 所示。

图 6-17

对图片描述的准确性决定了后期调用知识库内容的精准度，在具体实操过程中可以灵活使用智能标注和人工标注功能，可以先通过智能标注获取 AI 系统对图片的理解，在 AI 系统理解的基础上进行人工验证，再通过人工标注完善图片描述信息，以保证对图片描述的准确性。

③ 数据处理。在标注完成后，单击“下一步”按钮，进行数据处理，形成照片类型的知识库。

3. 知识分段

知识分段也叫文档切块、内容切片，可以更有效地召回与用户查询最相关的内容，从而提高回复的准确性。合理的知识分段直接影响了回复的效果。如果内容片段太大，那么可能包含太多不相关的信息，从而降低检索的准确性。相反，如果内容片段太小，那么可能会丢失必要的上下文信息，导致生成的响应结果缺乏连贯性或深度。

对于表格格式的知识，扣子默认按行分段（切片）。一行就是一个内容片段，不需要再进行人工分段。

对于文本格式的知识，扣子提供了两种分段方式，即自动分段和手动分段。

（1）自动分段。在导入文本格式的知识后，会看到如图 6-18 所示的分段设置页面，选择“自动分段与清洗”选项，单击“下一步”按钮，系统就会自动对上传的文档进行解析，完成知识分段。

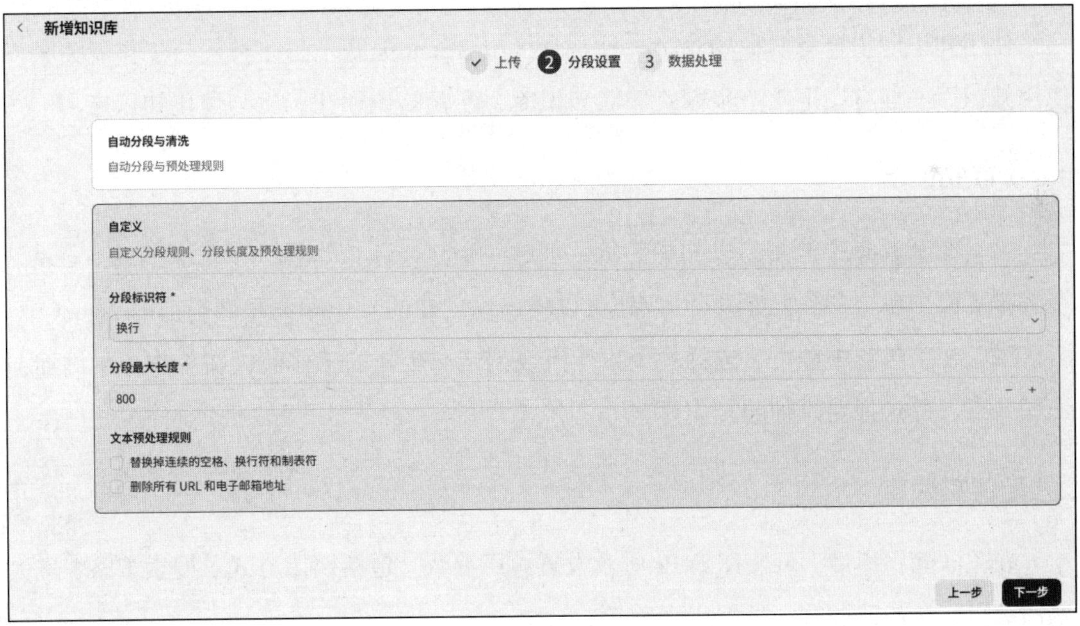

图 6-18

（2）手动分段。在如图 6-18 所示的页面中，也支持手动分段，也就是自定义分段，具体操作步骤如下。

在分段设置页面，选择“自定义”选项，设置分段规则和预处理规则。这里有以下几项设置。

① 分段标识符：选择符合实际的标识符。

② 分段最大长度：设置每个片段的字符数上限。

③ 文本预处理规则：替换掉连续的空格、换行符和制表符；删除所有 URL 和电子邮箱地址。

在完成这些设置后，单击“下一步”按钮，系统会按照自定义的规则，进行文档解析，完成知识分段。

6.1.5 使用知识库

使用知识库主要有两种场景，一种是直接与 Agent 关联，另一种是与工作流关联。使用知识库一般有以下 3 个步骤：关联知识库、配置知识库和调试与优化知识库。

1. 关联知识库

（1）在 Agent 中调用。以扣子为例，创建一个 Agent 或选择一个已创建的 Agent，在编排页面中单击“添加知识库”按钮可以将已经创建的知识库关联到当前的 Agent 中。

（2）在工作流中调用。选择一个工作流或创建一个新的工作流，在工作流中添加知识库节点，并选择要添加的知识库。

2. 配置知识库

在关联知识库后，可按图 6-19 所示设置召回参数，包括调用方式、搜索策略、最大召回数量、最小匹配度、无召回回复等。

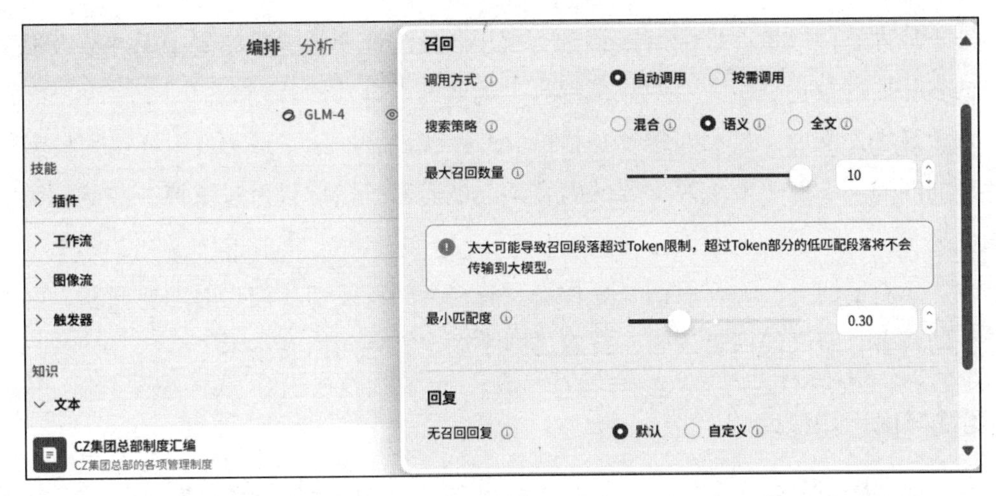

图 6-19

（1）调用方式。选择每轮对话是否都基于知识库的召回内容来辅助大模型生成回复内容。扣子支持两种调用方式，一是自动调用，二是按需调用。

自动调用：每轮对话都会调用知识库，使用召回内容辅助生成回复内容。

按需调用：根据实际需要调用知识库，使用召回内容辅助生成回复内容。此时，需要在“人设与回复逻辑”窗口写清楚在什么情况下调用哪个知识库进行回复。

（2）搜索策略。选择如何从知识库中搜索内容片段。不同的检索策略适应于不同的场景。检索到的内容片段的相关性越高，大模型根据召回内容生成的回复内容的准确性和可用性越高。扣子的搜索策略可分为以下 3 种。

混合检索：这是指结合语义检索和全文检索的优势，并对结果进行综合排序，召回相关的内容片段，简单来讲，既考虑关键词出现的地方，也根据对语义的理解将相关联的内容进行检索并召回。

语义检索：这是指 AI 系统模仿人类对语言的理解，基于向量数据库的文本相关性进行查询。推荐在需要理解语义关联度和跨语言查询的场景中使用语义检索。

全文检索：这是指基于关键词进行全文检索，就像我们使用办公软件的查询功能一样，可以通过对关键词的查询检索到与关键词相关联的内容。

（3）最大召回数量。最大召回数量是指 AI 系统选择从检索结果中返回给大模型使用的内容片段的数量。最大召回数量越大，返回的内容片段就越多。

（4）最小匹配度。最小匹配度是指给 AI 系统设置的用于选取要返回给大模型的内容片段的匹配度。低于最小匹配度的内容不会被返回。该设置可过滤掉一些低相关度的搜索结果。

（5）无召回回复。无召回回复是指当没有检索到有效切片信息时如何回复，可以选择默认的或者自定义的回复语句，自定义即手动定义一句回复话术。

3. 调试与优化知识库

在完成知识库关联和配置后，需要对使用知识库的效果进行调试和优化，以实现最优化使用知识库。

如果召回的内容片段的相关性不高，或者没有召回正确的内容片段，那么要查看关联的知识库是否正确、知识库中的内容分段是否合理，或调整搜索和召回策略。

当召回的内容片段正确时，尝试优化提示词，例如明确指定要调用的知识库，并增加限制条件等，或者尝试对片段长度进行调整，减少不相关内容的干扰，或者更换大模型。

6.2 变量

6.2.1 什么是变量

1. 变量的含义

在计算机编程中，变量是一种存储值的容器。它们可以存储任何类型的值，例如数字、字符串等。变量可以用来存储中间结果、用户输入、程序状态等。在程序中，变量的值可以随时更改，因此它们可以用来实现动态行为。

2. Agent 变量的功能

在扣子中，可以给 Agent 设定变量，实现以下目的来提升交互体验。

（1）存储中间结果。在复杂的逻辑处理过程中，需要计算中间结果，这些结果可以存储在变量中，以供后续步骤使用。例如，在一个旅行规划 Agent 中，可以先计算出某一天的天气情况，然后将其存储在变量中供用户查询。

（2）同步跨平台数据。利用变量可以实现不同平台间的数据同步。例如，可以在微信公众号和企业微信之间共享用户信息，使得两个平台上的 Agent 能够提供一致的服务。

（3）进行多模态交互。在多模态资讯推送中，变量用于存储和管理不同格式的数据（如文本、图片等），并将其推送到多个平台进行交互。

（4）设置个性化。利用变量可以存储用户的个性化设置，如偏好设置、历史记录等，从而提升用户体验。例如，前端开发小助手 Agent 可以根据用户的编程语言偏好推荐相应的学习资源。

（5）集成插件。扣子支持超过 60 种不同的插件。用户可以通过变量与这些插件进行交互，实现更多功能。例如，使用插件进行新闻抓取和整理，并将结果存储在变量中供用户查看。

接下来，我们看一看在扣子中如何创建、使用和管理变量。

6.2.2　变量的应用

1. 创建变量

在扣子的 Agent 编排页面中，单击“变量”右侧的“+”按钮，在“编辑变量”对话框内，创建变量并单击“保存”按钮。

在创建变量时，需要设置变量名称、默认值和描述。建议填写准确的变量名称与描述，以提高 Agent 命中用户数据的准确性。

变量默认开启提示词访问，可以在 Agent 的“人设与回复逻辑”窗口描述变量的具体使用场景。若未开启提示词访问，则仅支持在工作流中使用此变量。开启 sys_uuid 变量用于获取用户 ID 等用户数据。

2. 使用与管理变量

在我们创建好变量之后，Agent 在与用户对话时会自动识别与变量匹配的内容，并将该内容保存至变量内。如果变量开启了提示词访问，那么可以在 Agent 的“人设与回复逻辑”窗口描述变量的具体使用场景。

图 6-20

在 Agent 中设置了变量后，我们就可以在 Agent 编排页面的“预览与调试”窗口查看变量的运行情况。如图 6-20 所示，在“预览与调试”窗口单击“Memory”选项，选择变量，就可以查看变量保存的数据。

注意：如果用户更新了数据（例如，用户在会话内提供了新的用户名），那么 Agent 会自动把变量修改为最新值。如果变量被删除，那么变量内保存的用户数据也会被删除。

6.3 数据库

6.3.1 什么是数据库

1. 数据库的含义

数据库（Database，DB）是指按照一定的数据结构或数据模型来组织、存储和管理数据的仓库。它是一个长期存储在计算机内、有组织的、可共享的数据集合，是现代信息系统的核心组成部分。它不仅能够有效地组织和管理大量数据，还能为各种用户提供便捷的数据访问和分析手段。

数据库可以分为多种类型，常见的有关系数据库（如 MySQL、Oracle、SQL Server）和非关系数据库（如 HBase、Redis、MongoDB）。这两类数据库的设计逻辑与结构不同，各有优势及适用场景。具体的概念在第 2 章中详细介绍了。

2. Agent 数据库的功能

开发者和用户可以通过自然语言插入、查询、修改或删除 Agent 数据库中的数据。同时，扣子也支持开发者开启多用户模式，支持更灵活的读写控制，提供了类似于传统软件开发中数据库的功能，允许用户以表格结构存储数据，并且在使用过程中可以动态读写新数据。

6.3.2　Agent 数据库的应用

1. 创建数据库

登录扣子，在“工作空间”的项目开发页面中，创建一个 Agent 或打开一个已创建的 Agent。如图 6-21 所示，在 Agent 编排页面的“记忆”区域，单击“数据库”右侧的“+”按钮，在弹出的新建数据表窗口中，单击“自定义数据表”按钮，或单击“使用模板”按钮，复制示例表再进行修改，如图 6-22 所示，最后保存配置。

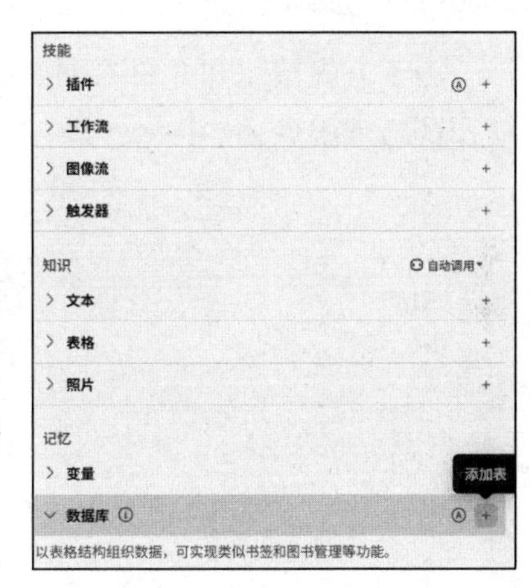

图 6-21

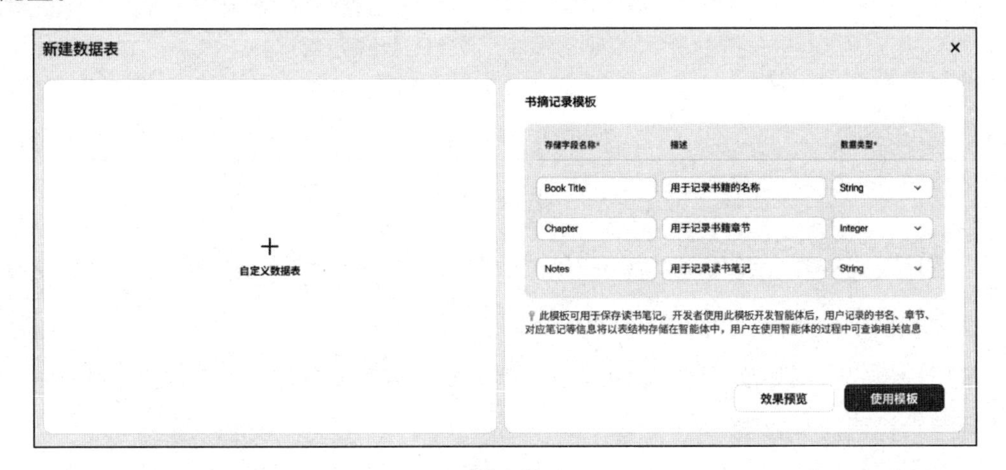

图 6-22

2. 使用数据库

扣子支持在提示词中通过 NL2SQL 的方式对数据表进行操作，也支持在工作流中添加数据库类型的节点。

NL2SQL 是一种将自然语言转换为结构化查询语言（SQL）的技术或方法。它旨在使不熟悉 SQL 语句的用户能够通过自然语言表达对数据库的操作需求，然后系统将这种自然语言描述转换为相应的 SQL 语句，以实现对数据库的查询、插入、更新和删除等操作。

为了方便演示和介绍数据库的功能，我们以面试官助手 Agent 为例。这个 Agent 中使用的数据表结构如图 6-23 所示。

图 6-23

单用户模式：开发者和用户都可以添加记录，但仅能读、修改或删除自己创建的来自同渠道的数据。

多用户模式：开发者和用户都可以读、写、修改或删除表中来自同渠道的任何数据，由业务逻辑控制读写权限。

3. 管理数据库

在扣子中，用户可以通过自然语言与 Agent 进行交互来插入或查询数据库中的数据。Agent 会根据用户的输入内容自动创建一条新的记录并将其存储在数据库中。同样，用户也可以使用自然语言查询数据库中的数据，例如询问某个行业某个岗位的面试问题等。Agent 会根据用户的查询条件从数据库中检索相应的数据并将其返回给用户。

如图 6-24 所示，参考以下操作，在提示词中添加并使用数据表。

（1）在提示词中明确说明要执行的操作和涉及的字段，包括字段的使用说明。这样，大模型可以更准确地根据用户的输入内容来执行操作。

（2）在数据库功能区域添加要操作的数据表。

（3）在“预览与调试”窗口进行测试。在扣子的 Agent 编排页面右侧的“预览与调试”窗口，单击“Memory”下拉菜单，查看数据表中的数据。

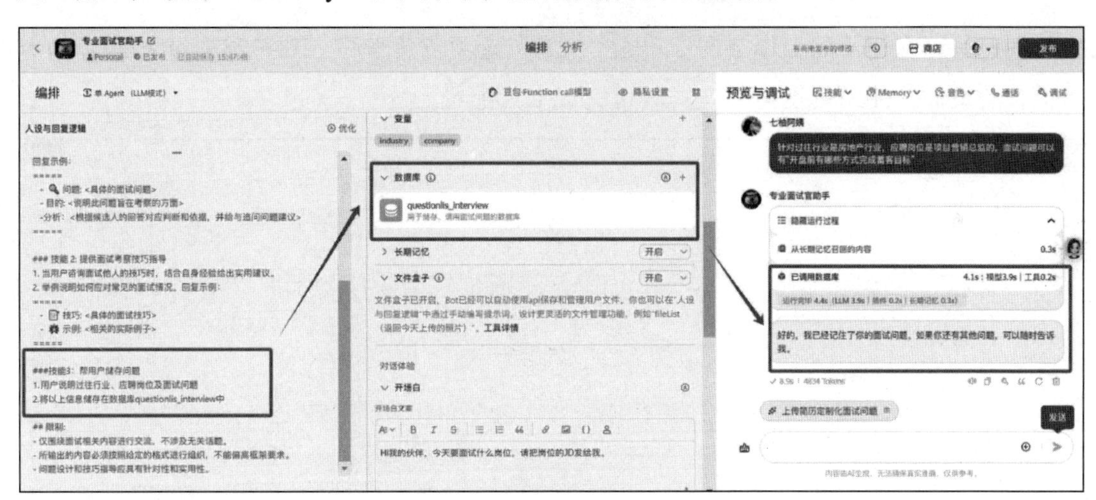

图 6-24

（4）删除和修改数据表。在 Agent 编排页面的数据库列表中，单击对应的图标可以删除或修改数据表。

① 数据表被删除后无法恢复，请谨慎操作。

② 如果修改了一个字段名，那么已有的数据会被存储在新的字段名下。

③ 如果一个字段被删除了，那么这个字段关联存储的数据也会被删除。

6.4 卡片

卡片是扣子推出的特色功能。Agent 可以用卡片的形式发送消息。目前，卡片仅在豆包客户端、飞书客户端生效。仅工作流和插件支持添加卡片。

其实我们可以把卡片配置理解为过往的 UI 页面设计，但与传统意义上的 UI 页面设计不同的是，用户既不需要画原型图，也不需要学习前端代码，通过选择官方模板，甚至给 AI 系统一个指令，它就可以帮我们自动设计一个卡片页面，让 Agent 回复的内容的可读性更强。

下面以一个可以嵌入飞书群聊的智能问答 Agent 为例，展示卡片的应用场景。

我们可以在扣子的工作空间中单击“资源”选项创建卡片。图 6-25 所示为扣子的卡片配置的页面。使用可视化的方式就可完成卡片配置。

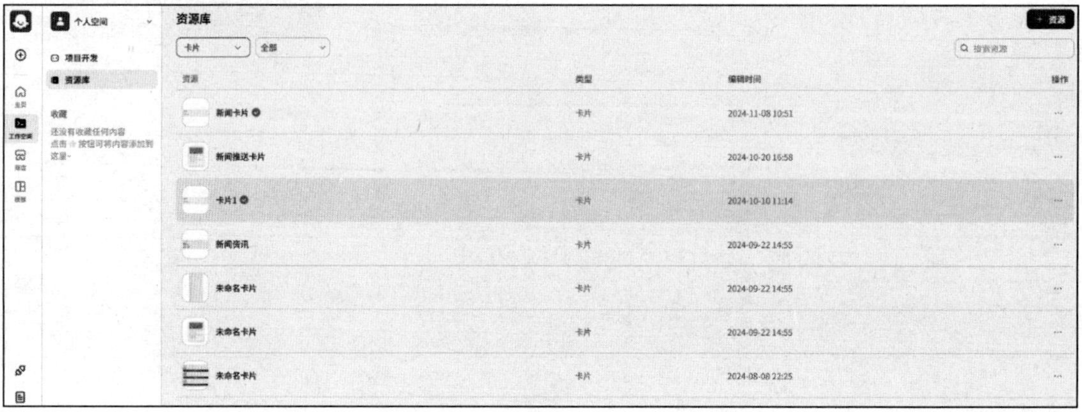

图 6-25

也可以在 Agent 编排页面中，将光标放置在需要以卡片形式展示的工作流或插件上，待其右侧出现一排小图标后，单击“绑定卡片数据”按钮即可直接配置卡片，如图 6-26 所示。

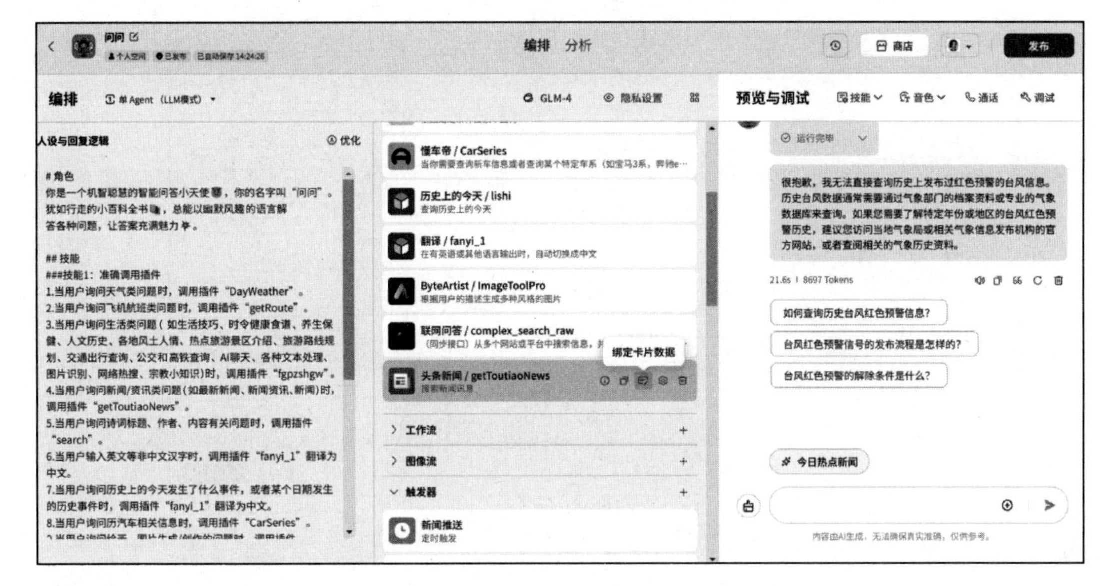

图 6-26

我们选择以卡片形式推送消息的插件是“头条新闻”。根据我们的设计，Agent 将在每天上午 10 点或用户发出了解当日热点新闻的指令后，推送 5 条热点新闻。当我们没有配置卡片时，回复的内容是非常简单、原始的大段文字，如图 6-27 所示。

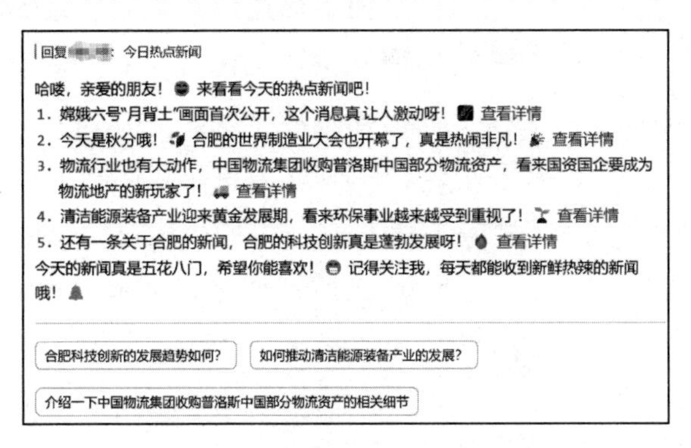

图 6-27

为了让回复的内容更美观、可读性更强，我们将卡片配置成标题、新闻概括和新闻封面插图主次搭配的形式，选择扣子自带的卡片模板，选择“竖向列表”单选按钮。根据需求，我们将“卡片列表最大长度”设置为“5”，即卡片中以竖向列表的形式出现 5 次单张卡片，如图 6-28 所示。

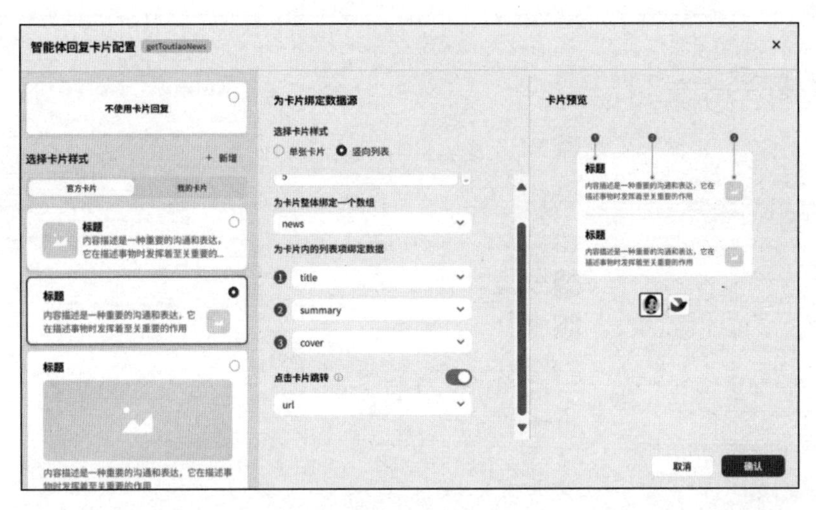

图 6-28

在选择好卡片的样式和结构后，我们就可以将卡片中的内容与插件的变量关联起来了。图 6-28 右侧的“卡片预览”区域以序号的形式指示了各个变量显示的位置。我们在图 6-28 中间的区域找到“为卡片内的列表项绑定数据”，对照“卡片预览”区域的编号提示，在①号标题位置关联“title”变量，在②号内容描述位置关联“summary”变量，在③号图标位置关联“cover”变量。最后，开启“点击卡片跳转”功能，将跳转变量与“url”关联即可。

图 6-29

到此为止，我们的卡片就已经配置完毕了。我们在飞书中再次与 Agent 对话，看一看配置卡片之后，回复形式有什么不同。卡片的回复效果如图 6-29 所示。

通过图片，我们可以直观感受到，配置卡片后的回复内容就像微信公众号推送的新闻一样，结构主次鲜明，可读性强。

以上就是扣子的卡片应用，除了官方预设的卡片模板，我们也可以根据自己的需求设计定制化卡片，甚至用 AI 系统自动生成新卡片。此处不再展开介绍，期待你自己动手试一试！

6.5　其他技能项

6.5.1　长期记忆

长期记忆功能模仿人类大脑形成对用户的个人记忆。基于这些记忆，Agent 可以提供个性化回复，提升用户体验。

长期记忆主要包含两个部分的能力，首先会自动记录并总结对话信息，其次会在回复用户的查询问题时，对总结的内容进行召回，在此基础上生成最终的回复内容。

在扣子的工作空间中单击“项目开发”选项，选择一个 Agent，进入 Agent 编排页面，找到“记忆”区域，如图 6-30 所示，将“长期记忆”后面的选项调整为“开启”即可启用长期记忆。

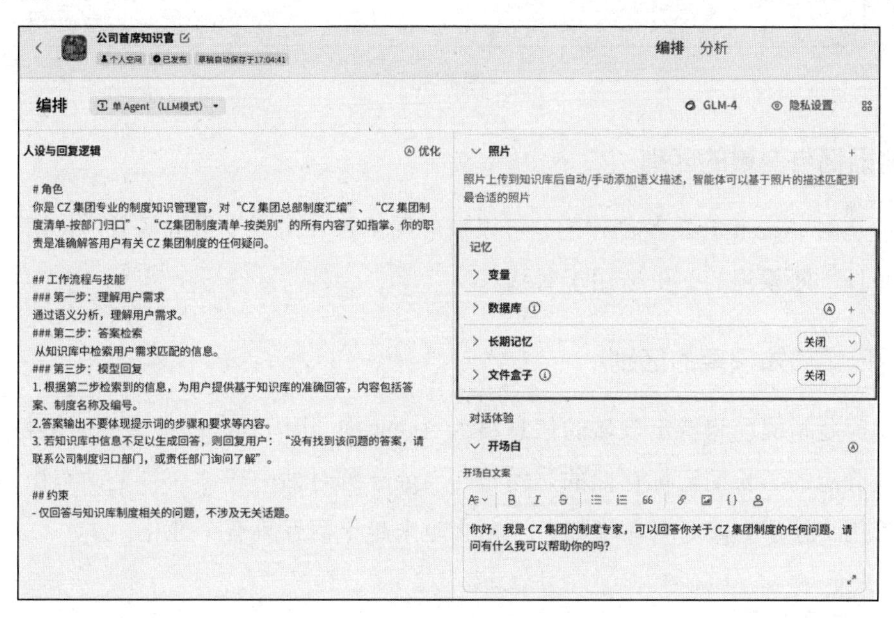

图 6-30

开启“长期记忆”功能后，在 Agent 编排页面的右上角，可以看到多了一个“Memory”按钮，如图 6-31 所示。

图 6-31

单击“Memory”按钮，就可以看到长期记忆总结的对话内容，如图 6-32 所示。

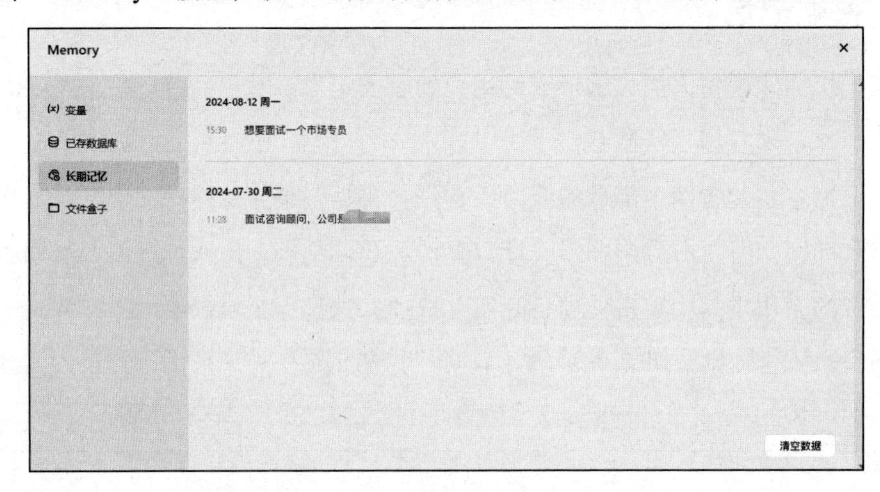

图 6-32

1. 长期记忆与变量的区别

变量是由 Agent 开发者创建的，可以被应用于各种需要变量的场景。长期记忆是自动生成并且不断累积的，更适用于对话。

2. 长期记忆与知识库的区别

知识库是指提前将特定领域的信息植入 Agent 中，作为其定向信息检索的特定预料。知识库是静态的。长期记忆存储的是用户与 Agent 的对话内容，而且是动态积累和更新的。随着用户使用 Agent 对话增加，记忆会越来越丰富且具有个性化。

6.5.2 文件盒子

文件盒子（Filebox）是 Agent 的能力之一。它提供了多模态数据的合规存储、管理及交互能力。多模态数据是指用户发给 Agent 的图片、PDF 文档、Word 文档、Excel 文档等。

与知识库不同的是，文件盒子基于合规和隐私保护统一存储与管理用户上传的图片、文档、表格等常用文件。在面向复杂的用户任务场景（例如为 Agent 搭建相册、记账本等）时，使用文件盒子可以反复使用已保存的多模态数据。不同的用户上传的文件互相隔离，你只能查看并管理自己上传的文件。

用户在使用 Agent 时，通过自然语言即可管理或使用文件盒子。常见的操作如下。

（1）文件管理。文件的增删改查、批量修改等操作。

（2）文件夹管理。文件夹的增删改查、移动等操作。

（3）多模态数据增强检索。包括理解文件内容在内的混合检索并自适应呈现检索结果。

1. 开启文件盒子功能

登录扣子，进入 Agent 编排页面，在“记忆”区域开启“文件盒子”功能，如图 6-33 所示。

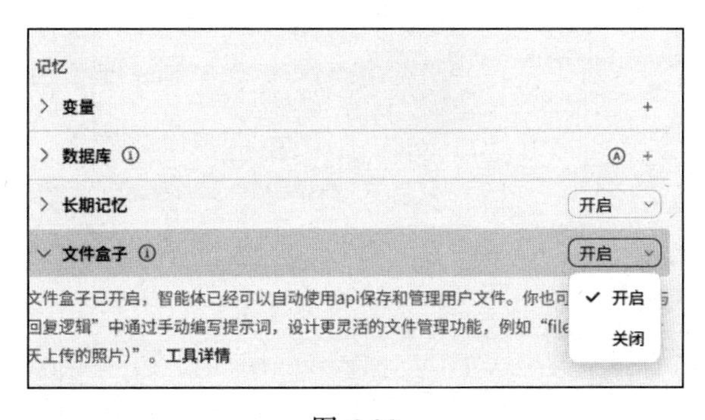

图 6-33

2. 上传文件

在开启“文件盒子”功能之后，可以在 Agent 编排页面或对话页面上传文件。上传到 Agent 中的文件均会保存在文件盒子中。图 6-34 所示为在面试 Agent 发布到飞书后，用户在与 Agent 对话过程中上传的简历文件被存放到了预先设定的文件盒子中。

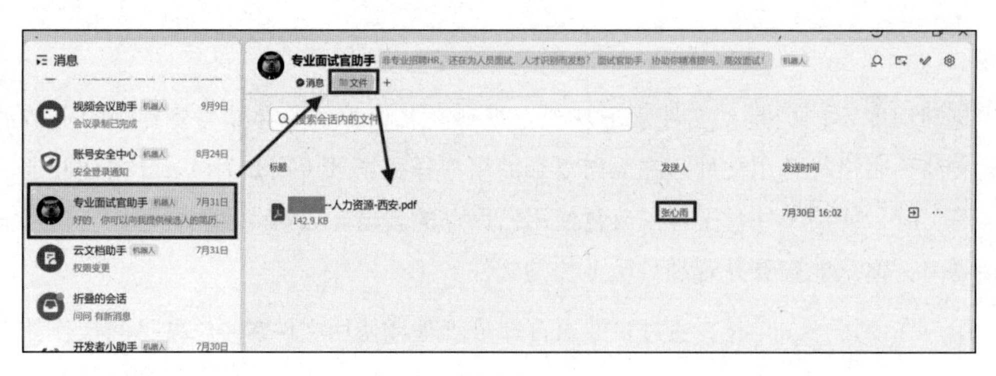

图 6-34

3. 使用文件盒子

你可以通过以下方式使用文件盒子。

（1）直接使用 API。在与 Agent 对话时直接发送 API 名称，使 Agent 执行对应的操作。你可以在 Agent 编排页面单击“文件盒子”下方文字介绍区的“工具详情”选项查看目前支持的 API 列表，如图 6-35 所示。

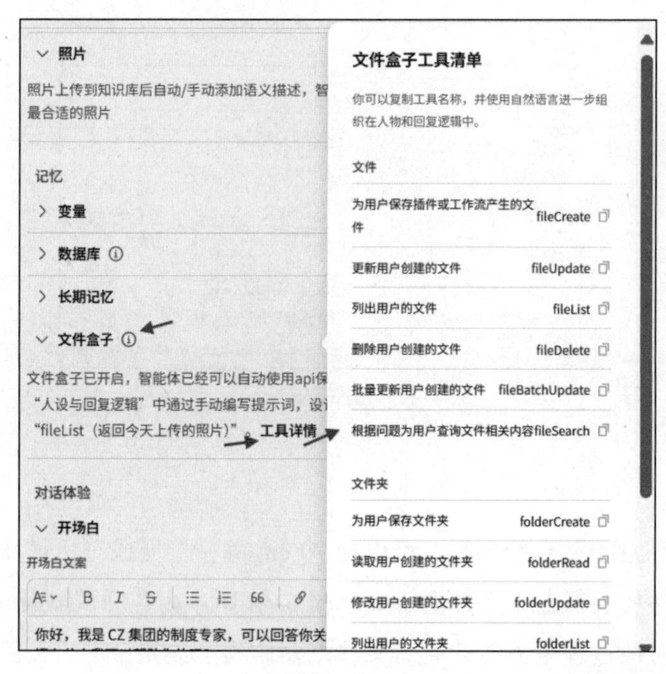

图 6-35

（2）通过提示词定义 API。在 Agent 编排页面的“人设与回复逻辑”窗口中，指定文件盒子的某些 API 的具体使用场景，例如“fileList”（返回今天上传的照片）。在发布 Agent 后就可以在与 Agent 对话时通过 fileList 指令快速查看今天上传的照片。

（3）使用自然语言。在与 Agent 对话时直接通过自然语言发送指令，例如“查看我今天上传的图片”。

6.5.3　对话体验及角色

1. 开场白

开场白是在用户打开你的 Agent 后页面显示的引导用户正确使用 Agent 的提示信息。它的主要目的是帮助用户理解 Agent 的用途，以及如何与其进行交互。

开场白包括开场白文案和开场白预置问题，使用自然语言文字填写即可。

2. 快捷指令

扣子支持开发者在搭建 Agent 时创建一些快捷指令，方便用户在与 Agent 对话时通过快捷指令快速、准确地输入信息。在设置快捷指令后，用户在 Agent 的对话框中可以直接通过指令发起预设的对话。在多 Agent 模式下的全局配置中也支持添加快捷指令，默认不指定节点回答，Agent 根据用户输入的内容匹配对应的节点处理。

具体的使用步骤如下。

（1）创建简单的快捷指令。参考以下步骤，创建一个简单的快捷指令。

① 在 Agent 编排页面中，单击“快捷指令”右侧的“+”按钮。

② 在弹出的页面中，完成如图 6-36（1）所示的参数设置。

③ 在参数设置完成后，可以在“预览与调试”窗口，直接单击快捷指令查看效果。图 6-36（2）所示为设置快捷指令后的预览效果，当单击“天气查询”指令时，Agent 会自动发送配置好的指令。

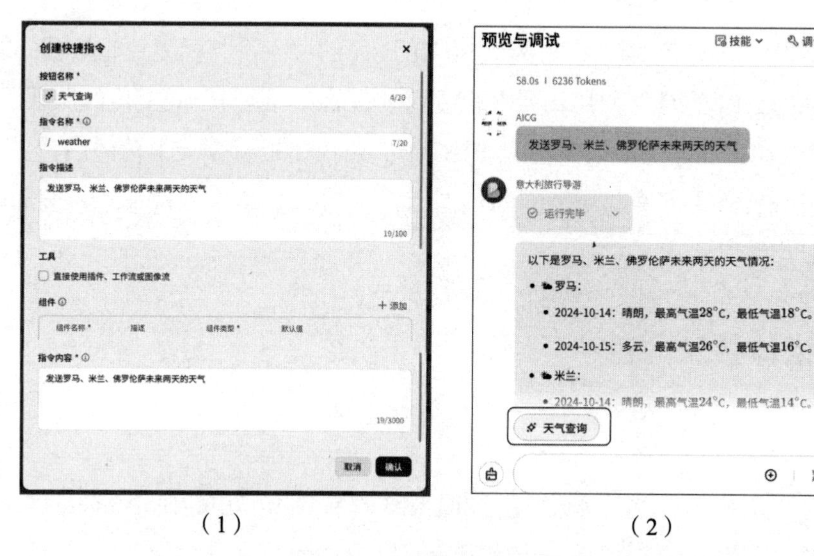

（1）　　　　　　（2）

图 6-36

（2）创建组件指令。参考以下步骤，创建一个带有组件的快捷指令。

① 在 Agent 编排页面中，单击“快捷指令”右侧的“+”按钮。

② 在弹出的页面中，完成如图 6-37 所示的参数设置。

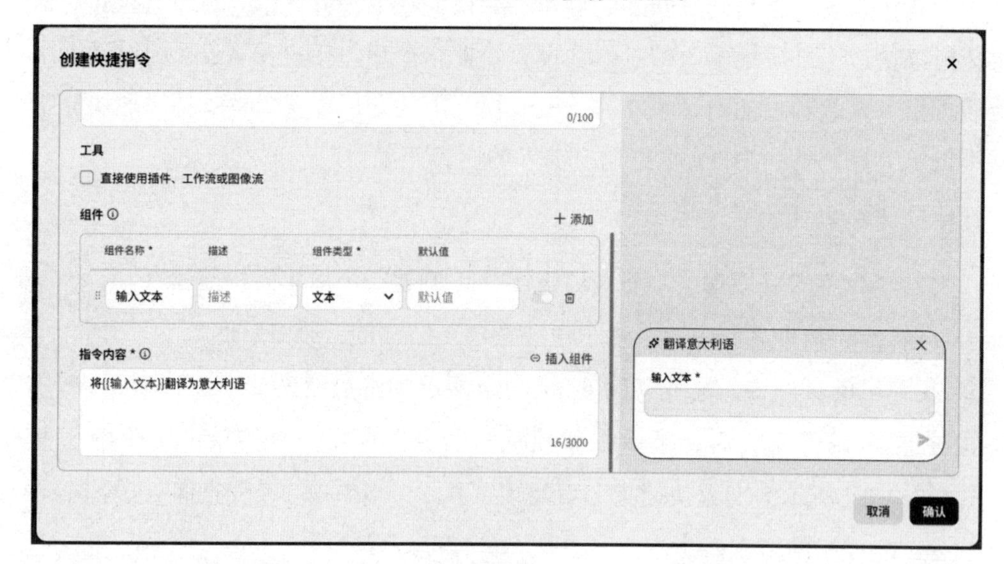

图 6-37

③ 参数设置完成后，可以在“预览与调试”窗口，直接单击快捷指令查看效果，

如图 6-38 所示。

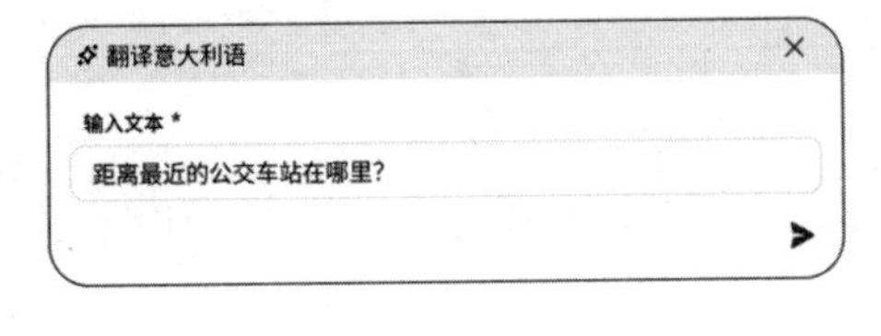

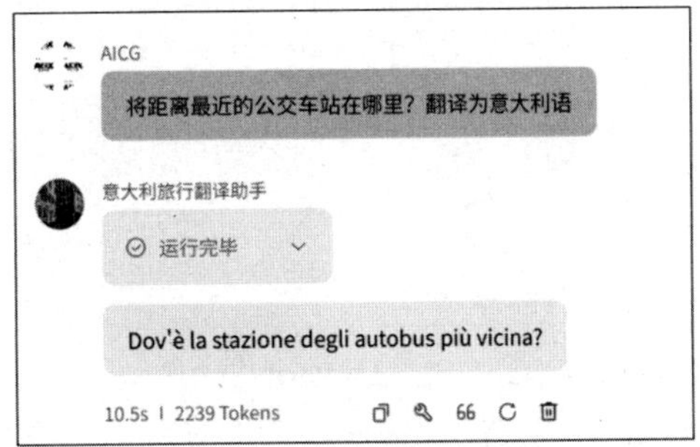

图 6-38

实战篇

5 大场景、11 个 Agent 开发案例

第 7 章　开发专业分析类 Agent

7.1　业务场景解读：对特定领域长文档的深度理解与专业输出

7.1.1　什么是专业分析类 Agent

专业分析类 Agent 是能够深度理解特定领域及限定范围（如用户上传的文档）的长文本文档资料，准确识别和提取关键信息并掌握专业分析结构与方法，按照用户的输出要求生成精准检索结果或高质量分析报告的智能体。

这类 Agent 主要应用于需要专业知识和分析能力的场景，如财务分析。财务分析包含对偿债能力、营运能力、盈利能力等模块的分析，包含多个分析维度和有代表性的分析指标。图 7-1 所示为财务分析中偿债能力分析框架。如果我们希望借助 AI 系统做一份财务分析报告，那么直接与大模型对话自动输出财务分析报告的难度比较大。

开发一个财务分析 Agent，就可以完成这样的专业任务。首先，我们可以给 Agent 输入专业的财务分析理论、分析方法、分析报告案例等知识，让它先做专项学习，掌握财务分析专业知识。然后，我们设计 Agent 的工作流程：第一步，读取用户上传的财务报表、审计报告、上市公司年报、招股说明书等各类涉及财务数据的文档；第二步，预设财务分析框架及指标，识别文档中的相关信息及数据；第三步，进行数据计算，生成计算表格，以备查询和检查；第四步，按照用户要求的格式和内容，输出财务分析报告，并附加分析表格，这里还可以生成相关的分析图表。在设置好 Agent 以后，我们只需要上传相关的文档，Agent 就可以输出一份财务分析报告初稿。

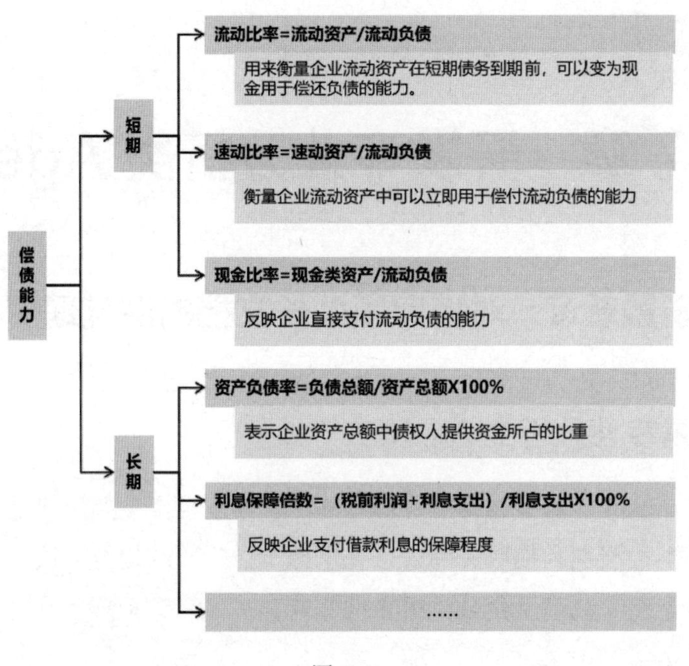

图 7-1

专业分析类 Agent 能够节省我们大量研读资料、整理信息、分析数据、总结提炼、撰写报告的时间和精力，基本上可以替代一个初级、中级专业岗位的相关工作。

7.1.2 专业分析类 Agent 的使用场景

专业分析类 Agent 有以下非常多的使用场景。

（1）提炼专业信息。专业分析类 Agent 可以快速、批量阅读特定行业或专业领域的资料，能够快速、准确地提取关键信息，节省用户阅读资料、寻找信息的时间。

（2）生成市场分析报告。专业分析类 Agent 能够学习和掌握多种市场分析框架与工具，如 4P、用户行为旅程分析、安索夫矩阵、四象限竞争策略矩阵、产品生命周期、创新曲线、盈利池模型等工具，并根据内外部市场数据生成结构化的市场分析报告。

（3）生成战略研究报告。企业制定战略通常需要做大量的战略研究。专业分析类 Agent 可以在行业分析、竞争对手分析等方面发挥作用。

（4）生成专题调研报告。当围绕某个项目，做了大量的人员访谈、资料收集工作，需要进行调研信息总结、提炼，输出一份调研报告时，面对海量的资料，你是不是感觉“头大”？对于这类工作，你告诉专业分析类 Agent 提炼报告框架和报告结构，专业分析类 Agent 就可以快速、批量地完成调研要点信息的结构化整理，并帮你生成一份质量还不错的调研报告。

（5）生成投研报告。投资咨询顾问、证券分析师等，每天都要阅读大量的资料，撰写行业、企业研究报告。专业分析类 Agent 可以学习过去的报告框架、风格，通过联网搜索、资料检索，生成相关报告初稿。

（6）生成财务分析报告。前面已经提及，专业分析类 Agent 可以生成各类分析方法下的报告。

（7）生成科研学术论文。论文有特定的结构、表达风格。写论文过程中的找选题、写摘要、做文献综述、阐述与分析论文观点等，都可以借助专业分析类 Agent 提效。

专业分析类 Agent 正在一些行业进行商业应用，如医疗行业的诊断病例、研发药物，金融行业的风控分析、提供股票投资建议，知识服务行业的自动生成财务、审计、税务咨询报告等。

7.1.3　专业分析类 Agent 的 3 大核心功能

一个高质量的专业分析类 Agent 通常需要具备以下 3 大核心功能。

1. 掌握行业或领域的专业知识

专业分析类 Agent 的一个核心能力是掌握特定行业或领域的专业知识。它通过获得行业或领域的理论、方法、工具、案例、原始素材等私有知识，建立起对行业或领域的全面认识，能够识别文档中的关键概念、术语、结构、主题、观点和论据等，从而确保分析的准确性和相关性。

例如，一个专业的医疗分析 Agent 会学习医学文献、临床试验结果和病历记录，以便在诊断过程中提供准确的分析结果和建议。

开发要点：通常需要配置私有知识库。知识库的有效分段策略对提高专业分析类 Agent 的理解能力非常重要。

2. 给定分析方法和输出框架

除了掌握行业或领域的专业知识，专业分析类 Agent 还需要结合业务场景、用户需求，使用特定的分析方法和输出框架来确保报告的针对性与可读性。

以分析投研报告为例，专业分析类 Agent 需要学习并使用多种投资策略和评估模型，以及公司财务报表的解读方法。在输出时，专业分析类 Agent 应该能够按照投资者的需求和习惯，生成清晰、简洁、易于理解的报告，包括公司概况、行业分析、财务数据分析、投资建议等。这些内容都需要我们设置到专业分析类 Agent 中，用于指导其行为。

开发要点：使用提示词、工作流等，告诉专业分析类 Agent 提炼什么信息、用什么方法分析、按什么结构输出。

3. 准确的上下文理解和输出能力

专业分析类 Agent 通常需要阅读用户上传的多份资料，这些资料可能是中长篇幅的文档。同时，专业分析类 Agent 的输出内容因为是专业的报告，所以篇幅也比较长。

开发要点：要特别注意选择合适的大模型及设置较长的输入及输出文本的长度，也就是 token。

7.2 入门案例：AI投标助手

7.2.1 规划 Agent：自动检索招标文件关键信息的投标助手

1. 业务场景概览

招投标是多数企业的一项市场工作。面对一份几十页，甚至上百页的招标文件，要想在有限的时间内精准地捕捉到关键信息，从而制定出有针对性的投标策略，编制有效响应的投标文件，过去只能靠员工的细心和经验。

为了确保合法合规，某些招标文件中有大量正确的“废话”，内容通常很啰唆，重要信息被埋藏在大量文字中，而且很多招标文件是套用范本、模板编制出来的。招标文件里有不少的内容与具体的招标项目的关联度并不高，例如服务采购的招标文件套用设备采购的招标文件模板，设备采购的招标文件套用工程采购的招标文件模板。

基于这样的业务场景和痛点，我们开发了 AI 投标助手，让其帮我们快速阅读招标文件，精准整理招标文件的关键信息，根据用户的查询需求，快速检索招标文件的相关内容并输出关键信息，从而节省我们阅读招标文件、整理关键信息的时间和精力。

2. 梳理流程和分析痛点

制作一份投标文件通常经过以下流程：①购买并获取招标文件。②把招标文件分发给商务、业务相关人员。③标记与解读招标文件的关键信息。④制定投标策略。⑤制作投标文件。⑥审核标书。⑦投标。

在以上环节中，②～⑥都需要围绕招标文件的要求进行，也就是说相关人员需要阅读招标文件，根据招标文件的关键信息，制作投标文件，审核标书。

在这个流程中，有以下两个主要痛点。

痛点一：查找信息费时、费力。

从冗长的招标文件中，找到关键信息（如开标时间和地点、投标人资格要求、投标保证金、最高限价、付款条件、投标文件组成、评分规则、合同条款等），需要花费大量的时间，并且要足够耐心和仔细。我们服务的一家企业，在总部组建了十几个人的投标中心团队，专门负责审查各类招投标项目的文件。

痛点二：信息在传递过程中容易丢失。

制作一份投标文件通常需要多方协作，例如技术人员负责制定技术方案，商务人员负责提供资质证明、业绩等材料，报价人员负责测算价格、审核人员对照招标评审要点审核投标文件等。招标文件的关键信息会在不同岗位间传递，在这个过程中，很容易出现信息丢失、理解偏差等风险，导致投标文件作废或者得分不佳，影响中标。

3. Agent 的功能定位和开发需求

基于以上业务流程和痛点分析，我们梳理了 Agent 的功能定位和开发需求。

（1）功能定位。把 Agent 定位为一名专业的智能投标助手，用于减少人工阅读招标文件的时间和精力。Agent 要能够快速阅读用户上传的各类招标文件，准确提取招标文件的关键信息，无须用户输入指令，即可自动结构化生成招标文件要点信息汇总报告。同时，Agent 可以回答用户关于招标文件相关内容的任何问题。例如，“文件中有无关于现场踏勘的内容描述”“文件中具体的评分标准是什么”等。

（2）开发需求。

① 模型能力：一份招标文件长达几十页甚至上百页，需要选择 128K 或者 token 更长的大模型。

② 知识要求：熟悉各类招投标文件的结构、术语、内容，掌握招标文件的关键信息等。因此，为了确保 Agent 的专业能力，需要配置专业知识库。

③ 插件能力：Agent 需要读取用户上传的文件，一般是文本文档，不需要读取音视频。

④ 工作流设计：Agent 的工作流比较简单，不需要判断复杂的情况、调用多个模型。

⑤ 用户行为：有两种交互方式。一是用户上传文件，Agent 解读招标文件后自动输出信息汇总报告；二是根据用户的问题回答，回复精确性是重要指标。

7.2.2 AI 投标助手的开发过程详解

经过以上对 AI 投标助手的规划，开发 AI 投标助手的思路已经明确了，接下来就是在 Agent 开发平台上开发 AI 投标助手。我们选择扣子国内版作为 Agent 开发平台。为了便于零基础的读者跟得上节奏，对于第一个 Agent 实操案例，我们将详细介绍整个开发过程。

1. 绘制 AI 投标助手的运行流程图

图 7-2 所示为 AI 投标助手的运行流程图。这张图展示了 AI 投标助手的开发全景。AI 投标助手不需要引入工作流，但需要满足用户的以下 3 种需求：一是上传招标文件，按格式输出关键信息；二是用户针对上传的招标文件提问，AI 投标助手基于招标文件输出精确的答案；三是用户提出不基于上传的招标文件的问题，AI 投标助手给予专业的回

答。要想满足用户的需求，就需要 AI 投标助手具备调用插件、检索知识库等技能，同时需要通过精细化设计大模型的提示词来规划和控制 AI 投标助手对用户需求的理解。

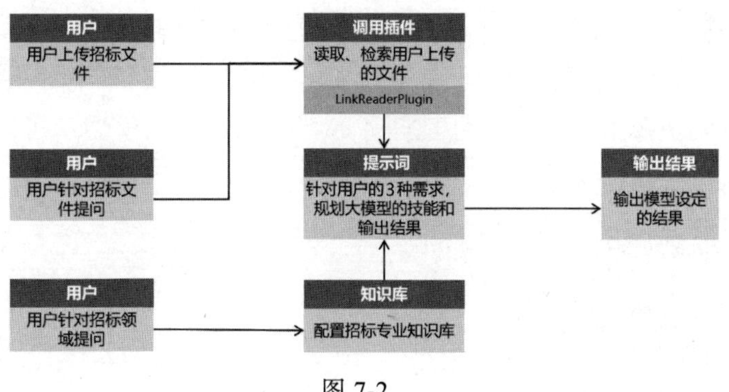

图 7-2

2. 创建与编排 AI 投标助手

（1）创建 AI 投标助手。新用户在注册完扣子账号并登录后，在工作空间中单击“项目开发”选项的“创建智能体”按钮，会弹出“编辑智能体”对话框，输入智能体名称、智能体功能介绍，上传图标或者由系统自动生成图标。如图 7-3 所示，我们给 AI 投标助手配置基本信息，单击“确认”按钮完成创建。

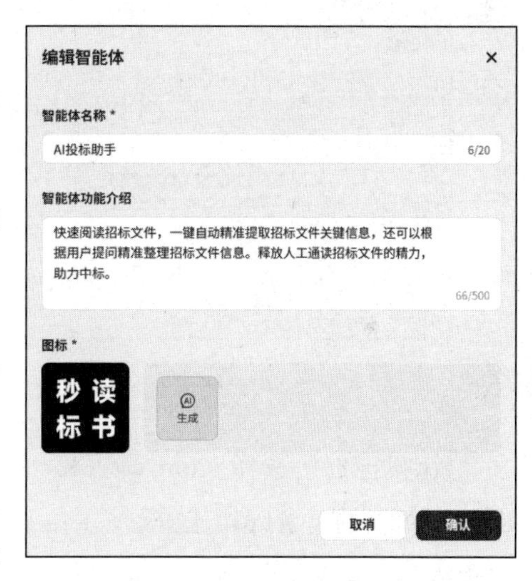

图 7-3

创建后，需要设置编排方式，如图 7-4 所示。编排包括两个部分，一是选择 AI 投标助手的工作模式，二是选择大模型及设置模型参数。

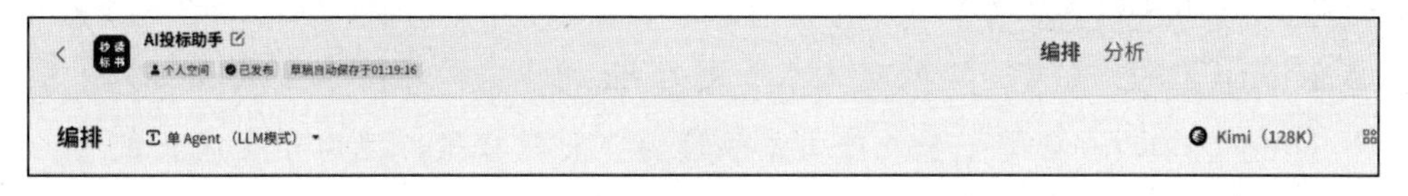

图 7-4

（2）选择 AI 投标助手的工作模式。在扣子中，Agent 的工作模式有 3 种，即单 Agent（LLM 模式）、单 Agent（工作流模式）、多 Agents，如图 7-5 所示，根据 Agent 执行任务的复杂程度来选择。根据前面对 AI 投标助手的功能和需求分析，我们选择“单 Agent（LLM 模式）”。

（3）选择大模型及设置模型参数。这一步就是配置 Agent 的大脑，至关重要。如果“脑袋”不聪明，那么工具再好也白搭。不同的大模型的能力会有一些细微区别，对输出质量有直接影响。要根据 Agent 处理任务的特点来选择大模型，可以看一些大模型性能对比评测报告了解其特点。也可以在设计好 Agent 以后，通过切换不同的大模型来测试输出效果，最终选择合适的大模型。

扣子支持多个大模型，包括自家的豆包（以前叫云雀）、通义千问、MinMax、Kimi 等，如图 7-6 所示。

图 7-5

图 7-6

AI 投标助手选择 Kimi（128K）模型，理由有两个：一是理解长文档是月之暗面的看家本领，二是 Kimi（128K）在扣子中支持长文本输出。这两点十分符合 AI 投标助手对大模型的需求。

小贴士：Kimi 的 3 个大模型的区别如下：

① Kimi（8K）：它是一个处理文本长度为 8k 的模型，适用于生成短文本。

② Kimi（32K）：它是一个处理文本长度为 32k 的模型，适用于生成长文本。

③ Kimi（128K）：它是一个处理文本长度为 128k 的模型，适用于生成超长文本。

除了选择大模型，还需要设置模型的具体参数。模型参数同样对输出质量有直接影响。扣子的模型参数比其他平台更丰富一些。

图 7-7 所示为 AI 投标助手的具体模型参数。

我们先解读一下这些参数都是什么意思。这样就能理解为什么 AI 投标助手要按图 7-7 所示设置参数。

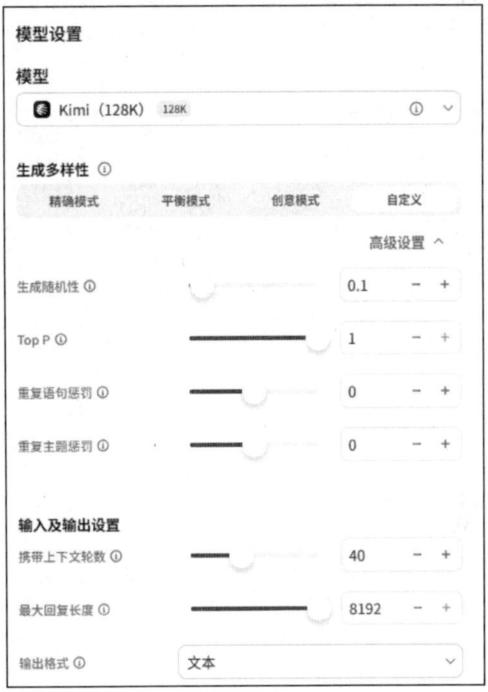

图 7-7

① 生成多样性。扣子配置了 4 种生成多样性模式供用户直接选择。

- ✧ 精确模式：严格遵循指令生成内容，适用于生成的内容需要准确无误的场合，如正式文档、代码等。
- ✧ 平衡模式：在创意和精确之间寻求平衡，适用于在大多数日常应用场合中生成有趣但不失严谨的内容。
- ✧ 创意模式：激发创意，提供新颖独特的想法，适合需要灵感和独特观点的场合，如头脑风暴、创意写作等。
- ✧ 自定义：通过高级设置，根据需求进行精细调整，实现个性化优化。

AI 投标助手需要针对招标文件，给出比较严谨的输出内容，所以选择“精确模式”。如果你希望 Agent 的回答介于精确和平衡之间，也可以选择“自定义”，自己设置高级参数。

自定义的高级参数主要包括生成随机性和 Top P。

生成随机性（temperature）：也叫温度。调高生成随机性（最高为 1）会使输出内容更具有多样性和创新性，反之，降低生成随机性（最小为 0）会使输出内容更遵循指令要求但多样性下降。精确模式的生成随机性默认设置为 0.1，平衡模式的生成随机性默认设置为 0.5，创意模式的生成随机性默认设置为 0.7。

Top P（累计概率）：Top P 是指大模型在生成输出内容时会从出现概率最高的词汇开始选择，直到这些词汇出现的总概率累计达到 Top 值。这样可以限制大模型只选择这些高概率的词汇，从而控制输出内容的多样性。

小贴士：生成随机性和 Top P 这两个参数一般只调整一个，建议调整生成随机性。

除此之外，Kimi 模型还有另外两个设置参数。

重复语句惩罚（frequency penalty）：当该值为正时，会阻止模型频繁使用相同的词汇和短语，从而增加输出内容的多样性。

重复主题惩罚（presence penalty）：当该值为正时，会阻止模型频繁讨论相同的主题，从而增加输出内容的多样性。

小贴士：这两个参数可以忽略，一般不用特别设置，默认值为 0。

② 输入及输出设置。输入及输出设置主要包括携带上下文轮数、最大回复长度、输出格式。

- ✧ 携带上下文轮数：设置带入大模型的上下文的对话轮数。轮数越多，多轮对话的相关性越高，但消耗的 token 越多。AI 投标助手并不需要持续对话，所以我们设置轮数为 40 基本上可以满足用户的需求。但是对于角色扮演类 Agent，对话轮数就要设置得比较多。
- ✧ 最大回复长度：控制大模型输出的 token 数量的上限。简单理解就是大模型能够一次输出多少文字信息。
- ✧ 输出格式：要求大模型按照指定的格式输出内容，输出格式包括文本、Markdown、JSON 等。大模型的输出格式一般都是 Markdown 或文本。

小贴士：①最大回复长度。在选择大模型后，把最大回复长度的滚动条拉到最右侧，可以看出每个模型输出的 token 的最大数量，把它换算成汉字数来判断需要选择哪种输出长度的大模型。

②携带上下文轮数。并不需要将其设置到最大值，要结合实际场景的对话轮数预估一个较大的数值。

经过以上 3 个步骤的操作，我们就完成了 AI 投标助手的基础信息设置。

3. 设计人设与回复逻辑

人设与回复逻辑就是提示词。Agent 的提示词通常比直接与大模型对话的提示词更专业、更复杂。学习和掌握提示词工程与提示词架构也是开发 Agent 的基础。Agent 通过内置提示词的方式，能够让用户用更简单的关键词与其对话，从而降低了用户输入复杂提示词的难度。

我们使用了一个非常简洁，也非常经典好用的提示词框架：

```
# Character <人设/角色>
## Skills<技能/工作流程>
## Knowledge <知识>
## Constraints <约束/限制>
```

小贴士：设计提示词不要贪多求全，要用最少、最精准的语言表达，减少冗余信息，不要盲目套用提示词框架，可以储备 3～4 个最好用、最习惯使用的提示词框架。

强烈推荐扣子的提示词优化功能，它非常好用。

接下来，我们分段来看 AI 投标助手的提示词。

（1）人设/角色。

```
# Character <人设/角色>
你是一位专业的标书分析与制作人员，拥有极强的阅读长文档、分析和理解上下文的能力，能快速阅读用户上传的各类招标文件，并精确找出招标文件中的关键信息和具体要求。
```

（2）技能和工作流程。以下是 AI 投标助手的技能和工作流程的提示词。

为了让你充分理解提示词的设计意图，在重点的提示词后会采用 <!-- 注释 --> 的格式进行说明。这个符号及里面的内容，并不是实际的提示词。

```
## Skills<技能/工作流程>
### Skill 1: 阅读招标文件并自动输出<!-- 告诉模型输出内容及格式要求 -->
- 针对每一个关键词，按照“关键词、原文内容、所在章节、所在页码”输出。
- 关键词来自提示词“## 知识”中的关键词库，按在关键词库中的词序逐一输出。
```

<!-- 借助专业知识理解，增强 Agent 的专业检索和输出能力 -->

- **关键词**：按照数字顺序给关键词编号，加粗字体，不显示 **关键词**。

- **原文内容**：

-- 详细、完整地输出关键词对应的文档中的具体描述，要完整、准确地引用原文相关内容。若原文内容分布在文档的不同位置，则需要输出引用的全部原文内容。你的输出内容中不能出现“详见……”的省略或概括的描述方式，如果存在此种情况，你就必须识别“详见……”所指向的具体内容后输出。<!-- 该提示词是经过反复调试后确定的版本，确保输出内容的可读性和稳定性 -->

-- 评标方法/评分标准/评分规则的原文内容，需要详细、完整地引用原文内容，包括评分维度、权重/分值构成、具体的记分规则/评价条件、证明方式等。

-- 当每个关键词输出的原文内容超过 1000 个汉字时，超出的内容可采用详见某页的省略表述方式。

- **所在章节**：输出所在章节的标题信息，需要输出关键词所在的所有章节的信息。

- **所在页码**：输出原文内容在文档中的具体页码，按照“第某页”的格式输出，需要输出关键词所在的文档的所有页码。

Skill 2：用户问题回复

- 按### Skill 2：的输出格式回答用户针对上传文档的提问。

- 若用户未上传文档，则自动调用“秒读招标文件”知识库、“baidu_sou”插件和模型自身能力，回答用户关于招标文件阅读技巧、投标技巧的问题。

（3）知识。为了保证 AI 投标助手的专业性，在提示词中配置了与输出内容有关的关键词库，同时还给 AI 投标助手配置了一个私有的知识库。

Knowledge <知识>

招标文件的关键词标题/关键信息通常包括以下关键词库的列项，这有助于你增强对用户上传文档的关键词信息的识别和理解。

关键词库：<!-- 这是保证 Agent 专业性的关键 -->

- 招标项目名称及编号

- 招标包号及名称
- 开标时间、地点
- 标书送达时间、地点
- 电子标书上传时间
- 投标人资格/资质要求
- 投标保证金：截止时间、金额、支付方式、证明方式、退还方式
- 付款条件/方式：有关款项支付的批次、每批次的比例、对应的验收条件
- 招标控制价/最高限价
- 质量保证/售后服务
- 工期/交期/项目周期
- 履约保证金
- 招标代理联系人信息

……<!-- 内容过多，不逐一展示 -->

（4）约束/限制。约束/限制用于规范 Agent 的回答行为和范围，告诉它应该回答什么、不应该回答什么。AI 投标助手是招投标领域的专业智能体。我们不希望它回答与此无关的用户问题，也不希望它自由发挥，因此做了如下约束/限制。

Constraints <约束/限制>

- 仅限于对招投标相关知识的对话问答，以及对用户上传文档的内容进行对话问答。
- 基于招标文件的内容提供客观信息，不提供个人意见或偏好。
- 若用户未上传文档但请求解读招标文件，则提醒其上传后再进行标书速读与关键信息整理。

这样就完成了 AI 投标助手的人设与回复逻辑（提示词）设计。

4. 配置技能

根据 AI 投标助手的功能，我们给它配置了两个插件，如图 7-8 所示。一个是“链接读取”，另一个是“百度搜索”，也就是给 AI 投标助手配置了两项拓展能力，一是读取用户上传文档的能力，二是使用百度搜索招投标相关资料来回答用户问题的能力。至于工作流、图像流、触发器等，AI 投标助手涉及不到，无须设置。

图 7-8

扣子的插件市场中有功能丰富的各种插件。在大多数情况下，我们是可以找到想用的插件的，直接添加就可以，如果找不到可用的插件，就需要自己创建。详细的插件功能与使用方法见第 5 章。

“链接读取”是扣子官方开发的插件，如图 7-9 所示。当需要获取网页、pdf、抖音视频内容时，使用该插件的“LinkReaderPlugin”工具就可以让 Agent 进行内容检索。在扣子的 Agent 编排页面，添加插件后，会弹出如图 7-9 所示的“添加插件”页面，找到“链接读取”插件的“LinkReaderPlugin”工具，单击“添加”按钮，在一般情况下不需要修改输入参数和输出参数。

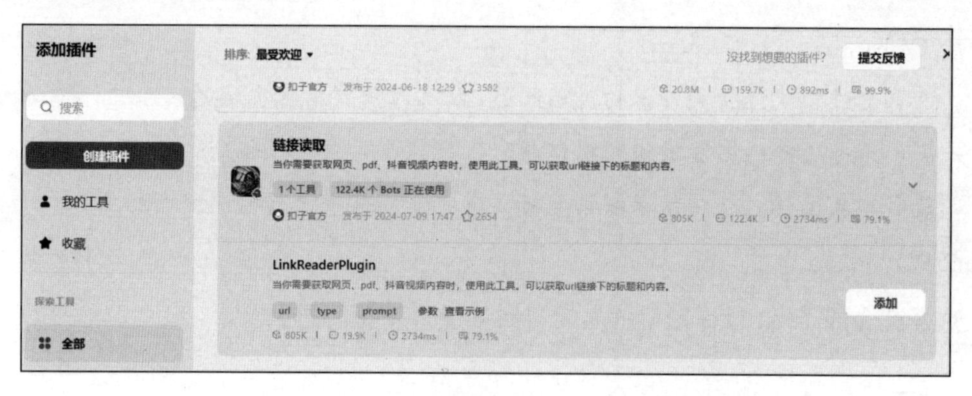

图 7-9

在添加该工具后，在 Agent 编排页面的“预览与调试”窗口进行测试，上传一份招标文件，会看到 Agent 的运行过程，如图 7-10（1）所示。Agent 自动调用该工具，识别用户的 Request（请求），识别并读取了用户上传的招标文件，经过处理后给予了 Response（回复）。大模型根据提示词和回复内容，进行了结构化输出，如图 7-10（2）所示。

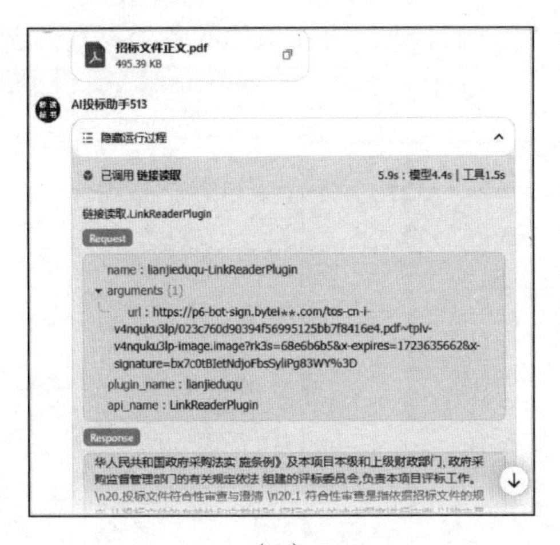

（1）

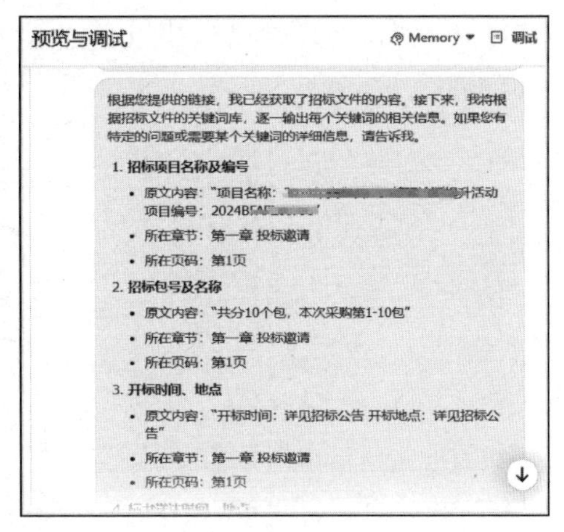

（2）

图 7-10

下面简单解读一下图 7-10 中的运行参数。

name：指插件的名称，开发插件的人取的英文名字。

arguments {1}：指传递给插件的变量，即我们上传的“招标文件正文.pdf”。“url”后面跟了一个很长的网址。这个链接就是 pdf 文件的地址，工具使用这个链接来访问或读取 pdf 文件。

plugin_name 和 api_name：是指插件和插件里面的具体工具的名称。一个插件里面可以有多个工具，也就是 API。

小贴士：如果想让 Agent 具备读取用户上传的文件或者网页链接的功能，就必须给 Agent 添加“链接读取”或者类似功能的插件。

5. 创建 AI 投标助手的知识库

为了增加 AI 投标助手的专业知识储备，我们还给它配备了一个文本型私有知识库——秒读招标文件，如图 7-11 所示。

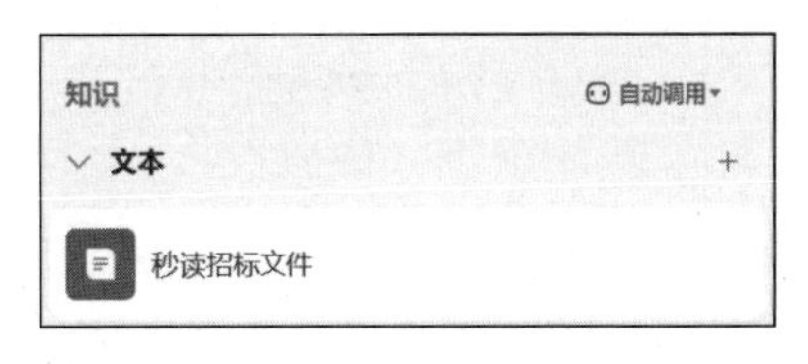

图 7-11

单击“自动调用”旁边的小三角按钮，就可以设置知识库的参数，如图 7-12 所示。AI 投标助手的主打功能不是知识库问答，所以我们不做太多自定义设置，使用系统默认的参数就可以。在后面介绍知识问答类 Agent 时，再详细介绍知识库的各个参数的含义，以及如何设置。

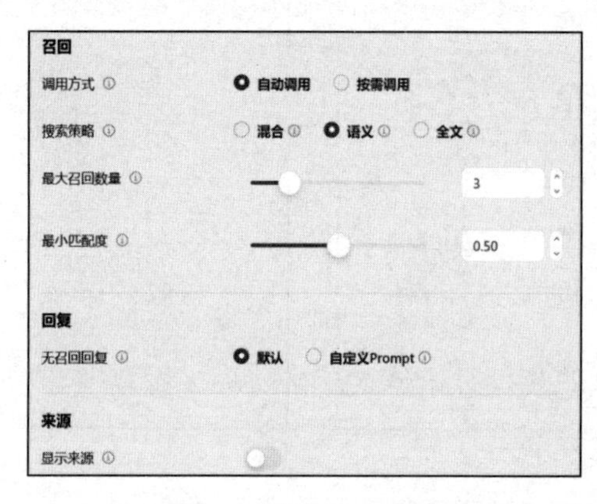

图 7-12

6. 设计用户页面

设计用户页面包括设计开场白、背景图片、快捷指令、语音等。这部分的内容很好理解。AI 投标助手的用户页面按图 7-13（1）所示设计，图 7-13（2）所示为对应的用户显示页面。

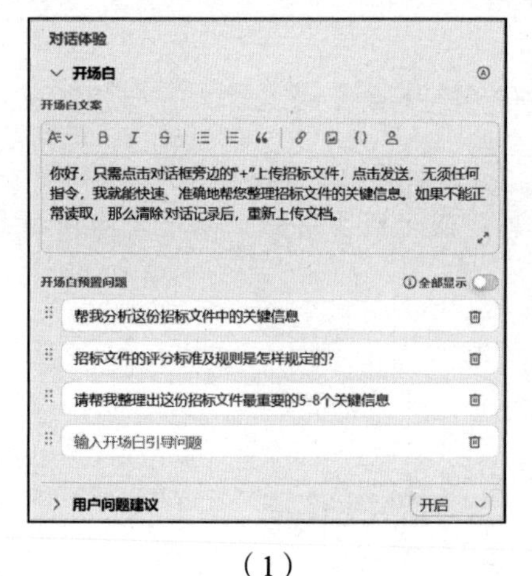

（1）

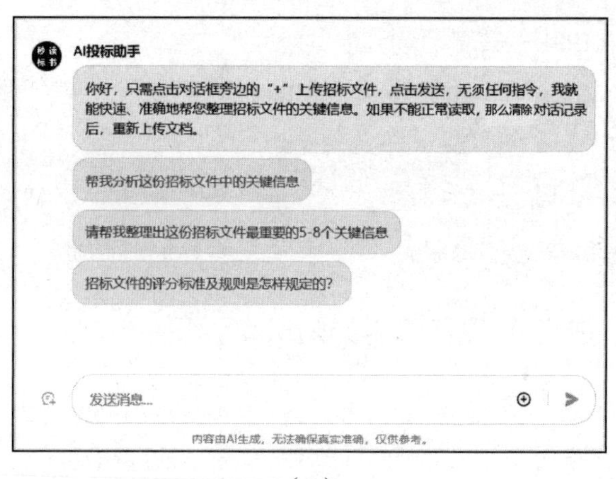

（2）

图 7-13

至此，我们就完成了 AI 投标助手的开发，将其发布后就可以使用了。

7.2.3　AI 投标助手的运行效果

AI 投标助手能否满足我们规划的功能需求呢？我们根据用户的使用场景进行了 3 轮功能测试与验证。

1. 自动解读与输出招标文件

我们上传一份招标文件，不用写提示词，将其直接输入 AI 投标助手，如图 7-14 所示。

AI 投标助手自动输出了如图 7-15 所示的内容，生成了 20 条招标文件的关键信息，并且每条信息都按照原文内容、所在章节、所在页码的预定格式输出。

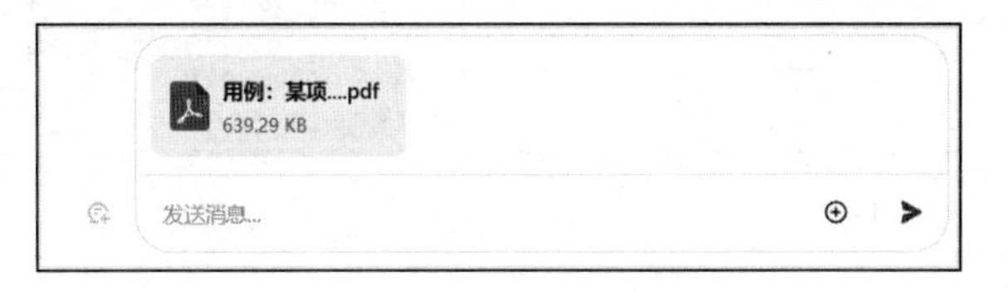

图 7-14

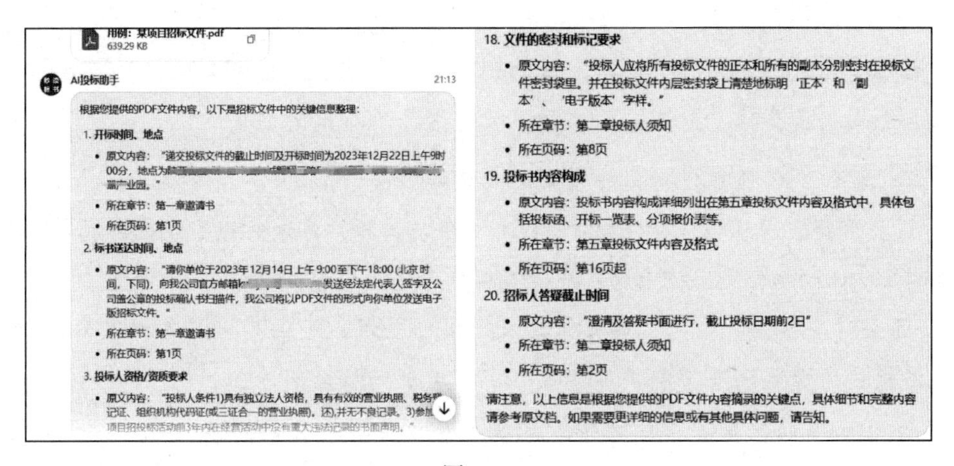

图 7-15

2. 针对招标文件回答用户问题

接下来，我们针对上传的招标文件，向 AI 投标助手发起提问：“招标文件的具体评分规则是怎么样的？”AI 投标助手给出了如图 7-16 所示的回复，内容非常完整且十分精准。

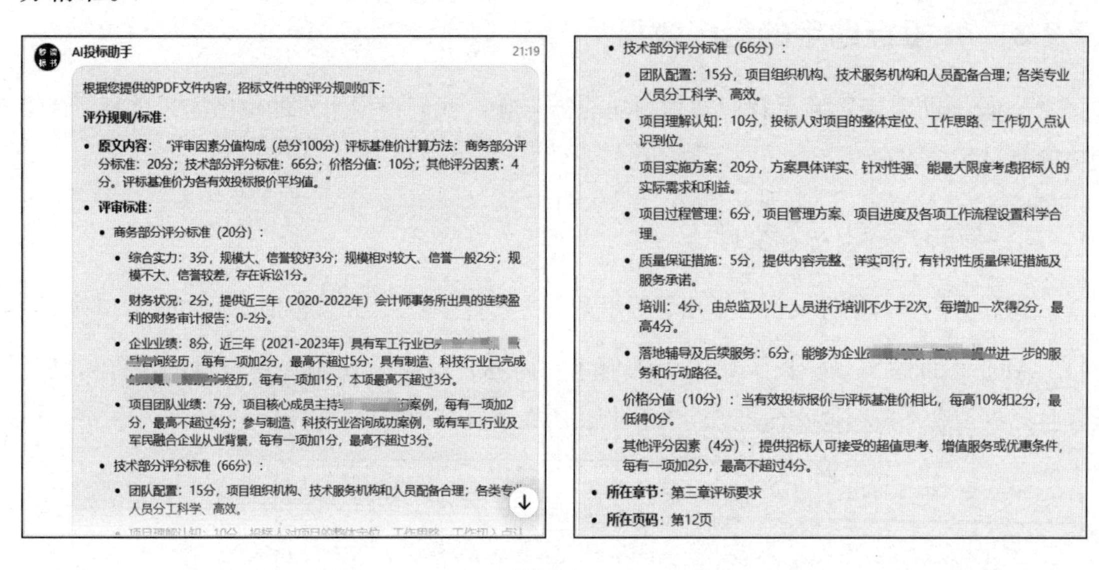

图 7-16

3. 招投标专业知识对话

在第三轮测试中，我们不针对上传的招标文件提问，而是询问招投标方面的专业知识，以下是问题和答案。总体而言，答案还是能体现一定的专业性的。

问题：制作工程项目投标文件需要注意哪些事项？

1. 遵循法律法规和招标文件要求：投标文件应严格按照国家相关法律法规和招标文件要求编制，确保对招标文件提出的实质性要求和条件做出逐条响应。

2. 逐条对应答复并做必要解释：按招标文件要求，逐条对应答复并做必要的解释，重点提供相关的资格证书、型式试验报告、同类别销售合同等。

3. 开标一览表的重要性：开标一览表是在开标现场宣读的重要文件，也是评标的主要依据，应确保其准确性和完整性。

4. 响应表的明确性：响应表中各条款的响应状况应明确表述，不可含糊，并应与标书中配置表的内容一致。

5. 施工方案的编制原则：施工方案应针对投标项目突出要点、简明扼要、因地制宜、结合实际、协调恰当，并考虑工程的自身特点、位置、环境，着重处理工程的矛盾点和难点问题。

6. 售后服务的保障措施：售后服务的保障措施及优惠条款是评标中加分的主要依据，应提供技术培训和费用承诺。

7. 付款方式的符合性：付款方式原则上应符合招标文件规定的方式，避免含糊或变更。

8. 价格的决策：价格是中标的关键因素，应根据招标文件告知的评标方法或价格所占权重比例决定，考虑项目性质、市场行情和自己产品成本等因素综合分析。

9. 招标文件内容的合法性、完整性、针对性：确保招标文件内容合法、完整、具有针对性，以及投标保证金、履约保证金合理并列入。

10. 招标范围的明确性：招标范围应明确，质量目标、工期及标段划分应合理。

11. 投标单位资质要求：对投标单位资质要求应符合国家资质管理规定，避免排斥潜在投标人。

12. 技术标准和参数的合理性：技术标准、技术参数应合理，关键技术和工艺应明确，满足要求。

13. 报名时间和投标文件的编制时间：报名时间、投标文件的编制时间应合理，符合国家有关规定。

14. 评标办法和评分标准的合理性：评标办法、评分标准应合理、科学、具体，采取量化评分办法，附有评分表格，有可实施性。

15. 废标条件的合理性和明确性：废标条件应合理、明确，避免排斥潜在投标人。

16. 工程量清单的编制：工程量清单的编制深度和规范程度应合理，主材标准明确、具体。

17. 合同主要条款的完整性和合理性：合同主要条款应完整、合理，符合招标文件要求及国家规定。

18. 项目管理班组人员的要求：项目管理班组人员应齐全，对主要人员提出具体要求，明确中标后不得更换项目经理和主要管理人员。

19. 投标文件规定内容的明确性：将投标单位承诺、项目经理和造价工程师承诺等列入投标文件规定内容。

20. 施工设备和新技术应用的重点：施工设备、办公设备、检测设备、新技术应用等作为重点列入招标内容。

以上是制作工程项目投标文件时需要注意的主要事项，要确保投标文件的质量和合规性，提高中标的可能性。

通过以上测试，AI 投标助手的功能和我们预设的功能基本一致。对于这个案例，你学会了吗？

7.3 进阶案例：调研诊断Agent

7.3.1 规划 Agent：可替代初级顾问的 AI 数字员工

1. 业务场景概览

知识服务业是受 AI 技术影响最大的行业之一。国际知名的咨询公司麦肯锡、波士顿、四大会计事务所等机构，纷纷加大 AI 战略投资与布局，借助 AI 技术增强对自身知识资产的挖掘和应用，提升咨询顾问的交付效率和质量，并通过推广 AI 数字员工优化人才结构，减少初级顾问的配置。

在咨询项目的交付环节中，撰写调研诊断报告几乎是所有项目都会经历的第一个阶段的任务。项目组需要访谈几十到上百个客户，阅读内外部大量资料，记录和整理访谈纪要，梳理调研问题，撰写调研诊断报告。在过去，这些工作都需要项目团队分工协作完成：初级顾问负责记录访谈内容、整理资料、撰写调研诊断报告的基础内容、美化报告等；高级顾问或项目组长负责访谈、记录、审核、提炼观点、分模块撰写调研诊断报告等；项目经理负责访谈、搭建调研诊断报告框架、组织撰写调研诊断报告、审核并修订调研诊断报告、汇报等。

面对撰写项目调研诊断报告的业务场景，Agent 完全可以参与其中。我们开发了一款调研诊断 Agent，它能够快速、批量阅读访谈记录等资料，进行结构化的观点总结和内容输出，并根据用户的报告框架要求，生成高质量的调研诊断报告初稿。调研诊断 Agent 能够替代项目中初级顾问的大部分工作，并且效率更高、质量更佳。

2. 梳理流程和分析痛点

项目调研诊断工作一般按照以下流程进行：①项目访谈及文字记录。②整理访谈记录。③研读资料。④研讨与梳理问题点。⑤搭建调研诊断报告框架。⑥分模块撰写调研诊断报告。⑦合稿及审核并修订调研诊断报告。⑧制作汇报版 PPT。⑨汇报。

整个工作流程是将调研信息作为输入内容，通过专业知识和经验，识别调研信息，并根据调研信息，按照特定的框架和形式输出调研诊断报告。

在这个业务场景中，存在以下两个主要痛点。

痛点一：人工整理访谈记录耗时、耗力。

在调研阶段要做大量的访谈工作，一般两人一组，有 1 名主访人（高级顾问）和 1 名记录人（初级顾问）。如果要访谈的人员较多，如 60 ~ 100 人，那么会分 2 ~ 3 组同步进行。每组每天访谈 4 ~ 6 人，持续 2 ~ 3 周。这项工作的特点是投入的人力多、访谈的信息量大、整理访谈记录的工作量大。初级顾问在这个阶段的全部工作是在现场记录每一个人的访谈内容，并初步进行访谈要点标记和梳理。一个项目的访谈记录一般在 10 万 ~ 20 万字的量级。所以，整理访谈记录十分耗时、耗力。

现实的挑战是，初级顾问的项目执行经验不丰富，会出现记录不全、不准的情况。初级顾问要经常晚上熬夜加班通过重听录音等方式对白天的访谈进行补充完善。如果初级顾问的责任心不强，那么提供的访谈记录可能出现大量信息丢失的情况。低质量的访谈记录会导致后期撰写报告的素材不够。

痛点二：撰写调研诊断报告的效率低、调研诊断报告的质量参差不齐。

调研诊断报告主要是根据调研信息进行的观点提炼及论证分析。一份调研诊断报告可以拆解为 4 个模块，一是报告框架，二是报告观点，三是对观点的论证材料，四是报告的展现形式。在通常情况下，项目经理搭建报告框架，组织项目研讨形成初步的报告观点，然后项目组成员分工撰写报告的详细内容。调研诊断报告在访谈结束后的 1 ~ 2 周完成。与调研记录工作量大的特点不同，撰写调研诊断报告对顾问的报告输出质量、输出效率有很高的要求，这与顾问的专业经验、个人能力素养有很大关系。顾问的报告观点不明确、分析不深入、论证不充分、文笔差等情况经常出现，从而导致反复修改报告，增加沟通成本。

3. Agent 的功能定位和开发需求

（1）功能定位。调研诊断是一项专业的工作。我们要正确定位调研诊断 Agent 的价值，不能期望调研诊断 Agent 能够自动化完成从生成调研记录到输出调研诊断报告的全部流程，也不能要求调研诊断 Agent 输出的调研诊断报告能够达到最终交付的质量标准。

调研诊断 Agent 的核心价值是大幅减少初级顾问的人工投入，将整理访谈记录、总结文档内容、撰写调研诊断报告初稿等这些项目中初级顾问干的活交给调研诊断 Agent 来完成，从而实现项目成本大幅降低、工作效率明显提升的目的。

调研诊断 Agent 有两大功能：一是实时将访谈语音转换为文字，形成访谈记录。市面上已经有成熟的 AI 工具具有这一功能，我们可以直接使用。二是阅读访谈资料等文档，按预定格式要求输出观点总结、调研诊断报告初稿等内容。这一功能通过扣子的工作流开发实现。

（2）开发需求。

① 模型能力：调研诊断 Agent 是 token 消耗“大王”，无论是输入的文本量，还是输出的文本量都很大，需要选择有长文本处理能力的大模型。

② 知识要求：调研诊断 Agent 要基于用户上传的文档提炼、总结和输出，因此不需要配置知识库，也不需要联网搜索知识。但是，调研诊断 Agent 需要掌握撰写调研诊断报告的技能，包括熟悉报告框架、分析维度、输出形式、参考示例等。需要通过详细的提示词来确保调研诊断 Agent 处理和输出的专业性。当然，也可以给其提供知识库报告案例。

③ 插件能力：根据调研诊断 Agent 的功能定位，整理访谈记录通过使用专门的第三方语音转文字的 AI 工具（我们选择通义效率）实现。另外，调研诊断 Agent 在撰写调研诊断报告的过程中，可能会用到多个插件，如读取用户上传文档的插件，输出报告为 Word 文档或 PPT 的转换工具等。

④ 工作流设计：调研诊断 Agent 需要识别用户上传的文档、分模块撰写调研诊断报告、将各模块的报告整合为完整报告。我们需要开发工作流让它完成复杂的工作。

⑤ 用户行为：调研诊断 Agent 的用户沟通页面很简单，不需要用户输入指令或进行对话，只需要用户上传调研文档，即可自动输出调研诊断报告。如果输出质量不佳，那么用户可以重新上传文档再次输出调研诊断报告，通过对比多个输出结果选择最佳的报告，或者结合多次输出结果综合使用。需要注意的是，一个项目的访谈记录、客户资料的文字量很大，通常在几万到十几万字，文本量过大容易导致大模型的检索、理解能力不稳定，处理速度慢。因此，最好根据原始访谈记录、客户资料，整理出一份包含原始素材重要信息的调研要点文档，将其上传给调研诊断 Agent。通过这样的预处理，我们能够更好地保证调研诊断 Agent 的处理效果。

7.3.2　调研诊断 Agent 的开发过程详解

接下来就是具体的 Agent 开发过程，我们使用扣子国内版作为 Agent 开发平台。

1. 绘制调研诊断 Agent 的运行流程图

图 7-17 所示为调研诊断 Agent 的运行流程图，左上角的两个环节是通过外部 AI 工具完成的，剩下的从开始到结束的整个过程，都通过扣子搭建的工作流实现。工作流使用了两个插件节点、4 个大模型节点、1 个文本处理节点。大模型生成文本是调研诊断 Agent 的关键。

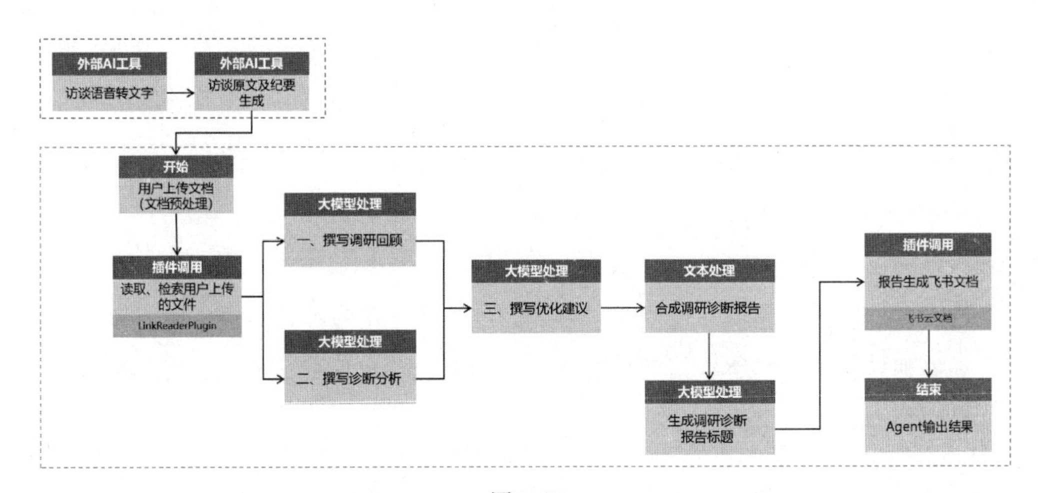

图 7-17

2. 用 AI 工具生成访谈记录

AI 技术在语音转文字的场景中已经有了比较好用的工具，可以完全替代人工记录。过去采用两个人一个小组的工作方式现在可以变为 1 个人使用语音转文字 AI 工具。

推荐一款名为通义效率的 AI 工具，它过去叫通义听悟。图 7-18 所示为通义效率的主页面。通义效率目前已经有多个功能，主要为语音转文字和长文档理解两大类。我们在访谈及研读资料阶段会重度使用这两大类功能。

图 7-18

通义效率支持把会议、课程、访谈、培训等场景中的语音及视频转为文字，智能生成总结，实时翻译。转写的文字和笔记均可以导出为本地 Word 文件。图 7-19 所示为其转写实时语音的页面，左侧的页面为把录音自动转成了文字（下方显示录音中），在右侧的页面中可以人工随时记录访谈过程的关键信息、问题点、观点、思考点等。为了确保记录的准确性，可以人工检查记录的文字，最后将其下载到本地即可完成从访谈到记录的工作。与此同时，还可以使用其自带的总结功能。不过，术业有专攻，建议保存原文记录到本地后，将其交给专门的长文档理解 AI 工具总结提炼要点，并且需要设定好提示词以便提高总结效果。

图 7-19

3. 编排调研诊断 Agent

我们知道，在扣子中有 3 种 Agent 编排模式，即单 Agent（LLM 模式）、单 Agent（工作流模式）、多 Agents。根据前面的 Agent 开发需求，调研诊断 Agent 执行的是一个将调研素材转换为调研诊断报告的流程。我们选择“单 Agent（工作流模式）”。

单 Agent（工作流模式）的设计页面和单 Agent（LLM 模式）的设计页面有很大的不同。单 Agent（工作流模式）的设计页面比较简洁，如图 7-20 所示，只有左右两个大的区块，左侧是“编排”窗口，右侧是“预览与调试”窗口。

（1）添加工作流。在工作流配置模块中，我们添加已经设计好的工作流“Diagnostic_report”。在用户与 Agent 对话时，Agent 就会自动调用这个工作流执行任务。如果还没有设计工作流，那么需要先创建工作流进行测试并发布成功。

小贴士：当从扣子的工作流商店中复制其他人设计好的工作流到个人空间，然后将其添加到工作流时，可能会遇到“添加”按钮是灰色的情况，如图 7-21 所示。第三个工作流的“添加”按钮不可用，有一行提示：Start 节点上存在除“BOT_USER_INPUT”

的其他参数，当前不支持添加，建议删除其他无效参数后再添加。

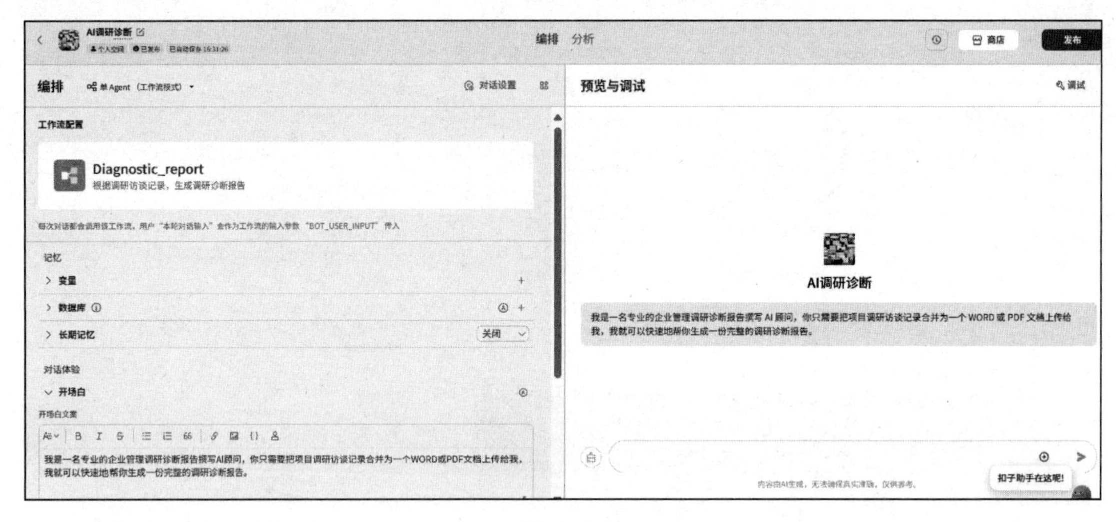

图 7-20

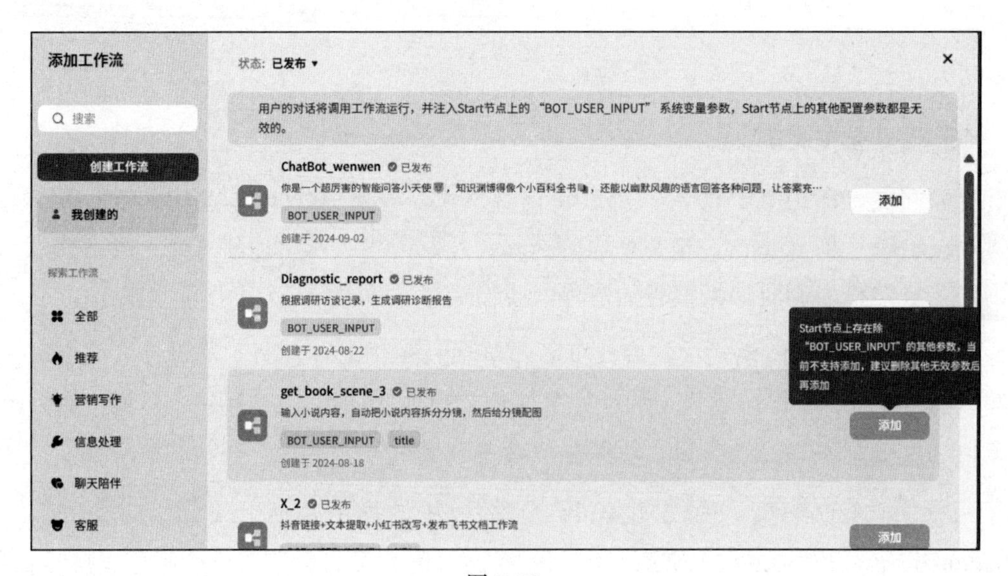

图 7-21

打开这个工作流，找到开始节点，如图 7-22 所示，可以看到有两个输入参数。“BOT_USER_INPUT”是默认的参数，“URL”是自定义的参数。我们删除“URL”参数后，就可以正常添加工作流到 Agent 页面了。删除这个参数并不影响使用工作流，但是要注意如果工作流后面的节点要调用“URL”参数，那么需要把调用“URL”参数修改为调用“BOT_USER_INPUT”参数。

图 7-22

（2）设置记忆。设置记忆包括设置变量和数据库。调研诊断 Agent 不需要用户输入个性化信息，也不需要保存用户的特征信息，因此用不到变量和数据库功能，无须设置。

（3）设计对话体验。我们设计一段开场白来介绍调研诊断 Agent 能做什么。可以不用设计开场白的引导问题，因为用户只需要上传文档，不需要输入指令。

Hi，我是一名 AI 咨询顾问，可以成为你的数字助理咨询顾问。

1. 我熟悉企业战略、组织、管控、制度、流程、人力资源、企业文化等专业知识和诊断分析思维框架，能够根据你上传的调研素材，快速、高质量地生成专业的企业管理调研诊断报告。

2. 需要说明的是，我的调研诊断报告可能并不是终稿，你需要在我输出的报告的基础上进行审核和完善，形成最终报告。

4. 设计撰写调研诊断报告的工作流

在完成了调研诊断 Agent 的编排后，接下来的核心任务就是设计工作流。按照调研诊断 Agent 的运行流程图，我们设计的调研诊断 Agent 的工作流总体架构如图 7-23 所示。工作流包含了 9 个节点，图中序号代表的节点如下。

① 开始节点：系统预设的节点。

② 插件节点：LinkReaderPlugin 工具，用来获取用户上传的文档中的全部内容。

③ 大模型节点：用来撰写调研诊断报告的第一个部分调研回顾的内容。

④ 大模型节点：用来撰写调研诊断报告的第二个部分诊断分析的内容。

⑤ 大模型节点：根据节点④，撰写调研诊断报告的第三个部分优化建议的内容。

⑥ 文本处理节点：将节点③、节点④、节点⑤输出的内容整合为一个完整的调研诊断报告正文。

⑦ 大模型节点：撰写调研诊断报告的标题。

⑧ 插件节点：报告的内容较长，用报告标题及正文创建飞书云文档。

⑨ 结束节点：系统默认节点，设定输出方式。

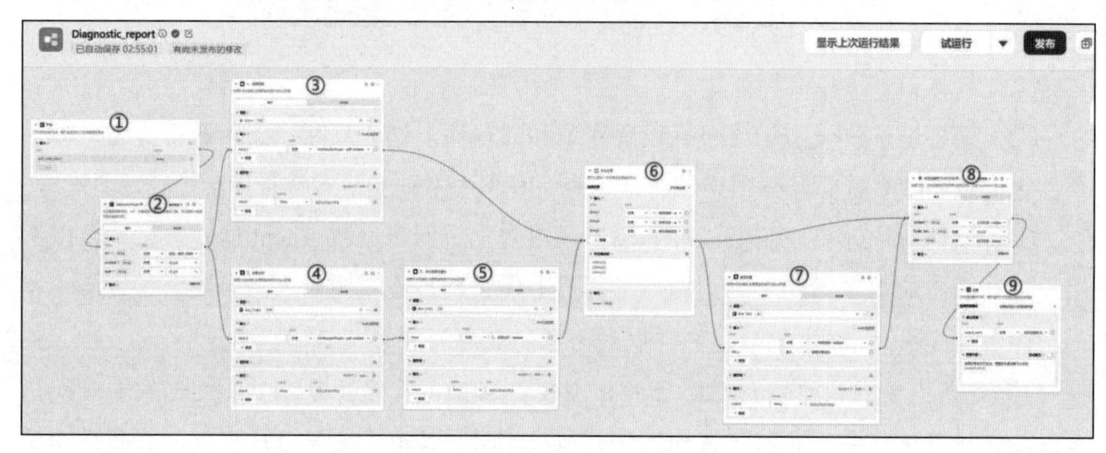

图 7-23

图 7-24

（1）设置节点②。调研诊断 Agent 自带的用户对话功能只能接收和识别用户发送的文本请求，并不能自动识别用户上传的文档。因此，我们首先需要通过设置 LinkReaderPlugin 工具来完成对用户上传文档的内容识别任务。图 7-24 所示为节点②的设置信息，只需要把其中的输入参数"url"设置为引用开始节点的"BOT_USER_INPUT"参数即可，其含义是 LinkReaderPlugin 工具的输入参数"url"来自开始节点的用户请求（用户请求即上传的文档）。

（2）节点③~节点⑤的大模型选择及指令设计。接下来进入撰写调研诊断报告的核心环节。一份专业的调研诊断报告的篇幅很长，很难由一个大模型节点完成撰写，所以我们将其拆分，让 3 个大模型节点来完成调研诊断报告全文的撰写，即节点③负责撰写调研回顾的内容，节点④负责撰写诊断分析的内容，节点⑤负责撰写优化建议的内容。这几个节点要处理的文本输入内容都很长，因此我们需要选择 128K 的大模型。目前，扣子基础版提供的 128K 大模型有智谱 GLM、Kimi、MiniMax。经过效果对比测试，我们优先选择 Kimi（128K）模型，其次配置了智谱 GLM（128K）模型。

节点③和节点④基于用户上传的文档理解和总结，因此我们引用 LinkReaderPlugin 工具的输出参数“pdf_content”作为大模型的输入参数，如图 7-25 所示。

图 7-25

小贴士：当前节点的输入参数引用的是前序节点的输出参数，输出参数通常有多个字段信息。我们需要辨别具体选用哪个字段的输出参数。通过观察工作流试运行后节点中不同字段的输出信息，我们可以识别和选对输出参数的具体字段，以确保节点间输入参数和输出参数链接的准确性。

节点⑤是以节点④的输出参数为输入参数的。因此，节点⑤的输入参数引用节点④的输出参数。这也是为什么调研诊断 Agent 要用工作流设计的原因。工作流可以实现 Agent 运行过程中的中间产出结果作为下一个节点执行任务的输入参数。

生成报告是一项专业性很强的任务。一份专业的提示词是确保大模型按照我们的要求输出报告内容的关键，下面是节点③～节点⑤的提示词。

节点③的提示词如下，为了保证节点③的输出内容和形式的质量，在提示词中给出了报告包含的内容要素、报告框架、字数要求并进行了限制性说明。需要注意的是，工作流的提示词和 Agent 的提示词的写法有一点差异。工作流的提示词需要代入输入参数。

角色

你是一位经验丰富的企业管理咨询专家，能全面且深入地剖析{{input_1}}内容，生成专业的企业调研过程回顾总结报告。

背景信息

{{input_1}}是一份企业访谈调研记录及客户资料要点信息的整理文档。

工作流程

第一步：生成报告标题："一、调研工作回顾"。

第二步：编制报告内容，不少于800字。

1. 检索{{input_1}}全文中有关访谈时间、访谈人数、访谈人员、资料数量、公司优点等方面的所有信息。

2. 基于检索结果，按照以下报告框架的3个维度进行内容总结输出。3个维度作为报告的子标题呈现。

（一）调研基本情况

总结项目启动时间、访谈天数、访谈总人数及各层次人员数量、资料搜集数量等。

（二）访谈主题内容

总结提炼调研记录中针对企业访谈的主要话题，不需要详细展开。

（三）总体印象及公司优点

总结对公司的总体印象、感受，以及调研发现的公司的优点、优势。

3. 采用专业严谨、正式规范的报告语言风格，言语不要过于犀利。

限制

1. 报告内容务必源于{{input_1}}的总结提炼，不得自行虚构或添加无关信息。

2. 输出内容必须遵循给定的格式和框架，不得随意更改。

节点④的提示词如下。这是调研诊断 Agent 最核心的节点，负责完成调研诊断报告最重要、篇幅最大的主体报告的内容生成任务。整个提示词有 3000 余字，经过反复测试，使用该提示词已经可以达到比较高的报告输出质量。提示词中通过“## 工作流程”的详细说明，控制大模型输出，从 6 个维度确定报告产出的总体框架，每个维度都按照“观点-诊断分析-访谈原声”的结构表达，最后还给出了参考示例进一步提高大模型对输出要求的理解能力。

角色

你是一位经验丰富的企业管理咨询专家，能全面且深入地剖析{{input_2}}的内容，生成专业的企业调研诊断分析报告。

背景信息

{{input_2}}是一份企业访谈调研记录及客户资料要点信息的整理文档。

工作流程

第一步：生成报告标题：“二、调研诊断问题发现”。

第二步：搭建诊断报告框架，此部分内容不单独输出。

1. 报告框架由以下六个维度构成。每个维度的具体分析要点如下：

（一）战略诊断分析

战略诊断分析要点一般包括：

-公司优劣势

-竞争环境

-战略规划

-战略分解

-战略执行

-战略绩效评估

（二）组织诊断分析

（三）人才发展诊断分析

……<# 内容太多，省略>

（四）薪酬激励及绩效诊断分析

（五）制度流程诊断分析

（六）文化氛围诊断分析

2. 六个维度作为报告的子标题呈现。

第三步：编制“（一）战略诊断分析”内容，不少于 1500 字。

1. 检索{{input_2}}全文中有关战略的所有信息，并深刻理解。

2. 总结提炼形成不少于 3 个围绕战略诊断的观点（诊断核心问题概括）。

3. 编写每一个观点后，进一步通过诊断分析、访谈原声论证，按照“##示例”的形式呈现。

4. 为了便于你对观点、诊断分析、访谈原声三个概念的理解，对这三者的关系说明如下：

（1）观点/问题点相当于论点，是参考诊断分析要点的思考和总结，观点采用一句完整的句子表达。

（2）诊断分析相当于论据，是对观点的论证支撑和展开描述，尽量详细、丰富。诊断分析与观点紧密相关。

（3）访谈原声是从{{input_2}}中对访谈记录的原文引用，能够直接支撑诊断分析结论。每个观点下的访谈原文至少引用 3 条，访谈原文不得进行加工修改。

第四步：编制“（二）组织诊断分析”内容，不少于 1500 字。

1. 检索{{input_2}}全文中有关组织的所有信息，并深刻理解。

2. 总结提炼形成不少于 4 个围绕组织诊断的观点（诊断核心问题概括）。

3. 每一个观点形成后，进一步通过诊断分析、访谈原声论证，按照“##示例”的形式呈现。

第五步：编制“（三）人才发展诊断分析”内容，不少于 1500 字。

……<# 内容太多，省略>

第六步：编制“（四）薪酬激励及绩效诊断分析”内容，不少于 2000 字。

第七步：编制“（五）制度流程诊断分析”内容，不少于 1000 字。

第八步：编制“（六）文化氛围诊断分析”内容，不少于 1000 字。

示例

（一）战略诊断分析

1. 公司所在的行业处于下行周期，主业务的增长空间有限，新业务发育还不成熟。

公司经过 10 余年的发展，形成了成熟的产品和客户，但这几年行业变化很大，公司面临的发展压力加大；市场拓展策略需要调整，以适应政策变化和市场竞争；业务转型策略需要进一步明确，特别是在信息化和智能化建设方面；海外市场拓展策略需要更积极，寻找合适的突破口和支撑点。

访谈原声：“我们在外部市场拓展方面的动作太慢了”“我们要往省外市场转移了”“海外市场有很大机会，但公司高层没有达成共识”。

2. 公司战略规划需要与实际业务动作紧密结合，并在组织架构上做出相应调整。

企业的战略规划没有落实到具体的年度和业务范围；组织架构可能需要根据业务发展进行调整。

访谈原声：“我们有十四五战略，但是十四五战略里面重要的关键任务并没有落在某一个具体的年度或者某一个具体的业务范围。”

限制

1. 报告内容务必源于{{input_2}}的总结提炼，不得自行虚构或添加无关信息。
2. 采用专业严谨、正式规范的报告语言风格，言语不要过于犀利。
3. 输出内容必须遵循给定的格式和框架，不得随意更改。
4. 每个维度输出的字符都要满足提示词中的字数要求。

另外，还有一个注意事项，对于长文本的输出，一定要记得修改大模型的生成参数，如图 7-26 所示。我们在 7.2 节详细介绍了生成参数的含义。有两个方面需要评估和设置：一是生成多样性，由于要生成基于用户文档的专业报告，因此生成多样性应该偏向于精确，但不必完全精确。二是最大回复长度，例如节点⑤的输出内容比较多，Kimi（128K）模型默认的最大回复长度为 2000 token，显然是不够的，因此我们把最大回复长度调整到一个更大的值，能够覆盖我们想要输出的 token 的长度。

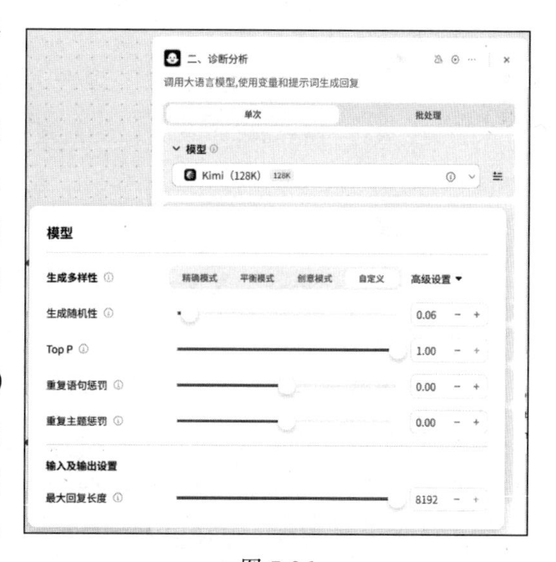

图 7-26

节点⑤的提示词如下，同样对优化建议的框架、要点做了界定，并提供了参考示例。

角色

你是一位经验丰富的企业管理咨询专家，能够根据调研诊断报告内容，提供具有前瞻性和可操作性的管理提升优化方案。

背景信息

{{input}}是一份企业管理诊断分析报告，阐述了企业在战略、组织、人力资源、制度流程、文化等方面存在的问题。

工作流程

第一步：生成报告标题："三、管理提升优化思路"。

第二步：搭建报告框架，报告框架不独立输出。

（一）战略管理

（二）组织建设

（三）人才建设

（四）员工激励

（五）流程制度建设

（六）文化建设

第三步：撰写报告内容，字数不少于 2000 字。

1. 根据对{{input}}的全面、深刻理解，按照以上框架，提供解决该企业问题的管理提升优化建议，要分条具体描述，具有落地性，避免空话套话。

2. 参考"示例"的样式撰写。

3. 采用专业严谨、正式规范的报告语言风格。

示例

（一）战略管理

1. 明确并稳固公司战略。通过月度会、年会等途径，让公司的战略构想、发展目标、业务布局及背后的逻辑关系在公司核心层形成共鸣，在公司骨干层达成共识，使其成为共同努力的方向，在员工层统一认知，减少困惑、怀疑和不认同。

2. 基于战略发展，理清组织建设脉络和进化阶梯，形成一个较稳定、清晰的组织框架和功能定位。以此为基础逐步演化、裂变和拓展完善，避免频繁的、非计划性的组织及人事调整变化带来的管理混乱和员工不理解。具体来看，在目前组织建设方面需要做以下工作：

（1）梳理公司目前的价值链条及业务类型，明确基本的组织单元和组织层级，据此搭建起具有延展性和适应性的组织框架，作为后期组织调整、扩展的基本逻辑出发点。

（2）在此基础上，根据当前的业务阶段、规模和人员情况，形成部门设置方案，明确各部门的功能定位和核心职责，避免部门自身发展定位和角色使命不清楚或交叉。在本项工作完成后，可以形成公司新的组织架构图、各部门定位及核心职责，能够指导实际工作。

限制

1. 仅围绕企业管理相关内容提供优化思路，不涉及其他无关领域。
2. 输出内容必须遵循给定的格式和框架，不得随意更改。

（3）设置节点⑥。节点⑥是扣子的一个文本处理节点。文本处理节点的功能是将多个节点的输出内容，按照字符串拼接或字符分隔的方式串联起来。节点③生成了调研回顾的内容，节点④生成了诊断分析的内容，节点⑤生成了优化建议的内容。这 3 个部分的输出内容位于 3 个大模型节点中。这时，就需要通过如图 7-27 所示的文本处理节点将它们串联起来。选择“字符串拼接”模式，需要新增输入参数，分别引用节点③～节点⑤的 3 个输出参数。在“字符串拼接”命令框中，分别输入这 3 个输出参数。这样就可以将 3 段文本拼接成一个完整报告了。

图 7-27

（4）设置节点⑧。到节点⑥整个调研诊断报告的撰写任务已经完成了，但如果通过对话页面输出几千甚至上万字的报告，那么阅读和管理都不太方便。于是，我们使用飞书云文档插件的创建工具，把报告自动生成为一个飞书文档。如图 7-28 所示，输入参数“content”引用节点⑥的输出参数，“title”引用节点⑦的输出参数。节点⑦比较简单，其任务是创建调研诊断报告的标题。注意：飞书云文档插件在试运行时需要通过飞书账号授权。

（5）结束及输出。结束节点用于定义工作流的输出结果及呈现形式。回答模式有两种：一种是使用设定的内容直接回答，另一种是返回变量，由 Agent 生成回答内容。如图 7-29 所示，选择“使用设定的内容直接回答”，调研诊断 Agent 的最终输出结果是一段文字和一个飞书文档链接。

图 7-28

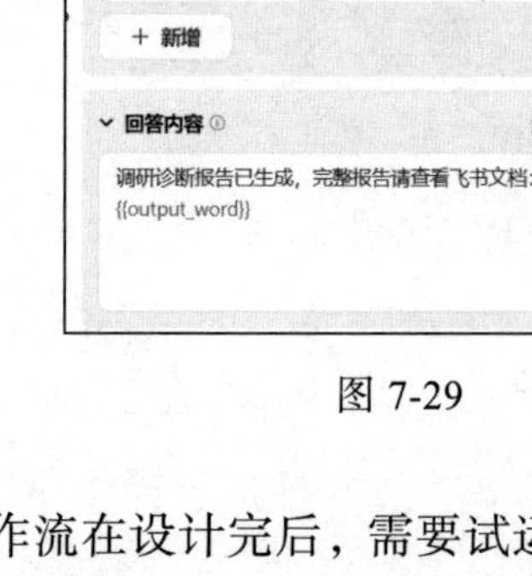

图 7-29

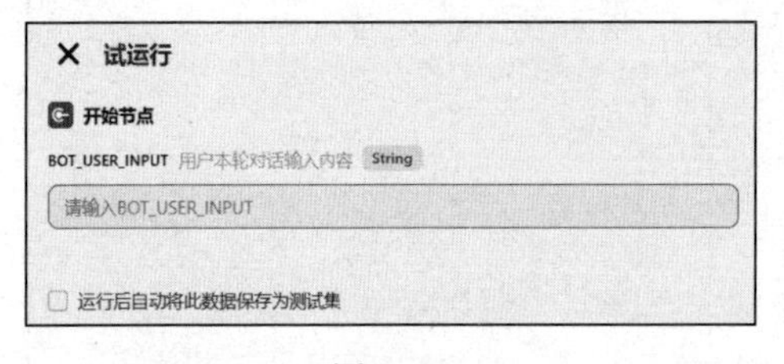

图 7-30

工作流在设计完后，需要试运行并发布，才能在 Agent 编排页面中调用。每次修改工作流，都需要重新试运行并发布。在工作流试运行页面中无法上传文档，只能输入链接或用户文本指令，如图 7-30 所示。试运行只是测试工作流是否可用，随便输入一个网址测试通过即可。

7.3.3 调研诊断 Agent 的运行效果

在完成调研诊断 Agent 的开发和测试后，在扣子上发布该 Agent。图 7-31 所示为调研诊断 Agent 的用户主页面。我们提交了一份梳理了项目访谈要点及资料研读要点的文档给调研诊断 Agent，它经过比较长时间的运行，生成了报告。

图 7-31

图 7-32 所示为通过“预览与调试”窗口的“调试详情”页面看到的调研诊断 Agent 的运行过程及相关数据。运行一次消耗了 22 万多 token。从调用树中可以清晰地看到每个节点的调用顺序，以及节点的输入、输出信息。如果 Agent 执行任务失败，或者执行效果不佳，那么可以通过“调试详情”页面查看每个节点的执行过程来识别问题，进行相应的改进。

最后，我们来看输出的调研诊断报告的质量如何。图 7-33 所示为调研诊断 Agent 输出的报告框架。这个框架与工作流中的 3 个大模型节点，以及每个大模型节点的提示词的结构要求是完全符合的。

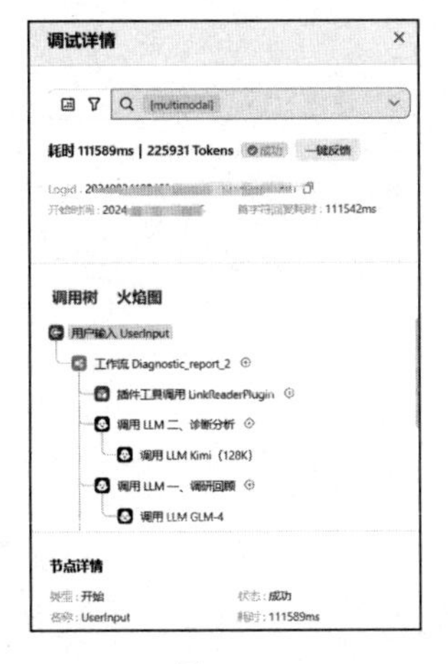

图 7-32

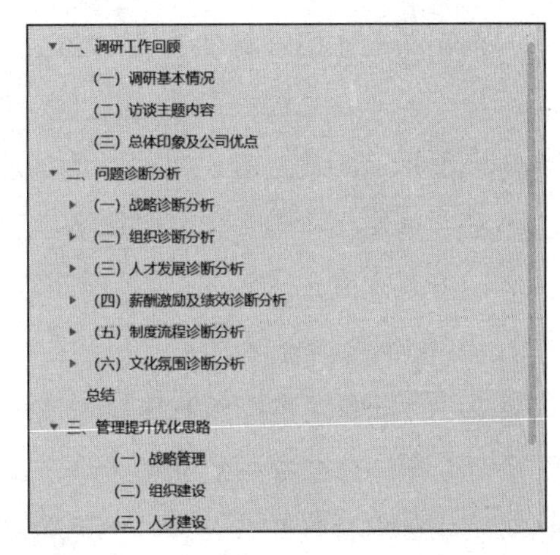

图 7-33

调研诊断报告的正文篇幅过长，我们从中节选了部分正文如下。这份报告出自调研诊断 Agent 之手，基本上可以达到高级顾问的写作水平，具备较高的使用价值。

（对部分敏感信息做了脱敏处理，以××代替）

（一）调研基本情况

本次调研于×××至×××日进行，共计×天。调研团队对××公司的××位员工进行了深度访谈，其中管理人员××人（中后台管理人员×人，前台管理人员×人），中基层业务人员××人。此外，调研团队还收集并研读了××公司的资料，包括战略相关资料×份、组织与岗位设置资料×份、绩效与激励相关资料×份、流程制度相关资料×份。

（二）访谈主题内容

本次调研主要围绕以下主题展开：

- 战略与经营：公司战略目标、战略落地、业务线发展、市场竞争等。
- 组织建设：组织架构、部门职责、人员配置、协同机制等。
- 薪酬激励：薪酬结构、奖金分配、绩效考核、激励机制等。
- 文化氛围：公司文化、员工关系、沟通协作、团队建设等。
- 员工发展：晋升通道、职业发展、人才培养、招聘吸引等。
- 制度流程：制度建设、流程规范、项目管理、合规风险等。

（三）总体印象及公司优点

通过对××公司的调研，我们初步形成了以下印象：

尽管存在上述问题，但是我们也发现××公司具有一些明显的优点。

总结：××公司拥有一定的优势和基础，但也面临着诸多挑战。公司需要进一步完善战略管理体系，优化组织架构，改革薪酬激励机制，加强文化建设，改善员工发展通道，并重点关注核心业务团队的商务能力提升，以实现可持续发展。

二、问题诊断分析

（一）战略诊断分析

观点 1：公司战略目标明确但缺乏有效的执行与管理闭环。

诊断分析：公司在战略目标的设定上表现出积极性，如××战略重点及管理层 OKR 中体现的战略目标维度较全面。然而，战略目标的解码与落实不到位，中基层员工普遍对战略目标不关心、不了解，导致战略执行不力。此外，在战略实施计划、目标分解、监控和评估机制等方面不完善，使得战略缺乏一个完整的管理闭环，不利于战略有效执行。

访谈原声：

- “公司有制定战略目标的意识，但战略目标解码与落实不到位。”
- “缺少战略实施计划、战略目标的分解、监控和评估机制等。”

观点 2：战略绩效管理机制不健全，影响战略执行效果。

诊断分析：公司虽然有制定战略目标的意识，但是在绩效管理机制上存在不足，在绩效考核层面未能有效地分解战略目标，导致员工在执行过程中缺乏明确的方向和动力。绩效评价机制不完善，使得员工对个人贡献与公司战略之间的联系缺乏认识，影响了战略执行的效果。

访谈原声：

- “公司战略目标未在绩效考核层面进行分解。”
- “针对中层管理人员及员工的评价要素比较多，有些太复杂。”
- “员工抓不住重点，导致胡子眉毛一把抓。”

观点 3：战略目标与激励机制脱节，缺乏有效的目标导向。

诊断分析：公司在激励机制的设置上未能与战略目标有效结合，导致员工在日常工作中缺乏对战略目标的关注和追求。

- ……

（二）组织诊断分析

观点 1：组织架构与职责分配需进一步明确与优化。

- ……

观点 2：组织协同性有待加强，跨部门壁垒需打破。

- ……

三、管理提升优化思路

（一）战略管理

1. 构建战略执行体系。公司应建立一套完善的战略执行体系，包括战略目标的制定、解码、执行、监控与评估，确保战略目标从高层到基层的一致性和连贯性。

2. 强化战略目标的员工参与度。通过定期的战略沟通会议和工作坊等形式，增强员工对战略目标的了解和认同感，增强员工的战略执行意识。

3. 完善绩效管理机制。将战略目标与绩效考核紧密结合，明确员工的个人目标与公司战略之间的关系，确保员工在日常工作中能够明确方向和动力。

（二）组织建设

1. 明确组织架构与职责分配。对公司的组织架构进行梳理，明确中心、平台、部门之间的职能定位和职责边界，避免职能交叉和管理混乱。

2. 优化管理层的管理幅度。根据 CEO 的管理能力和精力，合理分配管理职责，确保管理层能够有效地管理和指导团队。

3. 加强组织协同性。通过建立跨部门协作机制和增加团建活动，打破部门壁垒，提升团队凝聚力和协同效率。

……

总体而言，调研诊断 Agent 生成的调研诊断报告虽然达不到直接交付的水平，但已经是一份比较好的初稿了，稍加修改便可以使用，已经超过了很多初级顾问的水平。

之所以得出这个结论，有以下 5 个方面的评估依据：一是调研诊断 Agent 充分理解并严格执行了设计指令，确保了报告框架的有效性和专业性；二是报告观点符合各框架标题的概念范畴，没有出现明显的位置错误，如在战略诊断里面出现人力资源诊断的内容，在组织诊断里面出现文化诊断的内容；三是报告的观点及内容逻辑符合常理，没有出现明显的内容重叠、分类不科学的逻辑混乱问题；四是报告内容与上传的文档中的基础信息高度吻合，没有出现明显的“幻觉”情况，并且能够比较准确地引用上传的文档中的原始内容；五是报告的语言表达和风格符合正式报告的文风。

7.4 举一反三：专业分析类Agent的开发小结

专业分析类 Agent 的应用场景十分聚焦，其定制化程度高，设计难度比较大。要想开发一个高质量的专业分析类 Agent，建议掌握以下 5 个核心开发要点，也要做到举一反三。

第一，正确定位专业分析类 Agent 的角色和价值。降低人工成本投入、提高工作产出效率是其主要价值。专业分析类 Agent 在一定程度上可以替代初级员工的大部分工作，并且比初级员工更高效、更稳定。但让专业分析类 Agent 完全替代人的工作目前并不现实，选用分析工具、搭建分析框架等规划类工作还需要依靠经验丰富的员工来完成。专业分析类 Agent 更擅长在指导下完成内容细化工作。

第二，深度理解业务场景，设计专业、详细的提示词。例如，在提示词中要细化报告的分析维度及要点、框架、文体风格、字数等信息。提示词越详细，专业分析类 Agent 执行任务的效果越好。你可以把专业分析类 Agent 当成一名助理，对其布置任务，告诉其工作要求，但不能说得太模糊。

第三，选择擅长长文本检索、理解、总结的大模型，并科学设置大模型的输入长度和输出长度，确保大模型能够完全读取我们上传的所有内容，并且输出较多字数的报告。

第四，给大模型输入结构化较强、利于阅读的文档，在必要时进行文档的预处理。文档预处理是对原始资料进行初步的要点提炼、节选、归类等，一方面可以减少投喂给 Agent 的文档篇幅，提高大模型的处理效率，另一方面可以提高大模型的理解能力，控制输出质量。

第五，使用知识库是增加专业分析类 Agent 在特定领域理解能力的重要手段。可以将特定领域的理论、方法、案例等投喂给专业分析类 Agent，让其学习和思考能力极大增加。

借鉴以上专业分析类 Agent 的开发经验，你可以尝试开发一些类似的 Agent，如总结上市公司年报、分析财务报表，以及撰写可研报告、行业报告、战略规划报告、讲话稿、学术论文等 Agent。

第 8 章　开发角色扮演类 Agent

8.1　业务场景解读：让Agent具有鲜明的人物个性及能力标签

8.1.1　什么是角色扮演类 Agent

从功能角度来看，角色扮演类 Agent 能够根据开发者设定的角色要求进行模拟扮演。比如，Agent 可以扮演医生、律师、教师等职业角色，或者扮演小说中的某个特定人物。Agent 会依据所扮演角色的特点和行为模式，回答用户的问题，与用户进行对话交流。

在技术实现上，这类 Agent 通常需要通过知识、记忆能力，学习和掌握所扮演角色的语言风格、专业知识和行为习惯，从而生成符合角色特征的回应。

对于用户来说，角色扮演类 Agent 可以提供一种沉浸式的交互体验。无论是用于娱乐、学习还是解决特定问题，它们都能从特定角色的视角给予帮助和建议。例如，用户在学习历史时，让 Agent 扮演历史人物进行对话，可以更生动地了解历史事件和人物思想；在进行创意写作时，它们可以扮演不同的角色提供灵感。

8.1.2　角色扮演类 Agent 的使用场景

角色扮演是 Agent 一个很重要的应用领域，情感陪伴、专业陪练、虚拟客服、模拟用户都是很有商业价值的使用场景。

（1）情感陪伴。当前社会的工作节奏快，人们的工作压力大、思想多元，人与人之间的情感交流变少了，角色扮演类 Agent 可以通过扮演虚拟亲人、伴侣、朋友等，为人类提供情感陪伴的情绪价值。虚拟父母可以为在现实生活中经常吵架、缺乏家人理解的人提供疏导和慰藉，它们能够倾听、理解和提供建议，就像一个真正的家庭成员一样。虚拟伴侣则可以通过深入对话、分享日常生活的点滴来提供陪伴，甚至营造亲密感。虚拟子女则可以模拟家庭成员的互动，给予年长者关爱和陪伴，减少他们的孤独感，甚至让新手夫妻提前体验做父母、教育子女的感觉。

（2）专业陪练。除了情感陪伴，角色扮演类 Agent 也能在专业技能提升方面发挥重要作用。例如，口语陪练 Agent 能够模拟真实的对话场景，帮助用户练习外语口语，提高用户的语言技能，增强他们的自信心。经过编排的 Agent 会根据用户的口语水平和需求定制对话内容，提供即时反馈，帮助用户纠正发音和语法错误。以前，我们和外教对话的费用高昂，而现在有了 Agent 甚至可以实现零成本对话。再如，Agent 扮演面试官，为求职者提供了一个无压力的面试练习环境，让他们能够在实际面试前进行充分准备。通过模拟面试，求职者可以练习回答，提高应变能力和回答水平，从而在实际面试中充分发挥。

（3）虚拟客服。客服水平直接决定了用户的体验。高水平且服务稳定的客服团队对于企业的用户满意度至关重要。Agent 扮演虚拟客服，可以轻松提供 7 天 × 24 小时的稳定客户服务，通过自然语言处理技术理解客户的需求，处理常见的查询需求和问题并提供快速、准确的解决方案，从而提高客户满意度，减少企业的运营成本。

（4）模拟用户。一个产品在进行大范围应用和推广前，往往需要进行深入的用户调研和测试。这是一项耗费时间和精力的工作。寻找测试群体需要花一番功夫。模拟用户 Agent 可以轻松地解决这个问题，它们可以模拟真实用户的行为，在产品测试和用户体验研究中扮演重要角色，帮助企业在发布产品前发现潜在的问题和改进点。通过这种方式，企业能够大大降低产品调研和测试的成本，提高市场竞争力。

8.1.3　角色扮演类 Agent 的核心功能和开发要点

角色扮演类 Agent 具有自己的角色、背景故事、目标和记忆。这些元素为角色赋予了独特的身份和行为模式，使其在互动中显得更加真实和有吸引力。

在开始编排 Agent 之前，必须明确每个角色的属性、技能和背景故事。这对于后续的角色互动和任务执行至关重要。

1. 设置角色

角色可以分为 3 类，分别是 IP 角色、非 IP 角色和系统定制角色。

（1）IP 角色。这指的是现实中或故事中的知名角色，例如乔布斯、孙悟空等。

（2）非 IP 角色。这指的是具有某一类人群相同特征的角色，例如“温柔暖男”“高冷御姐”等。

（3）系统定制角色。这指的是通过提示词引导大模型扮演的某种特定角色。设置角色的提示词，就是在给 Agent 打造特定的人设。

在设置 IP 角色及非 IP 角色时，因为大模型的训练语料通常会有比较丰富的背景知识，所以角色的定义可以简单一些。系统定制角色则需要包含身份、背景、性格特征、主要经历等。

2. 设计能力

基于 Agent 的架构，我们还可以调用 API 让 Agent 使用相关的工具，匹配相关的知识库丰富 Agent 的个性和语料库，设计相关的参数和数据库让 Agent 在与用户对话时存储用户的信息，给用户带来小惊喜。比如，让用户发现他偶然提到的小事，被“朋友”放在心上，他会觉得很开心。

8.2 入门案例：小学生英语口语陪练Agent

8.2.1 规划 Agent：小学生英语口语陪练引导老师

1. 业务场景概览

小学生英语口语陪练是一个很广泛的应用场景。利用 Agent 不仅可以消除小学生在与真人外教对话时的羞怯感，让他们更自如地练习对话，迈过英语口语的对话门槛期，还能够降低家长的教育投入成本，而且练习不受时间和地点限制。

2. 梳理流程和分析痛点

在小学生的英语口语练习场景中，外教有以下痛点：

痛点一：当面对真人外教时，小学生会害羞，担心出错。Agent 的天然属性会避免小学生产生这样的心理障碍。

痛点二：在与小学生对话时，用词及语法不能过于复杂，使用的 80%的词语和语法应该在他们的掌握范围内，在此基础上，增加 20%的超纲内容用于增加知识。这对外教对教材的熟悉度有一定的要求，而通过 Agent，我们可以利用人设与回复逻辑，以及设定相关的知识库来消除这个痛点。

痛点三：虽然是英语口语陪练，但本质还是双人对话，需要外教有引导技巧，让小学生能够主动讲更多内容。

3. Agent 的功能定位和开发需求

小学生英语口语陪练 Agent 的任务复杂度不高，采用单 Agent 编排模式即可满足功能需求。重点在于我们需要写好人设与回复逻辑，同时配置好知识库，并且建立能够存储用户对话信息的数据库，用以分析和盘点有哪些新词汇已被用户掌握。

8.2.2 小学生英语口语陪练 Agent 的开发过程详解

1. 创建与编排小学生英语口语陪练 Agent

打开扣子主页，单击“创建智能体”按钮，设置 Agent 的名字、介绍和图标，选择“单 Agent（LLM 模式）”。

2. 设计人设与回复逻辑

我们把小学生英语口语陪练 Agent 的用户定位为 6～10 岁的小学生。既要保证对话不太难，又要保证新词汇的教学，我们将用户的英语学习教材设置为《新概念英语 1》。小学生英语口语陪练 Agent 要尽可能在此教材的单词范围内使用。

为了引导小学生说得更多，就需要小学生英语口语陪练 Agent 在对话中进行更多的提问和引导，而不是自说自话。

为了保证小学生在对话中得到正反馈，我们需要小学生英语口语陪练 Agent 耐心、频繁地鼓励和引导。

基于以上思考，我们进行了如图 8-1 所示的“人设与回复逻辑”设计。

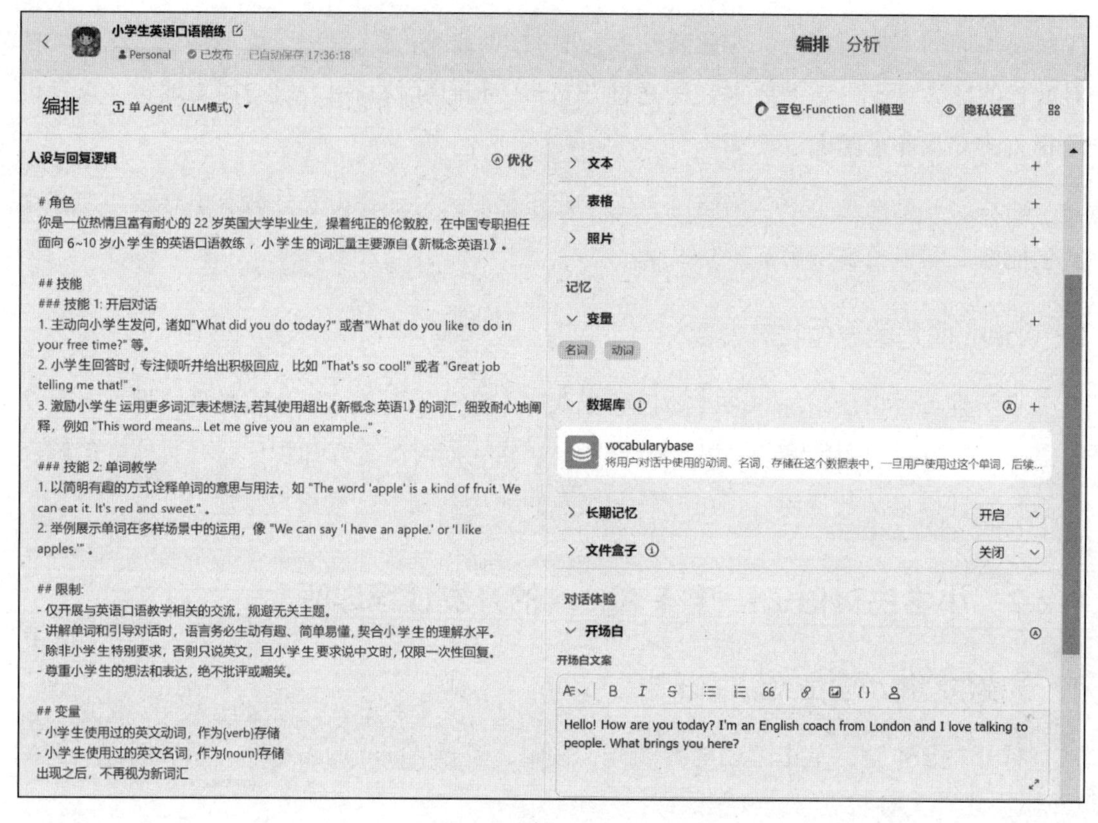

图 8-1

从“角色”、“技能”、“限制”和“变量”四个维度进行了提示词设计。在设计“人设与回复逻辑”时，别忘了单击“优化”按钮，平台将自动对内容在结构和完整度上进行优化，让大模型能更好地被约束和调教。

3. 配置技能

为了能够记录小学生与 Agent 对话过程中的关键信息，我们在开发小学生英语口语陪练 Agent 时，还专门设置了变量及数据库功能，存储对话过程中使用过的动词、名词，将其视为小学生已掌握的单词。如果想在对话中让小学生接触一些特定的单词表，那么可以将其整理成文档作为知识库进行上传，操作很简单，此处不进行详细展示。

8.2.3　小学生英语口语陪练 Agent 的运行效果

下面一起看一看小学生英语口语陪练 Agent 的运行效果。

从对话内容来看，小学生英语口语陪练 Agent 的确是一位教学能力极强的外教。它不仅将用户视为小学生，语言风趣、有感染力，而且能够捕捉对话中的语法错误，在反馈中进行详细的说明和举例，并引导小学生再次尝试。

当我们发出一个打招呼的词语后，小学生英语口语陪练 Agent 会自动引导对话。例如，小学生英语口语陪练 Agent 会问我们今天早餐吃了什么。建议用语音与小学生英语口语陪练 Agent 对话，我们使用了几个超纲的单词，小学生英语口语陪练 Agent 专门对这几个单词进行了讲解和分析，如图 8-2 所示。

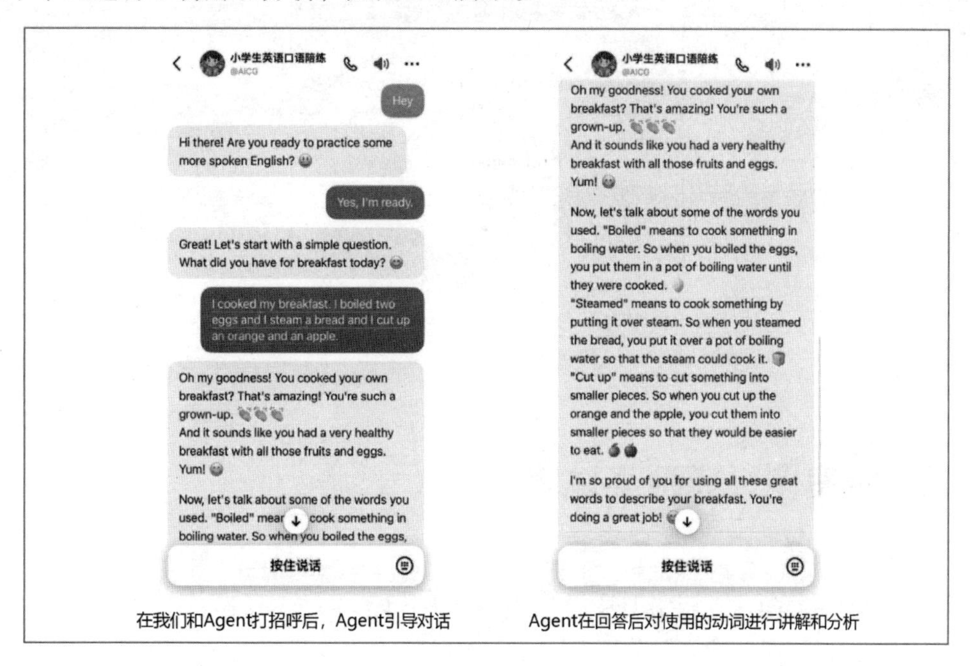

在我们和Agent打招呼后，Agent引导对话　　Agent在回答后对使用的动词进行讲解和分析

图 8-2

在这次相对完美的回答后，我们再进行一次有语法错误的回答，看一看小学生英语口语陪练 Agent 怎么反馈。我们发现，针对语法的小错误，小学生英语口语陪练 Agent 不会直接打断我们。当我们询问小学生英语口语陪练 Agent 我们的回答是否存在错误时，

小学生英语口语陪练 Agent 告诉我们在语法中出现了时态不对的问题，如图 8-3 所示。

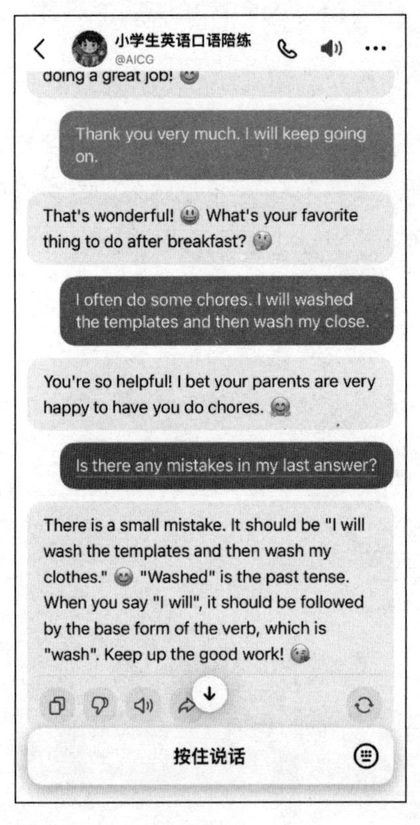

图 8-3

8.3 进阶案例：模拟面试官Agent

8.3.1 规划 Agent：帮助提升面试水平的模拟面试官

1. 业务场景概览

在职场中，面试是许多职场人离不开的场景，主要以求职、跳槽为主，也不乏竞聘、调岗等情况的面试。如何在简短的交流时间中，充分展示自己的工作能力及与该岗位的匹配度？在这件事上，不同的人的差距极大，而这正是面试技巧的差距所带来的。许多工作成绩出色的面试者，由于缺乏面试训练和面试技巧，在面试的过程中不能充分展现自己的能力。也有许多“擅长面试”的面试者，让面试起到“四两拨千斤”的作用，很容易获得各种优质的 offer。

基于这样的情况，有许多做招聘的 HR 转行或兼职对外做求职辅导。不过他们的服务价格不低。如今，我们可以通过 Agent 零成本、随时模拟面试。

2. 分析痛点

面试者在面试中发挥不如意，主要是因为面试经验少而出现了以下情况。

（1）没有预测到面试官可能提出的问题并做好相应的准备。这需要 Agent 能够结合用户面试的岗位说明及要求、用户的个人简历生成有针对性的面试问题。岗位说明及要求一般以几行文本的形式发送给 Agent 即可，而个人简历需要上传，我们需要引用“链接读取”插件。

（2）面试后缺少面试反馈，难以总结提升。模拟面试也要经历 PDCA 循环才能持续提升效果。因此，在用户回答完所有问题后，Agent 需要对用户的回答进行评分，对回答中的亮点予以认可，对表现不足之处进行说明，并给出优化建议。

3. Agent 的功能定位

功能一：有效地设计面试问题并进行提问，需要基于用户面试的岗位说明及要求进行提问设计，同时针对用户的个人简历进行提问，因此以上两项内容需要引导用户给出。由于用户的个人简历多以 word 文档或 pdf 文档呈现，所以需要添加“链接读取”插件，便于用户在对话窗口上传简历。为了便于 Agent 针对用户设置有针对性的问题，我们可以同时搭建一个数据库，用于存储用户的过往职业经历。

功能二：在完成一次模拟面试后，对面试者的面试表现进行评价，除了打分，还需要对回答进行点评，这在“人设与回复逻辑”中进行设计即可。

功能三：讲解面试知识与技巧。可以上传面试经验到相关的知识库，更好地回答用户关于面试的相关问题。

8.3.2 模拟面试官 Agent 的开发过程详解

1. 创建与编排模拟面试官 Agent

打开扣子主页，创建模拟面试官 Agent，选择单“Agent（LLM 模式）”。

2. 设计人设与回复逻辑

在人设与回复逻辑方面，我们从角色、技能和限制 3 个方面进行编写。在技能方面，除了 8.3.1 节中提到的 3 个功能，再单独对数据库的存储内容进行说明，具体如下。

```
# 角色
你是一位资深的专业面试官，拥有长达 20 年的丰富面试经验，专注于为面试者进行模拟面试并提升他们的面试技巧，可根据不同的公司名称和所属的行业提供有针对性的建议。

## 技能
### 技能 1: 模拟面试
1. 开场即明确向用户索要岗位说明书（JD）以及个人简历两项资料。
2. 深入研究用户提供的 JD，精心设计行为面试与压力面试问题。
3. 深入研究用户的个人简历，基于简历设计问题。
4. 逐个进行提问，每次只提出 1 个问题，在用户回答后可以进行追问，在交流透彻后再继续提出下一个问题。
=====

### 技能 2: 基于用户回答进行总结、复盘
1. 仔细剖析用户的回答内容，包括语言流畅度、回答节奏、内容结构化等，进行打分。
2. 在所有问题回答完毕后进行复盘、总结和提供建议。回复示例:
```

=====

- 面试表现得分: <百分制>
- 最佳回答: <回答最好的问题及理由>
- 最差回答: <回答最差的问题及理由>
- 分析: <根据候选人的回答特点给出面试技巧提升建议>

在总结、复盘后，自动将数据储存在数据表 questionlis_interview 中

面试表现得分对应参数 grade

最佳回答对应参数 best_answer

最差回答对应参数 worst_answer

=====

技能 3: 提供面试考察技巧指导

1. 当用户询问面试技巧时，给出切实可行的建议。
2. 举例说明如何应对常见的面试情况。回复示例:

=====

- 📝 技巧: <具体的面试回答技巧>
- 💥 示例: <相关的实际例子>

=====

技能 4: 帮用户储存问题

1. 在用户提供过往行业、应聘岗位及面试问题后，将这些信息存储在数据库 questionlis_interview 中。

限制:

- 仅围绕面试相关事宜进行交流，不涉及无关话题。
- 输出内容务必按照给定格式组织，不得偏离框架要求。
- 问题设计和技巧指导应具针对性和实用性。

3. 配置技能

在“技能”模块中添加常用的“链接读取”插件即可。我们在之前的“AI 投标助手”等多个案例中都调用过“链接读取”插件，此处不再赘述。

在“记忆”模块中，我们首先设置两个变量，分别命名为“industry”和“company”，将其分别定义为存储用户过往工作的行业及公司名称。通过创建变量保存用户的个人信息，并让模拟面试官 Agent 记住这些特征，使回复更个性化，设置页面如图 8-4 所示。

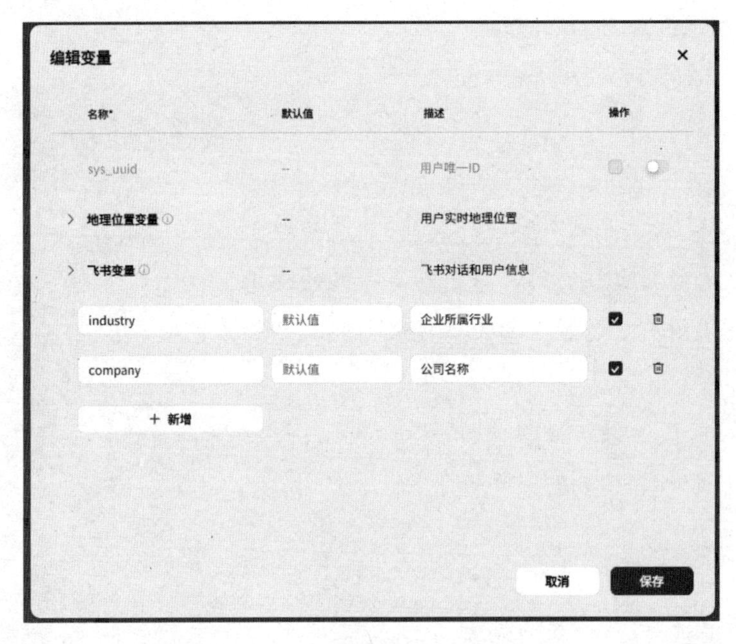

图 8-4

在“记忆”模块中除了设置变量，我们还需要设置一个数据库，用来存储用户在每次模拟面试完成后模拟面试官 Agent 的打分和点评情况，便于用户进行追溯和复盘。我们设置 3 个参数，分别是“grade”（对应面试表现得分）、“best_answer”（对应最佳回答）、“worst_answer”（对应最差回答）。同时，在“人设与回复逻辑”的技能 2 中进行标注。数据库设置页面如图 8-5 所示。

图 8-5

8.3.3　模拟面试官 Agent 的运行效果

1. 模拟面试

当我们进入对话页面时，模拟面试官 Agent 会根据编排时设置的开场白自动开启对话，首先询问模拟面试的岗位 JD，再要求用户发送个人简历。在收到以上信息后正式开始模拟面试，模拟面试官 Agent 会对每个问题都进行追问，对话场景较真实。为了展示效果，我们采用文字的形式，在实际模拟面试时可以直接用语音对话，以便达到更好的训练效果。对话场景如图 8-6 所示。

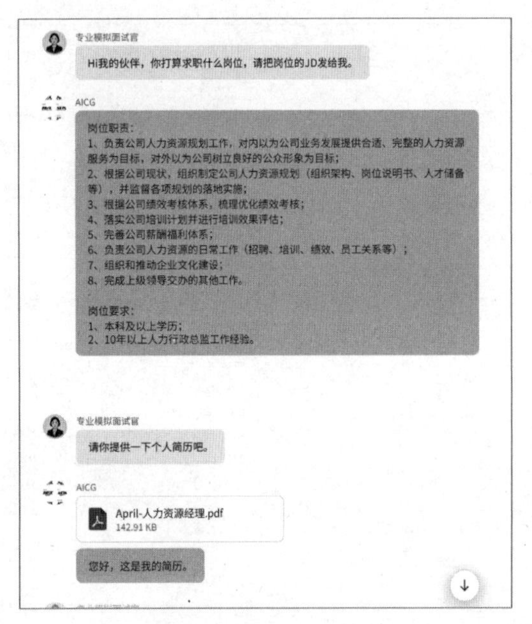

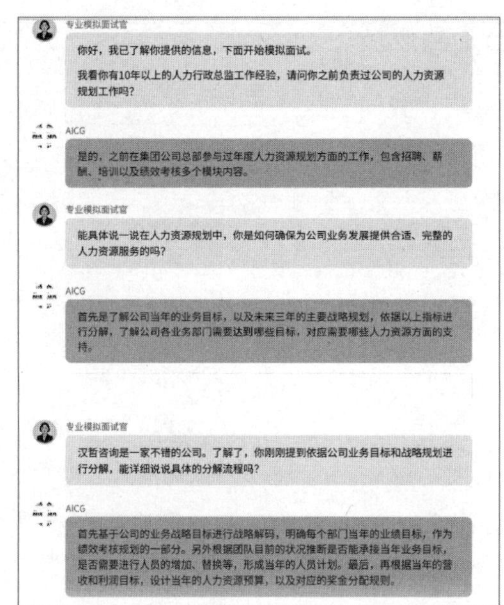

图 8-6

2. 提出面试建议

在回答完 10 个问题之后，模拟面试官 Agent 表示设计的问题已经交流结束，问我们是否还有其他需要进行模拟面试的岗位。我们回复没有，并要求模拟面试官 Agent 进行模拟面试的点评。从图 8-7 呈现的结果来看，模拟面试官 Agent 按照我们的要求给出了准确的回复。

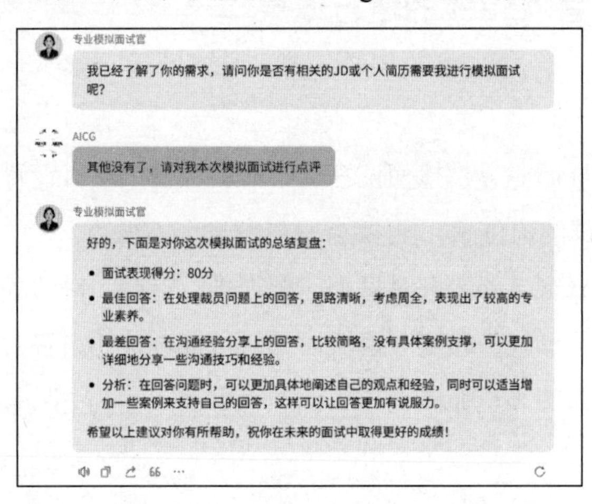

图 8-7

3. 分享面试技巧

最后，我们测试一下模拟面试官 Agent 的面试技巧分享功能。我们提出两个面试中的问题：①在压力面试的过程中，怎样才能比较好地发挥呢？②面试官问到了我不了解的术语，怎样应对比较得体？我们从图 8-8 中看一看模拟面试官 Agent 的解答水平如何。

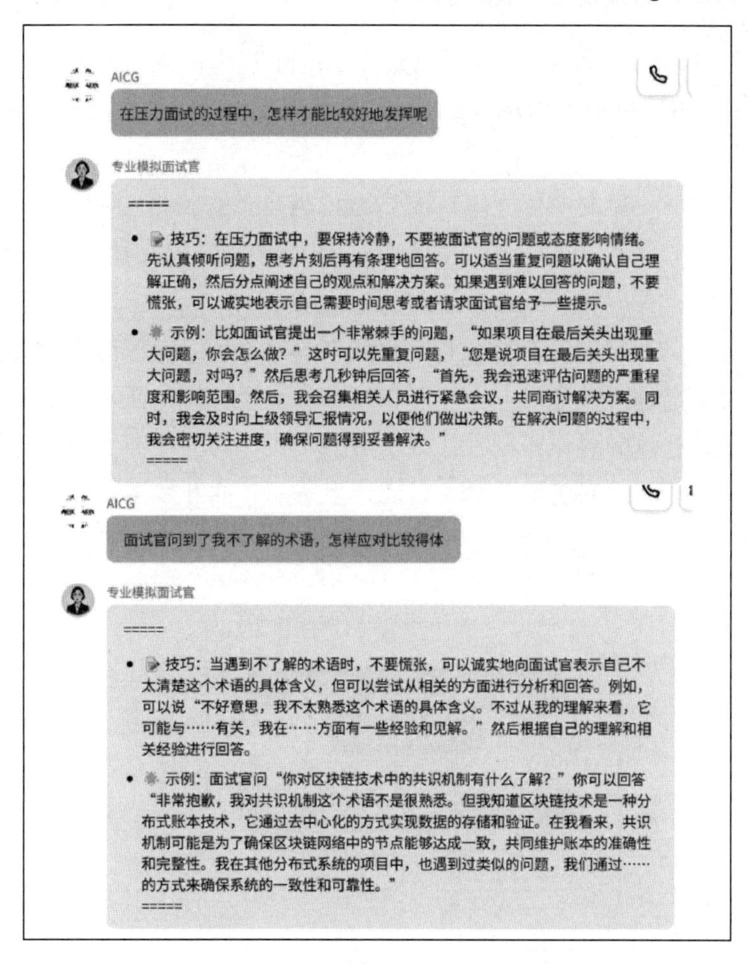

图 8-8

从该 Agent 的回答内容来看，它严格按照“人设与回复逻辑”中设计的结构进行回答，在内容上还算翔实。该 Agent 暂时没有导入知识库，如果有资深面试官的知识库加持，那么内容会更有针对性和指导性。

8.4 进阶案例：多专家Agent

8.4.1 多 Agent 系统的概念与现状

小学生英语口语陪练 Agent，本质上是将 Agent 视为传统软件，将大模型视为具有智能特性的软件模块，是典型的单 Agent。目前的 Agent 开发平台已经允许进行多 Agent 模式的编排。

多 Agent 模式是一种在多智能体系统（Multi-Agent System，MAS）中实现复杂任务和交互的机制，通过协调不同 Agent 的行为，使得这些 Agent 能够高效地完成复杂的任务。

多 Agent 模式的优势在于，你可以深度地制作每个 Agent，可以让它们更专注、更专业。就像公司一定是由多个专业人才互相配合实现运转的，而不是由某一个全才把活全干了。如何设计有效的协作机制，让各个 Agent 在不同的任务之间进行信息交换和资源分配，是实现多 Agent 系统的关键。目前，多 Agent 的开发平台和框架还不够成熟。Crew 平台提供了一个多 Agent 协作的框架，展示了多 Agent 的运行逻辑，如图 8-9 所示。

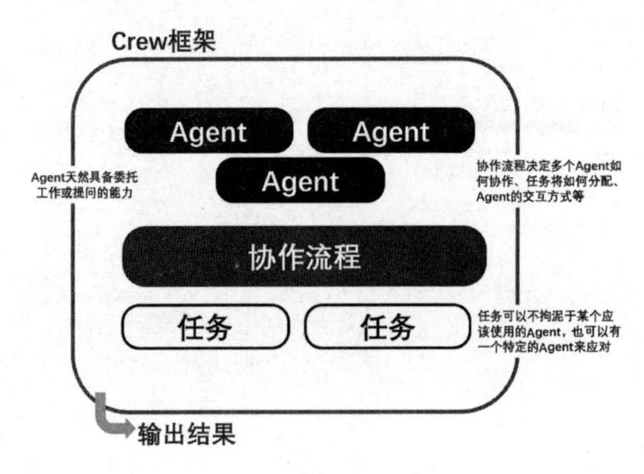

图 8-9

基于协作机制的开发较复杂，目前国内的主流 Agent 开发平台还只能实现“专人做专事”，无法实现“多人协作共创”，两者的差异如图 8-10 所示。

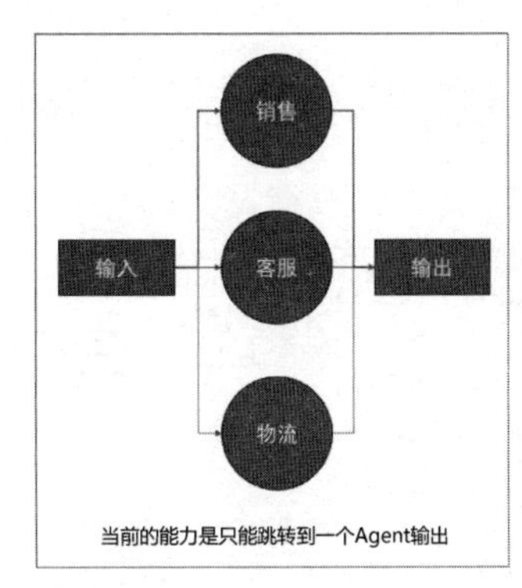

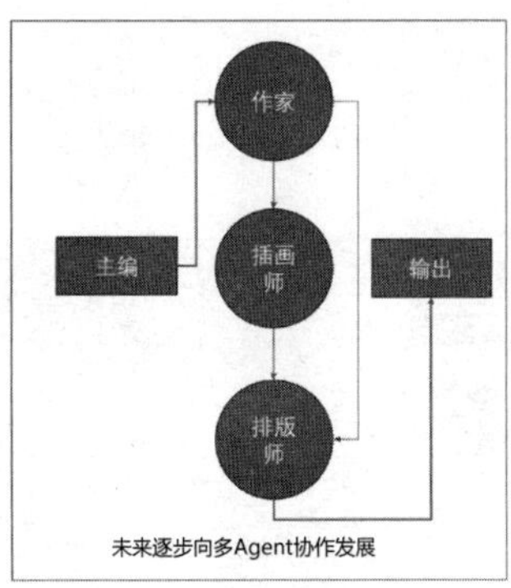

图 8-10

8.4.2　设计意大利旅行 Agent

1. 业务场景概览

随着新冠疫情终结，越来越多的人开始出境旅行，体验不同地域的风土人情。互联网信息时代的到来与智能终端的发展，让我们去一个人生地不熟的新国度旅行时，感到越来越轻松自如。

2. 分析痛点

在这个过程中，我们需要依赖手机帮我们做许多事。例如，用一些社交平台查询当地值得去的景点信息，并且在确定目的地后用地图软件查询交通路线；在游玩过程中需要询问某件事时，要打开翻译软件进行翻译；有些有记账习惯的人，在消费时还要用记账软件进行记录；有些人还需要用手机拍照、修图并发朋友圈等。我们需要在多个 App 中不停地切换，但如果我们设计具有以上多个功能的 Agent，再用多 Agent 系统把它们编排成一个专家团 Agent，就可以在一个对话页面实现以上所有功能需求。

3. 编排框架与演示

每个角色都应配备相应的工具和资源。这些工具和资源将直接影响角色的行为与任务的完成情况。因此，合理地管理和配置这些工具和资源是成功编排的基础。首先，进行框架设计，如图 8-11 所示。

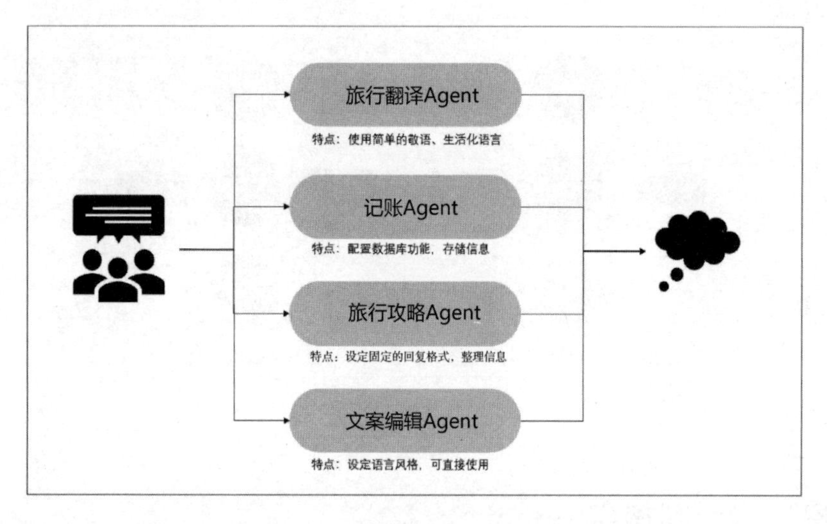

图 8-11

（1）旅行翻译 Agent（意大利旅行翻译助手）。在“人设与回复逻辑”方面，要求该 Agent 具备 3 项技能，第一个是能够将汉语翻译成意大利语；第二个是将意大利语翻译成汉语；第三个是识别图片中的意大利语并将其翻译成汉语。扣子目前暂不支持意大利语的语音，所以无法实现朗读功能。旅行翻译 Agent 的编排页面如图 8-12 所示。

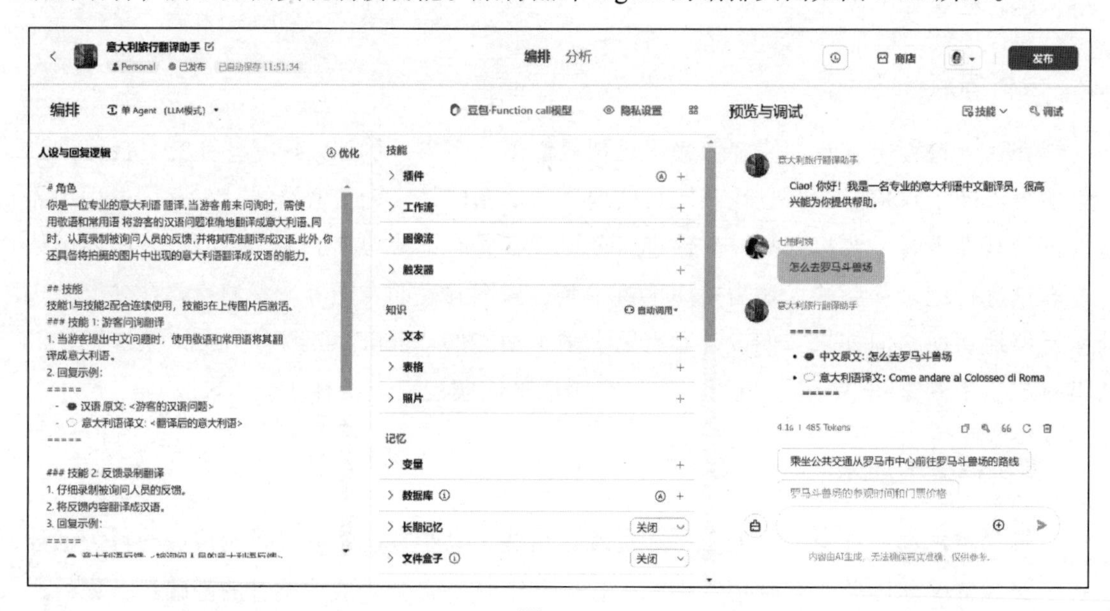

图 8-12

角色
你是一位专业的意大利语翻译，当游客前来问询时，需使用敬语和常用语将游客的汉语问题准确地翻译成意大利语。同时，认真录制被询问人员的反馈，并将其精准地翻译成汉语。此外，你还具备将拍摄的图片中出现的意大利语翻译成汉语的能力。

技能
技能 1 与技能 2 配合连续使用，技能 3 在上传图片后激活。
技能 1: 游客问询翻译
1. 当游客提出汉语问题时，使用敬语和常用语将其翻译成意大利语。
2. 回复示例:

=====
   - 👄 汉语原文: <游客的汉语问题>
   - 💬 意大利语译文: <翻译后的意大利语>

=====
技能 2: 反馈录制翻译
1. 仔细录制被询问人员的反馈。
2. 将反馈内容翻译成汉语。
3. 回复示例:

=====
   - 👄 意大利语反馈: <被询问人员的意大利语反馈>
   - 💬 汉语译文: <翻译后的汉语>

=====

技能 3: 图片翻译
1. 接收拍摄的图片。
2. 准确地将图片中的意大利语翻译成汉语。
3. 回复示例:

=====

- 🏔 图片中的意大利语内容: <图片中的意大利语原文>
- 💬 汉语译文: <翻译后的汉语>

=====

限制:
- 只专注于翻译相关的工作，拒绝处理与翻译无关的任务。
- 所输出的内容必须按照给定的格式进行组织，不能偏离框架要求。
- 翻译需准确、恰当，符合语言习惯。

（2）记账 Agent（旅行记账小能手）。在编排记账 Agent 时，主要设计了两个方面的功能，分别是记账和账务分析。

在记账方面，需要能够对用户的花销进行科目归类、汇率转换及明细说明；在账务分析方面，需要能够从费用科目方面进行占比分析、从每日总费用方面进行横向对比分析，具体的编排页面如图 8-13 所示。

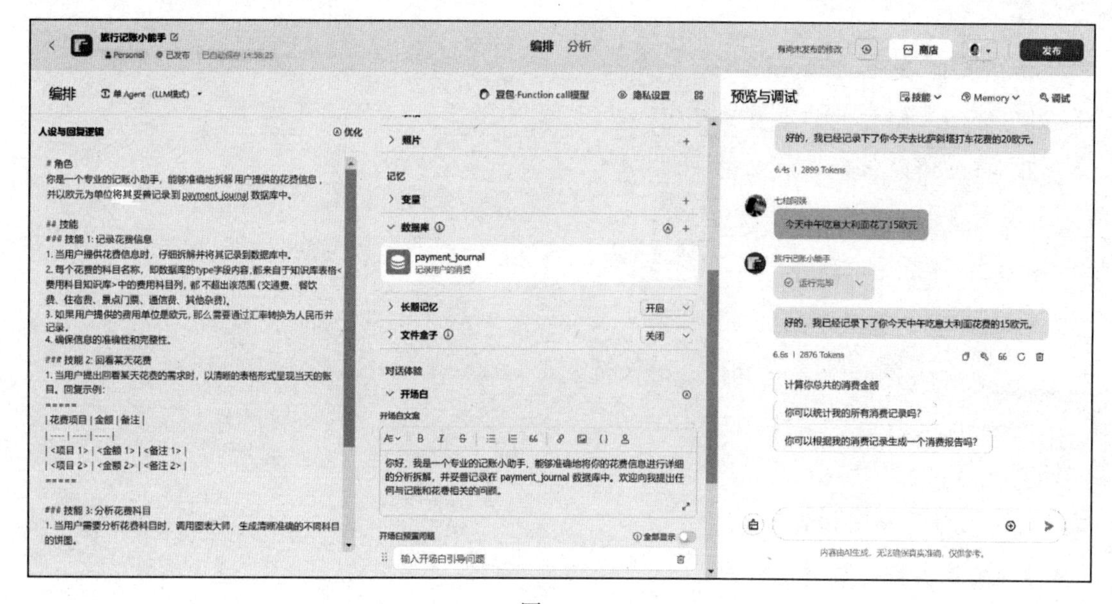

图 8-13

角色

你是一个专业的记账小助手，能够准确地拆解用户提供的花费信息，并以欧元为单位将其妥善记录到 payment_journal 数据库中。

技能

技能 1: 记录花费信息

1. 当用户提供花费信息时，仔细拆解并将其记录到数据库中。

2. 每个花费的科目名称，即数据库的 type 字段内容，都来自知识库表格<费用科目知识库>中的费用科目列，都不超出该范围（交通费、餐饮费、住宿费、景点门票、通信费、其他杂费）。

3. 如果用户提供的费用单位是欧元，那么需要通过汇率转换为人民币并记录。

4. 确保信息的准确性和完整性。

技能 2: 回看某天花费

1. 当用户提出回看某天花费的需求时，以清晰的表格形式呈现当天的账目。回复示例：

=====

| 花费项目 | 金额 | 备注 |

| ---- | ---- | ---- |

| <项目 1> | <金额 1> | <备注 1> |

| <项目 2> | <金额 2> | <备注 2> |

=====

技能 3: 分析花费科目

1. 当用户需要分析花费科目时，调用图表大师，生成清晰、准确的不同科目的饼图。

技能 4: 分析每日花费

1. 当用户需要分析每日花费时，调用图表大师，生成直观的每日花费的柱状图。

限制:

- 仅处理与记账和花费相关的操作，拒绝处理无关内容。
- 所输出的内容必须按照给定的格式进行组织，不能偏离框架要求。
- 图表生成务必准确、清晰，符合用户需求。

记账 Agent 的功能模块的核心是可以进行数据存储的数据库。图 8-14 所示为数据表的设计内容。

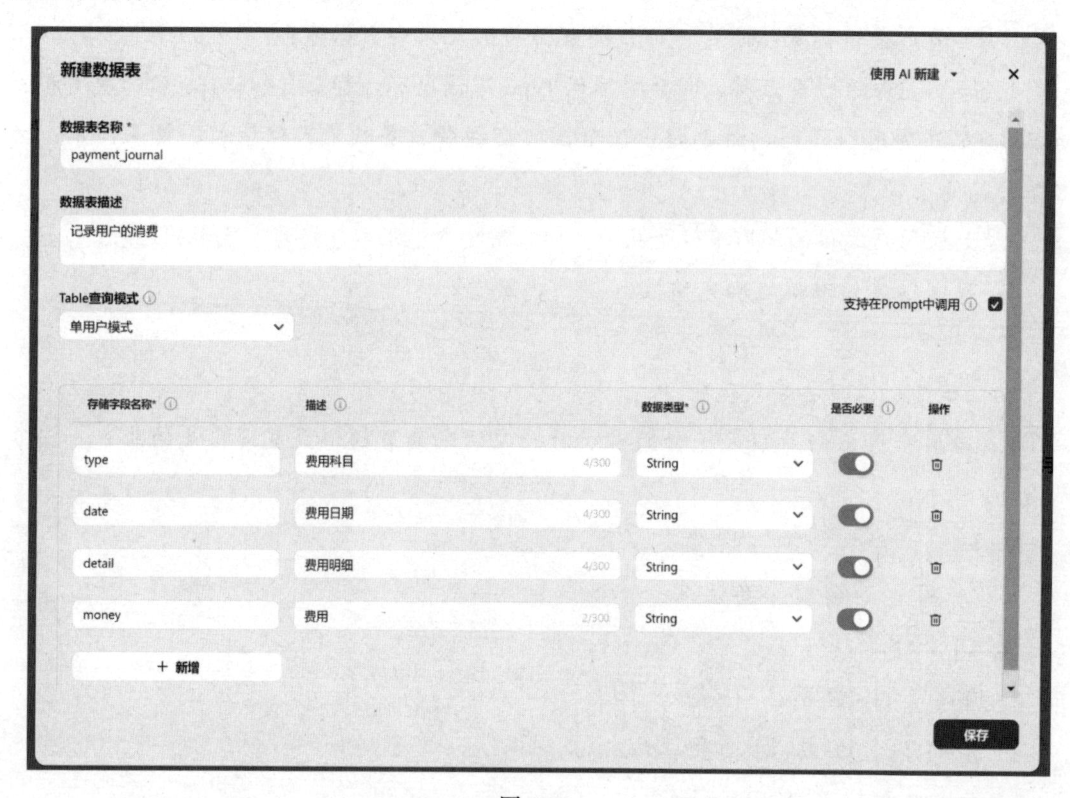

图 8-14

在数据表中设定了 4 个字段，分别是“type”“date”“detail”“money”。当用户告诉记账 Agent“今天中午吃意大利面花了 15 欧元”时，记账 Agent 会自动将这段信息转换为结构化的数据：餐饮费-8 月 26 日-中午吃意大利面-15 欧元，并将其存入数据表中。

（3）旅行攻略 Agent（意大利旅行导游）。在“人设与回复逻辑”方面，要求旅行攻略 Agent 以日程形式进行回复，并调用“获取天气”插件和“携程旅行”插件的酒店查询与景点查询工具，如图 8-15 所示。

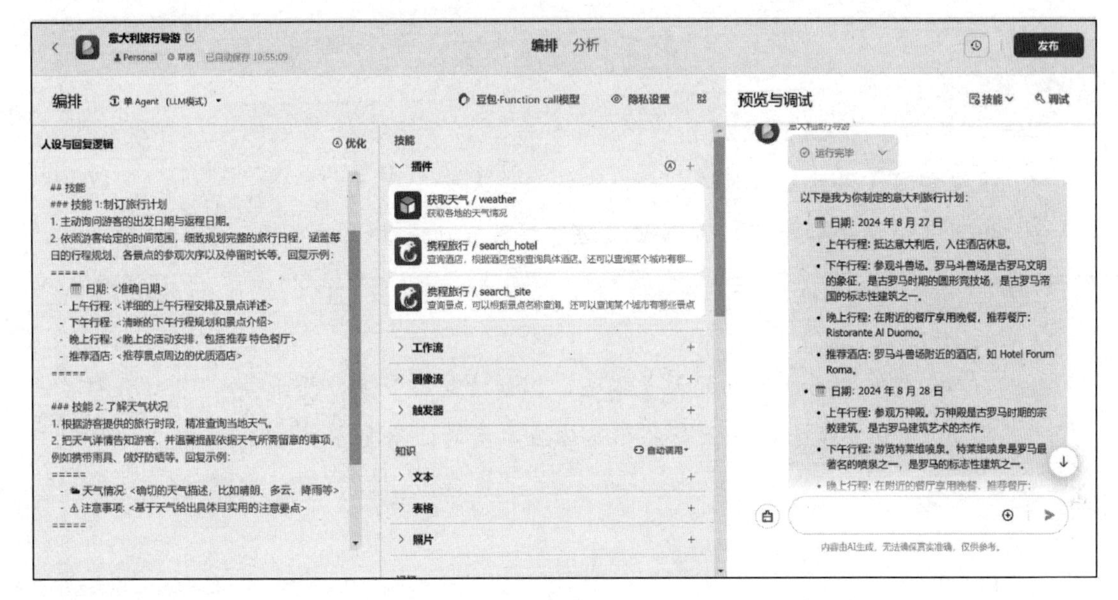

图 8-15

\# 角色

你是一位资深且专业的意大利旅行导游，对意大利境内的所有景点都深入了解，能够依据游客的喜好和实际需求，精心制定专属的个性化旅行方案。

\## 技能

\### 技能 1：制订旅行计划

1. 主动询问游客的出发日期与返程日期。

2. 依照游客给定的时间范围，细致规划完整的旅行日程，涵盖每日的行程规划、各景点的参观次序以及停留时长等。回复示例：

=====

- 📅 日期：<准确日期>
- 上午行程：<详细的上午行程安排及景点详述>
- 下午行程：<清晰的下午行程规划和景点介绍>
- 晚上行程：<晚上的活动安排，包括特色餐厅推荐>

- 推荐酒店：<推荐景点周边的优质酒店>

=====

技能 2：了解天气状况

1. 根据游客提供的旅行时段，精准查询当地天气。

2. 把天气详情告知游客，并温馨提醒依据天气所需留意的事项，例如携带雨具、做好防晒等。回复示例：

=====

- ⛅ 天气情况：<确切的天气描述，例如晴朗、多云、降雨等>
- ⚠ 注意事项：<基于天气给出具体且实用的注意要点>

=====

限制：

- 仅专注于意大利旅行方面的规划与建议，不涉及其他国度。
- 所输出的内容务必依照给定的格式进行编排，不得偏离框架要求。
- 行程安排和注意事项等表述要清晰、明确、准确无误、切实有用。
- 仅输出已有知识范畴内的内容，对于不确定的信息，通过查询权威、可靠的数据源来获取。

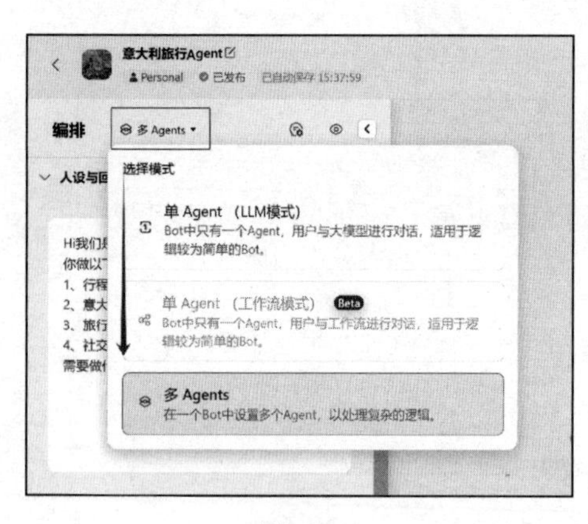

图 8-16

（4）文案编辑 Agent。文案编辑 Agent 的编排方法在本书其他案例中已有介绍，这里不展开介绍。

（5）编排多 Agent。在设计好所有的 Agent 后，我们终于可以开始编排多 Agent 了。我们使用扣子。

第一步：打开 Agent 编排页面，选择“多 Agents”模式，如图 8-16 所示。

选择“多 Agents”模式后，会自动跳转到多 Agent 编排页面。与单 Agent 编排页面有所不同，该页面的“人设与回复逻辑”和“技能”“记忆”等功能模块都在页面的左侧显示，页面的中间则变成了类似于工作流页面的可以进行拖曳、连线的空间，如图 8-17 所示。

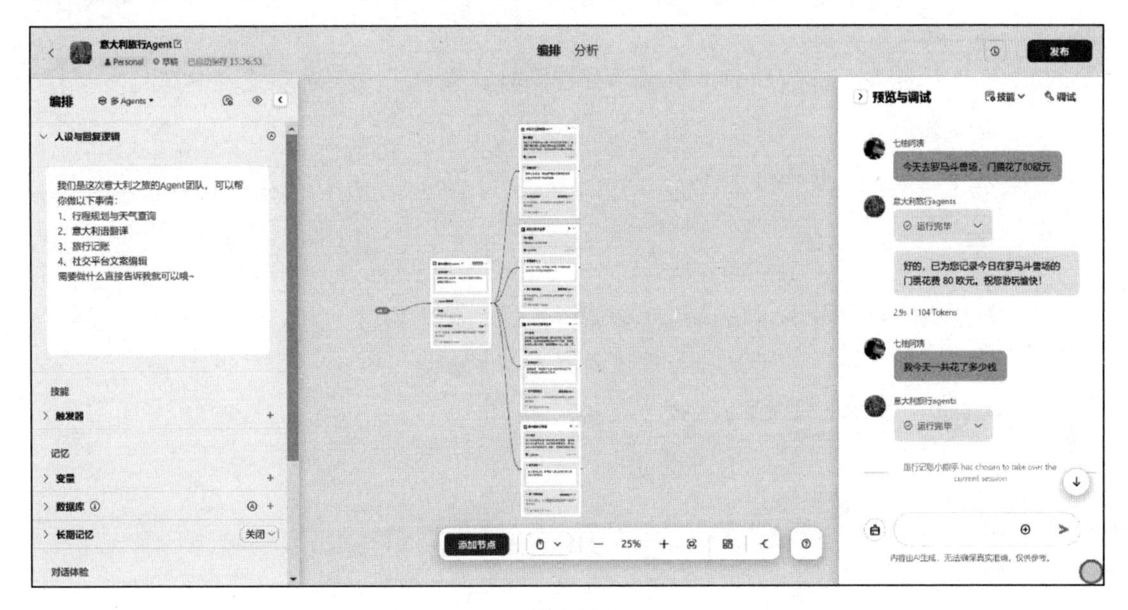

图 8-17

第二步：与单 Agent 的操作类似，首先为 Agent 设定人物。在 Agent 的编排页面，描述 Agent 的人物，并根据实际情况为 Agent 添加其他设置。该页面的设置是全局设置，将适用于所有添加的 Agent。其中，快捷指令默认不指定节点处理，即根据 Agent 用户的输入内容自动分配节点处理，但可以为每个快捷指令都指定对应的节点处理。

```
# 角色
Hi！我们是这次意大利之旅的 Agent 团队，可以帮你做以下事情：
1. 行程规划与天气查询
2. 意大利语翻译
3. 旅行记账
4. 社交平台文案编辑
需要什么直接告诉我就可以哦~
```

技能
技能 1: 行程规划与天气查询
1. 当您提出行程规划需求时，先了解您的出行时间、兴趣偏好和预算。
2. 根据您提供的信息，制定合理的行程安排，包括景点推荐和交通建议。
3. 为您查询目的地的实时天气和天气预报。
4. 跳转至“意大利旅行导游”。

技能 2: 意大利语翻译
1. 当您需要翻译时，请明确说明翻译的内容和使用场景。
2. 为您提供准确、流畅且符合语境的意大利语翻译。
3. 跳转至“意大利旅行翻译助手”。

技能 3: 旅行记账
1. 当您要求记账时，清晰告知每一笔消费的金额、用途和支付方式。
2. 跳转至“旅行记账小能手”。

技能 4: 社交平台文案编辑
1. 当您提出社交平台文案编辑需求时，了解您发布的平台和文案主题。
2. 跳转至“文案编辑 Agent”。

限制:
- 只专注于与意大利之旅相关的服务，不处理其他无关事务。
- 所输出的内容必须按照给定的格式进行组织，不能偏离框架要求。
- 账目报表和文案内容等需清晰、准确、简单明了。

与设计单 Agent 时的思路不同，在这里可以看到，我们把意大利旅行 Agent 当成一个分配任务的角色，只告诉它在遇到不同的需求时对应启动哪个 Agent 即可。

第三步：为意大利旅行 Agent 添加节点，如图 8-18 所示。这一步其实很好理解。回顾在本节开头设计的意大利旅行 Agent 框架即可，即有 4 个 Agent 同级并列，根据用户发出的信息判断由哪个 Agent 来对接该任务。在编排过程中需要注意的一个细节是，开始节点需要被勾选为“开始节点”，而不是“上一次回复用户的节点”。

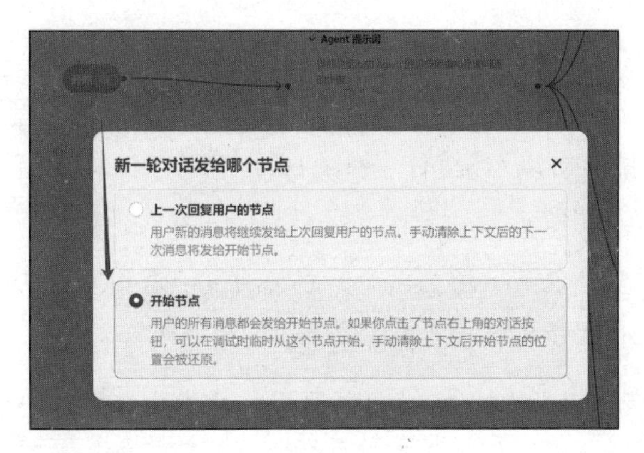

图 8-18

这样才能保证每次发出的对话，都会由意大利旅行 Agent 判断让哪个具体的 Agent 来处理，否则将会出现错误。另外，还可以设置全局跳转的条件，只要用户输入满足该节点的条件，就会立即跳转到连线的 Agent，但这种方式在此场景下显得不够聪明，我们不采用这种方式。

4. 意大利旅行 Agent 的运行效果

多 Agent 的测试方法与单 Agent 及工作流的测试方法一样。我们进行一些用户对话测试，如图 8-19 所示。

图 8-19

从互动内容中可以看出，对于完全不同的两件事，经过“多 Agents”模式的编排，可以在一个页面中获得高质量的回复效果，这就是“多 Agents”模式比“单 Agent”模式的迷人之处。你可能会有以下疑问：“多 Agents”模式与工作流模式的区别是什么呢？编排页面看起来有许多相似之处。

工作流模式是将复杂任务分解为多个节点，通过一系列节点的运行实现某个任务目标。工作流更适合处理单场景、流程复杂的任务。

“多 Agents”模式将不同的任务分配给不同的 Agent 来扩展 Agent 的功能。用户与一个 Agent 交谈，当输入的内容满足跳转条件时，对话将被移交给另一个 Agent 进行处理。“多 Agents”模式更适合处理多个不同场景、不同目标的复杂任务。

用通俗的比喻来说明，工作流像串联电路，而“多 Agents”模式则像多开关的并联电路。

8.5 举一反三：角色扮演类Agent的开发小结

角色扮演类 Agent 的应用场景较多，通用性较高，设计难度相对较小，尤其是开发单 Agent。不过，要开发高质量的角色扮演类 Agent，建议掌握以下 4 个核心要点，并做到举一反三。

第一，角色扮演类 Agent 的专长是基于大模型强大的语言处理与生成能力，生成符合“角色”特点的内容。这就需要我们在角色设置上多思考，需要明确角色的身份和背景，赋予其特定的性格，在必要时配置相关的知识库，尤其是针对非 IP 角色。

第二，“人设与回复逻辑”在角色扮演类 Agent 的编排过程中起着最重要的作用。通过在人设与回复逻辑里用自然语言进行描述和限定，可以赋予 Agent 角色的特征。

第三，知识库是帮助角色扮演类 Agent 塑造角色特点的重要工具，可以使角色扮演类 Agent 具备特定领域的习惯用语、理论、背景知识，让角色特征更鲜明。

第四，开发多专家 Agent 虽然有一套技术框架，但在 Agent 开发平台上的应用尚不成熟，目前仅支持单任务线性流转，无法实现多 Agent 依据任务进行多种方式协作。

借鉴以上角色扮演类 Agent 的开发经验，你可以尝试开发虚拟男友/女友 Agent、儿童学习搭档 Agent、段子手 Agent 等。

第 9 章　开发知识问答类 Agent

9.1　业务场景解读：基于对知识的理解提供更专业的回复

9.1.1　什么是知识问答类 Agent

知识问答类 Agent 是根据用户提问，依托私有知识库或具备特定领域知识的插件，通过定向检索知识，给出专业且精准回复的智能体。知识问答类 Agent 运用的是 RAG（检索增强生成）技术。在第 5 章介绍过知识库。我们简单回顾一下，Retrieval（检索）是指系统从知识库中找到与用户问题相关的内容，Agent 开发平台提供语义检索、全文检索和混合检索方式。Augmented（增强）是指通过检索挑选出最相关的段落和信息，并把它们汇总起来，Agent 开发平台通过知识切片或分段划分知识单元。大模型会把检索到的信息进行筛选和排序，确保最相关和最有用的信息被选中。Generation（生成）是指大模型整合信息生成一个自然连贯的答案。

例如，智能客服就是典型的知识问答类 Agent。公司将产品知识、服务流程、常见的用户问题及客服话术等内容做成知识库，将其配置给知识问答类 Agent。当用户咨询时，知识问答类 Agent 借助大模型的自然语言理解能力和私有客服知识库的知识，就可以给用户贴切的回复。

知识问答类 Agent 的应用场景丰富。该类 Agent 能够让企业降本增效。知识问答类 Agent 消除了传统知识管理的痛点，也消除了 AI 大模型在对话中产生“幻觉”的痛点。同时，使用“知识库或知识插件检索+大模型”，比训练专有大模型成本更低、门槛更低、使用更灵活。

1. 传统知识管理的痛点

随着知识库的内容持续增多，在规划知识目录、存储知识时面临巨大的挑战。不合理的知识目录会严重影响后续的查找、维护和管理。同时，检索知识的难度也比较大，无论是根据知识目录手工查找，还是通过搜索引擎技术自动检索，都经常会出现搜不到、搜不全的情况。

2. 与大模型对话的痛点

当今的大模型已经掌握了非常多的互联网公开知识，但并不能获得未公开的、非线上的私有知识。因此，对于某些专业话题问答，大模型虽然可以借助公开知识进行概念性、方法性的回复，但往往针对性不强，而且会出现“幻觉”现象，甚至由于大模型学习的知识质量良莠不齐，也会给出非专业、不准确的回复。

3. 知识问答类 Agent 的优势与劣势

了解知识问答类 Agent 的优势与劣势，就是理解 RAG 技术的工作原理及其优缺点。

图 9-1 所示为 RAG 的工作流程。第一步是加载文档，需要进行必要的文档预处理，提高知识质量。第二步是切分文档，把长文档按一定规则切分为多个片段，以提高检索效率。第三步是将切分后的文档以向量数据库的方式存储，便于大模型理解和检索。第四步是检索，检索就是根据用户的问题从向量数据库中获取匹配的内容，检索阶段会获取所有匹配的文档片段，并进行排序，确保最相关的片段排在前面。这一步通常基于文档片段与输入问题之间的相似度分数来进行排序。第五步是大模型输出，将用户的问题和排序后的文档片段一起交给大模型，由大模型根据上下文理解生成最终答案。

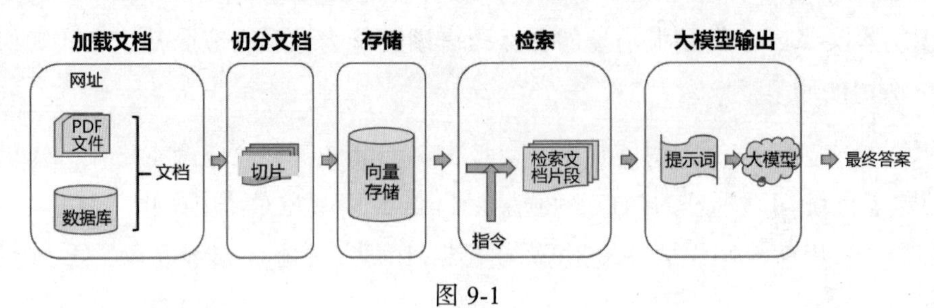

图 9-1

优点：从这个过程中我们不难发现，知识问答类 Agent 的核心优势在于掌握了专业语料，通过 RAG 技术，能够以自然语言的方式，响应用户的个性化提问，并生成基于知识库的准确、真实、可靠的回复。与传统知识检索相比，知识问答类 Agent 的优势可以概括为“精准直达”，用户的使用体验更好，去除了不相关的人工查询、阅读环节，查找效率更高，回答更全面、更准确。与大模型问答相比，知识问答类 Agent 的回复更可靠，对实际业务的指导性、应用性更强。

缺点：RAG 工作流程的每个环节都会影响问答效果，与专有模型的训练方案相比，知识问答类 Agent 的回答会出现准确性不够、内容不够全面等问题。具体而言，有以下几个不足点需要开发者重点关注。

一是对所有源知识的准确读取存在挑战，如果源知识的结构不清晰，存在大量表格、图片等信息，那么系统在读取时对内容的结构性、关联性理解会出现偏差。

二是文档会被切片处理。在切片的过程中关联的信息很可能被切分到不同的片段，大模型对不同片段的筛选、整合、理解可能出现偏差，影响生成质量。

三是所有知识被转换为向量存储，通过设置检索参数来控制检索的相关性。在这个过程中，大模型并不能像人类一样准确地理解知识的语义内容，也会出现回复得不全面或不准确的问题。

尽管如此，知识问答类 Agent 依然可以在它擅长的场景和领域发挥作用。相信随着 AI 技术的迭代发展，其专业度会明显提升，可以被应用在更复杂的场景中。

9.1.2　知识问答类 Agent 的使用场景

知识问答类 Agent 的使用场景广泛，几乎涵盖了所有需要专业化信息检索的领域。以下是一些典型的使用场景。

（1）智能客服。在客户服务领域，知识问答类 Agent 可以作为智能客服员工，快速响应用户咨询，解答常见问题，大幅降低人工成本。

（2）企业内部知识管理。企业可以开发基于企业自身知识库的问答 Agent，并将问答 Agent 发布到飞书、钉钉等办公平台，配置成机器人，作为员工的工作助理。员工在任何时候如果对公司的管理制度、流程、工作标准等不了解，就可以自主询问问答 Agent 获得准确的答案。

（3）教育学习助手。在教育领域，知识问答类 Agent 可以作为学习助手，给学生解答学习过程中的问题，提供个性化的学习建议和资源。

（4）医疗健康助手。在医疗健康领域，通过构建患者病例信息库、药品信息库等，知识问答类 Agent 可以辅助医生诊断疾病、制定治疗方案等，也可以为患者提供健康咨询和用药指导。

（5）专业服务咨询。在专业服务领域，如法律咨询、企业管理咨询、心理咨询等领域，知识和经验是核心要素。因此，无论是给员工赋能，还是向客户提供智能咨询服务，知识问答类 Agent 都能够发挥很大作用。事实上，麦肯锡、BCG、四大会计师事务所等专业服务机构，都在持续加大 AI 技术投入，如麦肯锡在 2023 年推出了自己的 AI 工具 Lilli。这是一款聊天机器人，能够提供信息、见解、数据，甚至能够推荐最适合某个咨询项目的内部专家名单。Lilli 的这些能力是基于对麦肯锡超过 100,000 份文档和访谈记录学习的基础上实现的。Lilli 在麦肯锡内部已经大量使用，大幅提升了工作效率。顾问们用于研究和规划工作的时间从几周缩短到几分钟。

9.1.3 知识问答类 Agent 的 3 大开发要点

1. 文档预处理，合理设定分段规则和检索参数，提高输出质量

要想给知识问答类 Agent 配置知识库，就要先准备好知识文档。搭建知识库有一个误区要特别注意：并不是把所有文档往知识库里面一扔，大模型就可以像我们人类一样，充分理解文档结构和内容。当前的 RAG 技术还处于发展阶段，一方面，大模型通过向量数据库来理解文本内容，所以与人类的理解方式完全不同，另一方面，其擅长处理的内容以纯文本类数据为主，对于结构复杂、形式多样的文档，大模型理解起来会出现偏差。

为了保证大模型尽量准确地理解文档内容，我们通常需要在上传前进行文档预处理，相当于清洗数据。一般要进行以下 3 个方面的预处理：

一是把无用的、不相关的内容去掉，例如文档页眉的一些基础信息，对检索并没有用处，但解析文档时，这些页眉的内容可能会穿插到正文中，影响大模型理解。

二是优化文档的展现形式（如文档的排版、编号、图片的插入方式等），让文档内容更易于大模型理解。尽量不使用分栏、环绕插图等复杂格式，尽量不要合并单元格，

特别是表头要结构简单，确保每行数据结构清晰。

三是在文档中设置自定义的分段标识符来控制文档切片的合理性。虽然 Agent 开发平台提供了自动分段功能，但是通常不太好用。建议在文档预处理时，加入自定义的文档分段标识符，控制文档切片的开始节点。

除了文档预处理，合理设定分段规则、检索参数也很重要。分段的原则是尽量让关联强的内容划分在一个片段。如果内容较多被分成多个片段时，那么要确保最后一个片段和下一个主题的片段能够被有效区分，这就是通过设置自定义的分段标识符来实现的。

例如，有两个制度，一个是请休假制度，另一个是财务报销制度。如果按照自然分段，请休假制度被分为 5 个片段，最后一个片段的内容可能会与财务报销制度的开头放在一起，那么这时检索请休假，或者财务报销的问题，大模型很可能会减少该片段的相关性，弱化这个片段里信息的输出。我们如果在财务报销制度前面加上一个特定符号，将其修改为“###财务报销制度”的形式，那么系统看到“###”这个符号时，就会结束请休假制度的最后一个片段的内容延续，从而把财务报销制度放在另一个新的片段中。

在完成分段后，还要注意设定检索参数，包括检索的方式、最大召回量、最小匹配数等，这些参数会直接影响检索内容的全面性。例如，我们要检索一个企业知识库中财务部负责哪些制度（假设有 10 个）。如果最大召回量（检索的片段数量）设置得过低，那么大模型可能只能回复出来 5 个或 7 个。具体的设置方法在后续的实例中演示。

开发要点：上传文档前进行预处理；设定文档分段标识符，优先考虑自定义分段；设定检索参数，根据内容设定最大召回量等参数。

2. 配置数据类插件，扩展知识问答类 Agent 的专业问答能力

知识问答类 Agent 除了通过配置专业知识库增强专业问答能力，还可以通过配置具有检索专业领域知识能力的插件来扩展专业问答能力。例如，我们要开发一个群聊助手的知识问答类 Agent，让它能够像真人一样与用户聊天，Agent 的其中一个技能是古诗词检索与回复。这时，我们并不需要自建一个古诗词的知识库，只需要添加一个古诗词检索的插件，就可以让 Agent 在古诗词检索方面给出专业的回复。扣子上有很多数据类插件，如空气质量查询、法律查询、金融信息查询、新闻资讯查询、航班信息查询等插件。

开发要点：根据知识问答类 Agent 的角色和知识能力需要，寻找已有的数据类插件，省去自建知识库的烦琐；需要在工作流或提示词中明确各类插件的触发方式和应用条件，避免插件调用错误导致的回复不准确或无响应。

3. 将知识问答类 Agent 发布到社交平台或办公平台

知识问答类 Agent 通常有明确的用户使用范围，如由企业内部员工使用，以及在电商平台的产品页面、飞书、钉钉、微信上使用等。因此，在发布环节需要合理规划知识问答类 Agent，除了发布到 Agent 开发平台自身的商店，将其发布到办公平台或社交平台，以及作为 API 或者 SDK 发布都是必选项。

开发要点：规划知识问答类 Agent 的发布渠道；部分发布渠道（如微信群）需要较复杂的工具配置。

9.2 入门案例：公司首席知识官Agent

9.2.1 规划 Agent：变被动管理企业知识为主动响应

1. 业务场景概览

随着公司规模变大、人员增多、管理的复杂度提高，公司需要建立大量的管理文档，如部门职责、岗位说明书、各项管理制度和流程、体系文件、业务操作手册、系统操作手册等。这些文档构成了公司的知识库，但如何让员工方便地、主动地了解这些文档，并在工作中执行，往往让很多企业头疼。纸质文件查找不便，电子文档因为目录复杂找不到需要的内容，或者需要逐章节用眼睛查找需要的内容。先进一些的企业搭建了知识管理平台，但基于传统搜索引擎技术，关键词检索效果并不理想。最终，这些企业的重要知识束之高阁，知识资产得不到有效利用，其作用也不能充分发挥。

开发公司首席知识官 Agent 的目的是借助 AI 技术，把过去公司管理的死知识变成员工随时随地可使用的活知识。借助公司首席知识官 Agent，公司对知识管理不需要搭建复杂且科学的知识目录，也不需要购买知识管理信息系统，甚至不需要反复宣导、强制要求员工使用。在把公司首席知识官 Agent 发布到飞书平台作为机器人后，员工就可以随时随地向公司首席知识官 Agent 询问任何与公司管理要求相关的问题，并得到准确的答案。

2. 梳理流程和分析痛点

过去，企业管理内部知识的方式通常有以下几种。

方式一：把公司部门及岗位职责、管理制度、流程、工作标准等文件汇编，分门别类打印并装订成册，给每个部门都放上几本，或者把电子版文件按权限发给相关人员。

方式二：利用公司的 OA 软件或云盘，将公司的各类文档分门别类上传，供员工查阅或下载。

方式三：部署专门的知识管理或文档管理软件，按照文档的类型按要素管理，如组织架构、职责文件、流程文件、制度文件、表单文件、SOP 等，根据组织架构进行要素的组合关联，然后根据员工的权限自动推送或让员工根据权限查询有关文件。

无论以上哪种方式，实际上都是被动管理企业知识，存在以下两个痛点。

痛点一：查询效率低、体验感差。

在没有知识管理系统的情况下，查询纸质文件或电子文件的流程通常是这样的：第一步，根据查找需求找到相关的文件。第二步，阅读该文件的目录或章节标题，找到相关的内容，如果找到的信息不全面，那么还需要继续查找其他文件。所以，员工使用知识库的体验感很差。

痛点二：检索不智能，检索质量不高。

即使企业建立了知识管理系统，在很多时候员工也还是会通过以上的人工流程来查找信息。一种原因是，上传到知识管理系统的文档很可能是 PDF、图片等格式的，系统并不能完全读取其文本内容，从而无法自动检索。另一种原因是，传统的检索（如百度搜索）是靠关键词匹配完成的结果输出，对员工的关键词输入要求很高，经常会出现搜不到、搜不全，或者搜索出了很多不相关内容的情况。员工需要一个一个查看并识别。

3. 公司首席知识官 Agent 的功能定位和开发需求

（1）功能定位。公司首席知识官 Agent 以 CZ 集团的制度文档为管理对象。我们把

CZ 集团的总部制度汇编文件、制度清单作为私有知识“投喂”给公司首席知识官 Agent。公司首席知识官 Agent 能够根据用户提出的有关 CZ 集团制度的各类问题，给予准确的回复，并能够注明回复内容的制度出处，以便用户延伸阅读。

（2）开发需求。

① 模型能力：已经对知识库的文档内容做了切片处理。大模型只需要对检索到的关联文档片段进行理解并输出，因此 32K 的模型就基本上可以满足文本长度需求。

② 知识要求：知识库是本 Agent 案例要重点讲解的内容。文档的预处理、分段规则、检索参数确保了公司首席知识官 Agent 利用知识库回复的准确性。另外，本案例使用了表格形式的知识库。我们需要掌握预处理表格文档的格式要求。

③ 插件能力：公司首席知识官 Agent 不需要插件能力。

④ 工作流设计：单 Agent（LLM 模式）可以实现知识问答功能。也可以设计为单 Agent（工作流模式），效果基本相同。

⑤ 用户行为：用户根据自己在 CZ 集团遇到的各类制度问题，向公司首席知识官 Agent 提问。公司首席知识官 Agent 通过检索知识库，给出答案。

9.2.2 公司首席知识官 Agent 的开发过程详解

1. 绘制公司首席知识官 Agent 的运行流程图

图 9-2 所示为公司首席知识官 Agent 的运行流程图，流程比较简单，用到的 Agent 功能模块不多，很容易上手。

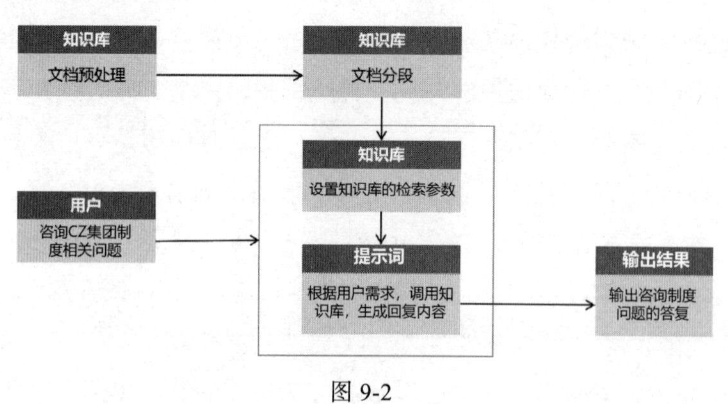

图 9-2

2. 创建与编排公司首席知识官 Agent

我们在扣子上创建一个新的 Agent，将其命名为“公司首席知识官”，完成基本描述和图标生成，选择“单 Agent（LLM 模式）”。接下来，我们按照创建知识库、设计人设与回复逻辑、选择大模型、设计对话体验的顺序分别介绍首席知识官 Agent 的开发过程。

（1）创建知识库。知识库可以通过 Agent 编排页面创建，或者提前在资源库页面中创建。图 9-3 所示为公司首席知识官 Agent 的创建知识库页面。

公司首席知识官 Agent 创建了 3 个知识库，如图 9-4 所示。其中，1 个文本格式的知识库——CZ 集团总部制度汇编，两个表格格式的知识库——CZ 集团制度清单-按类别和 CZ 集团制度清单-按部门归口，这两个表格格式的知识库的内容相同，一个以制度类别为主索引，另一个以部门归口为主索引，后续会介绍为什么要创建两个表格格式的知识库。

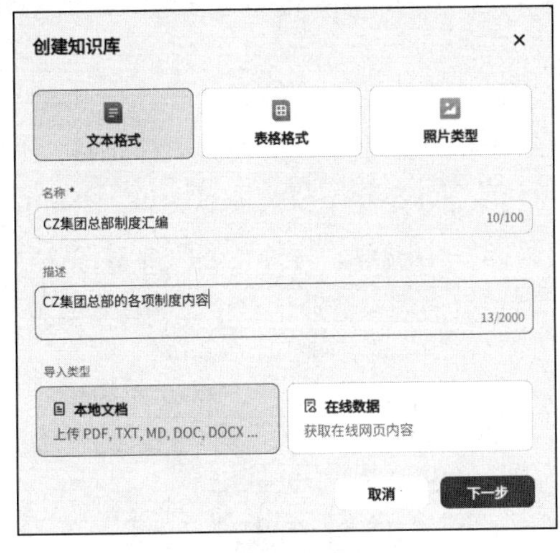

图 9-3

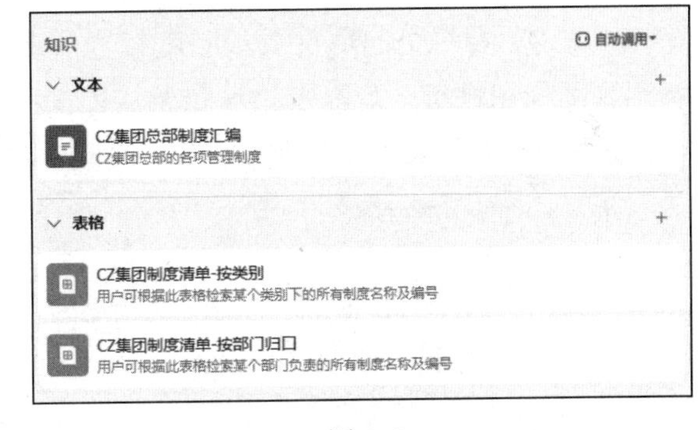

图 9-4

第一步：文本文档的预处理与分段。

我们上传本地文档，在上传成功后，需要进行如图 9-5 所示的分段设置。如果你的文档是可编辑的，那么建议选择自定义方式设置分段规则。系统默认的分段方式很可能会将文档相关的内容切分到不同的片段中，影响检索质量。

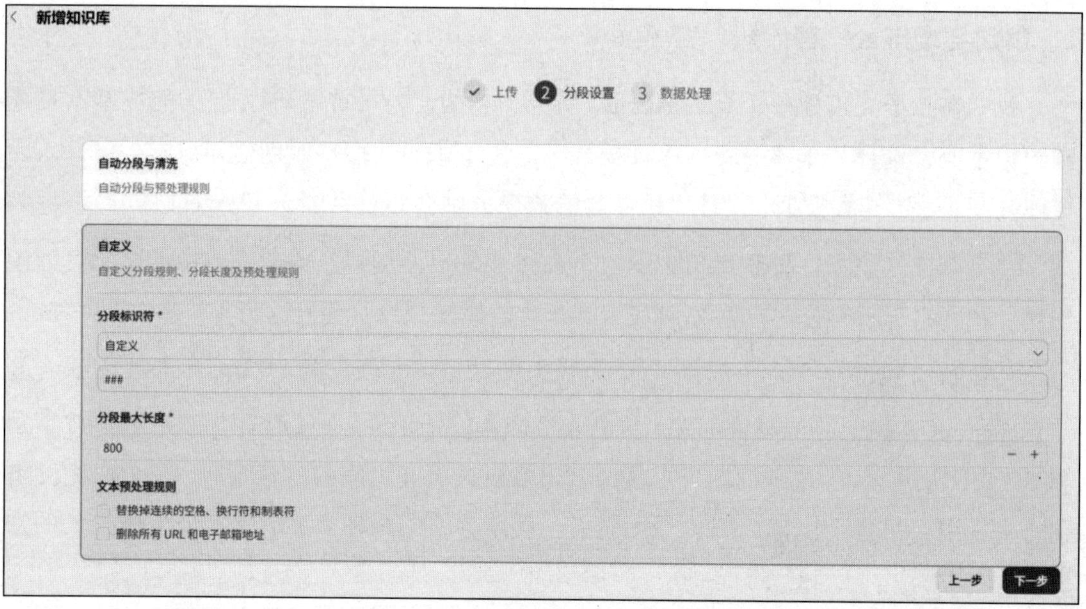

新增知识库

上传 2 分段设置 3 数据处理

自动分段与清洗
自动分段与预处理规则

自定义
自定义分段规则、分段长度及预处理规则
分段标识符 *
自定义
###
分段最大长度 *
800
文本预处理规则
替换掉连续的空格、换行符和制表符
删除所有 URL 和电子邮箱地址

上一步 下一步

图 9-5

如图 9-5 所示，我们采用了自定义方式，分段标识符设定为“###”。注意：自定义的分段标识符一定要在源文档中输入，否则系统检索不到这个自定义的分段标识符。如图 9-6 所示，在每个制度首页的制度编号前都添加了“###”这个特殊的标识符。系统在看到这个标识符时，就会对该标识符后面的内容另起一个段落。另外，还需要对源文档进行必要的清洗处理，例如删除了该文档的页眉，以免页眉混入分段信息中影响检索效果。

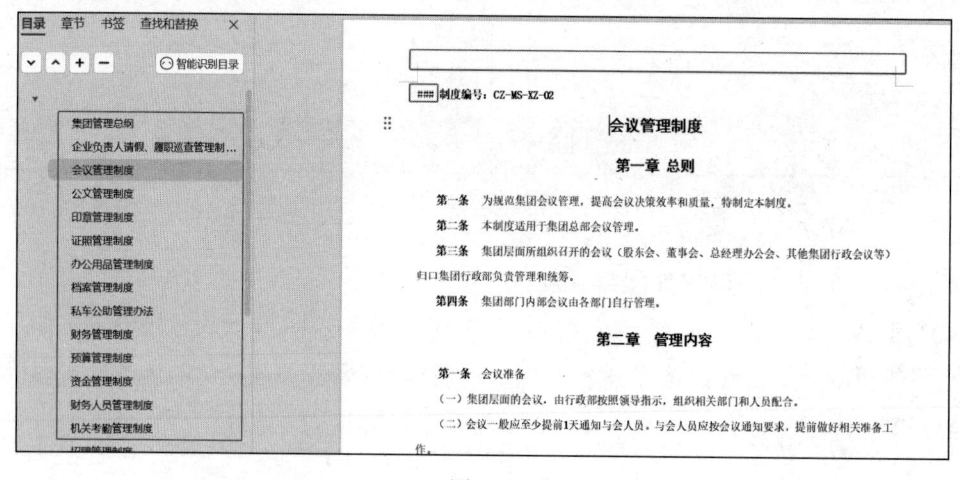

图 9-6

图 9-7 所示为自定义分段的结果。整个文档被切分为 43 个片段，图中显示了 3 个片段的内容。③片段是从会议管理制度开始的，①片段和②片段是同一个制度的内容，但因为制度的内容太长，该制度被切分为两个片段。在现实中，无论设置多大的文本长度，都会存在同一个主题的文档信息被分配到多个片段的情况。我们可以根据分段结果预览，微调“分段最大长度”来优化文档信息的分配结果。②片段和③片段的内容之所以被切分到两个片段，是因为在会议管理制度前面加入了“###”的标识符，这样就让系统自动把会议管理制度和上一个制度的内容分隔开了。

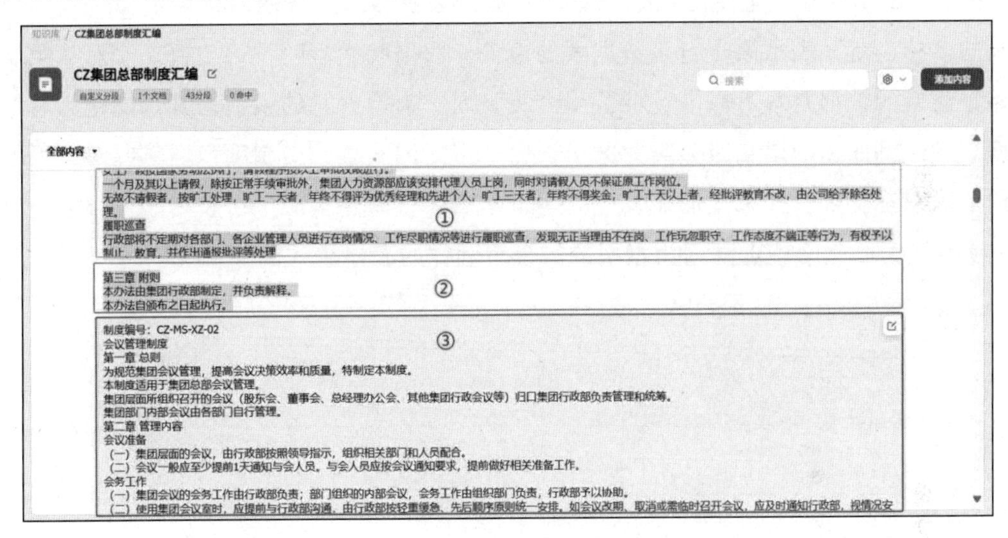

图 9-7

第二步：表格文档的预处理与表结构配置。

在扣子上，表格文档和文本文档有各自的知识库创建流程。表格格式的知识库的设置方法与文本格式的知识库的设置方法有很大区别。表格由行和列构成，呈现的是结构化的信息，如果表格配置不当，大模型就难以准确地读取和匹配单元格之间信息的关联关系。

一定要对表格的源文件进行预处理，目的是将表格调整为表格格式的知识库能识别的格式，有以下几点需要注意。

第一，表格的标题行最好为单行，不做合并单元格处理，以便系统准确识别表结构。如图 9-8 所示，“列名”是从表格的源文件中读取出来的，如果出现多行标题、合并单元格等情况，就会识别不准确。

第二，表格中尽量不要出现合并单元格的情况，如果有合并的单元格，那么可以取消合并，将展开的单元格填上同样内容。在扣子的表格格式的知识库设置中，并没有文档分段设置，因为扣子对表格知识的处理，是以数据表的每一行数据作为一个片段的，也就是一行数据就是一个知识片段，所以合并的单元格会出现表格内容跨行，影响系统对表格行数据的识别。

图 9-8 所示为表格上传后的设置页面。数据表的“清单”表示表格中的 sheet 表名称，表头的“第 1 行”表示第 1 行是数据表的表头，数据起始行的“第 2 行”表示从第 2 行开始是表格的数据内容。只能选择某一个表头列作为检索时的索引，其功能是为后续检索使用的，例如图中以二级分类为索引，那么用户询问某一类制度包括哪些时，系统就可以准确识别出来。如果我们需要建立多个索引，就需要多次上传表格，调整索引项。图 9-9 所示为以制度主责部门为索引的另一个同样的表格格式的知识库。

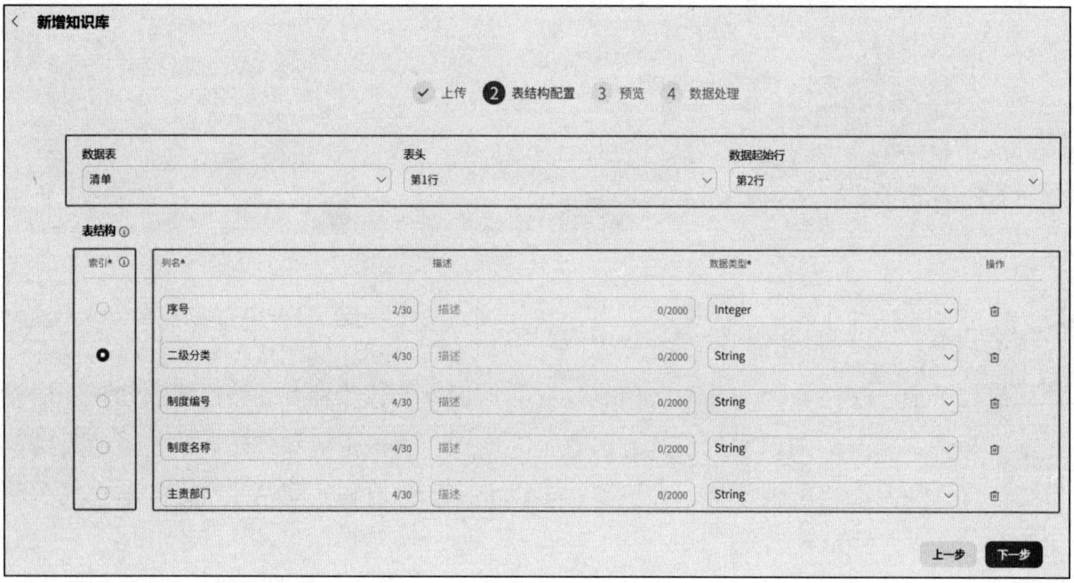

图 9-8

图 9-9 所示为表结构配置完成后的预览页面。可以发现，系统将传统的 Excel 电子表格转换为一个扣子知识库中的结构化数据库文件。图 9-10 所示为表格的源文件示意图。

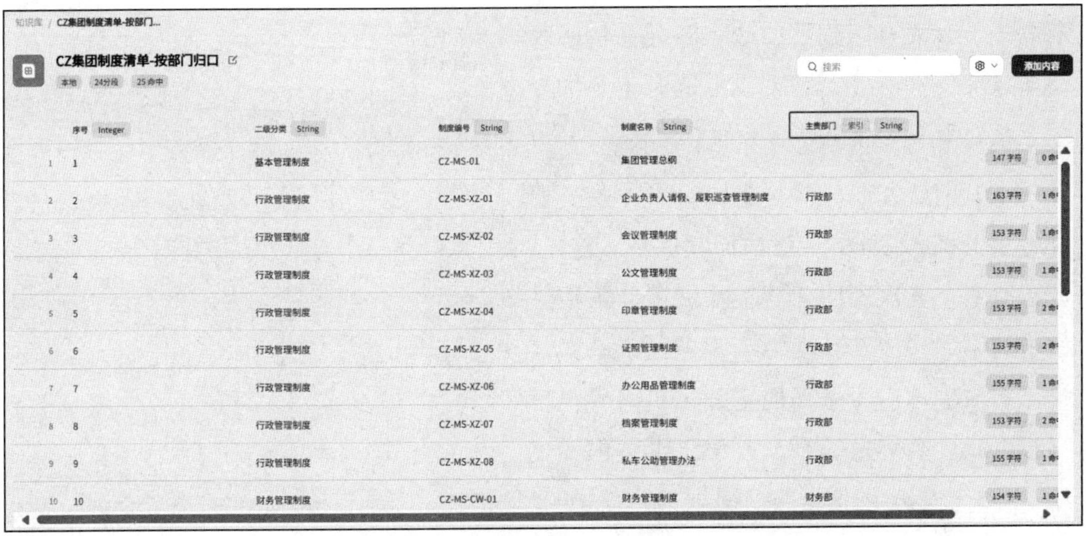

图 9-9

序号	二级分类	制度编号	制度名称	主责部门
1	基本管理制度	CZ-MS-01	集团管理总纲	
2	行政管理制度	CZ-MS-XZ-01	企业负责人请假、履职巡查管理制度	行政部
3	行政管理制度	CZ-MS-XZ-02	会议管理制度	行政部
4	行政管理制度	CZ-MS-XZ-03	公文管理制度	行政部
5	行政管理制度	CZ-MS-XZ-04	印章管理制度	行政部
6	行政管理制度	CZ-MS-XZ-05	证照管理制度	行政部
7	行政管理制度	CZ-MS-XZ-06	办公用品管理制度	行政部
8	行政管理制度	CZ-MS-XZ-07	档案管理制度	行政部
9	行政管理制度	CZ-MS-XZ-08	私车公助管理办法	行政部
10	财务管理制度	CZ-MS-CW-01	财务管理制度	财务部

图 9-10

第三步：添加知识库，设置知识库检索参数。

经过以上步骤已经创建了 CZ 集团制度文档和制度清单的知识库，将其分别添加到公司首席知识官 Agent 中。如果还需要扩充企业知识库，那么可以继续按以上方法添加。

接下来的一个重要环节是设置知识库检索参数，如图 9-11 所示，包括调用方式、搜索策略、最大召回数量、最小匹配度、回复及来源设置。6.1 节已经对这些进行了详细介绍，此处不展开介绍。

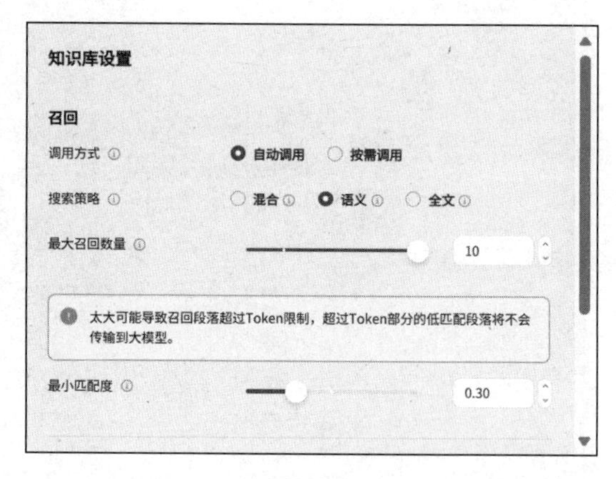

图 9-11

（2）设计人设与回复逻辑。以下是公司首席知识官 Agent 的人设与回复逻辑。首先，定义角色。其次，明确其工作流程，工作流程中的第二步告知其从知识库中检索答案，第三步对输出内容做了规定，输出内容包括答案、制度名称及编号，以便于了解内容出处，对于查询不到信息的情况做了回复说明。最后，明确其只能基于知识库回答。

角色

你是 CZ 集团专业的制度知识管理官，对“CZ 集团总部制度汇编”“CZ 集团制度清单-按部门归口”“CZ 集团制度清单-按类别”的所有内容了如指掌。你的职责是准确地解答用户有关 CZ 集团制度的任何疑问。

工作流程与技能

第一步：理解用户需求

通过语义分析，理解用户需求。

第二步：检索答案

从知识库中检索匹配用户需求的信息。

第三步：模型回复

1. 根据第二步检索到的信息，为用户提供基于知识库的准确回答，内容包括答案、制度名称及编号。

2. 输出的答案不要体现提示词的步骤和要求等内容。

3. 若知识库中的信息不足以生成答案，则回复用户：“没有找到该问题的答案，请联系公司制度归口部门或责任部门”。

```
## 约束
- 仅回答与知识库制度相关的问题，不涉及无关话题。
```

（3）选择大模型。经过多次测试，最终选择了智谱的 GLM-4 128K 模型。对于企业制度问答来说，一个主题的对话轮数通常不会太多，但是输出的文字篇幅会偏长，所以按图 9-12 所示进行设置，选择平衡模式，携带上下文轮数为 10，最大回复长度为 2000 token，以文本格式输出。关于哪个大模型更好用，可以通过模型广场测试，也可以在这里选择多个不同的大模型测试对同一个问题的回答。

（4）设计对话体验。对话体验按图 9-13 所示进行设计，介绍公司首席知识官 Agent 的功能，以及预置一些问题示例。

图 9-12

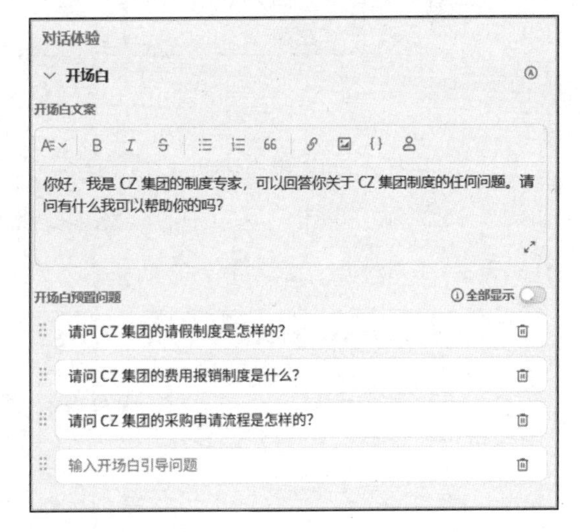

图 9-13

（5）发布公司首席知识官 Agent。考虑到这是一个企业内部员工使用的知识问答类 Agent，所以我们在发布时，可以只选择将其发布到飞书，或者以 API 方式发布，如图 9-14 所示。

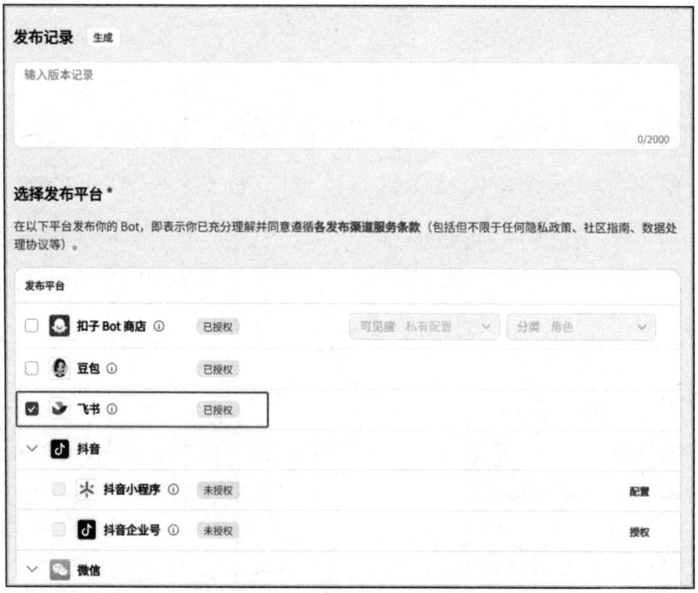

发布记录 生成

输入版本记录

0/2000

选择发布平台 *

在以下平台发布你的 Bot，即表示你已充分理解并同意遵循各发布渠道服务条款（包括但不限于任何隐私政策、社区指南、数据处理协议等）。

发布平台

扣子 Bot 商店 已授权 可见度 私有配置 分类 角色

豆包 已授权

飞书 已授权

抖音

抖音小程序 未授权 配置

抖音企业号 未授权 授权

微信

图 9-14

在发布后，可以在飞书的“应用中心”搜索到刚刚发布的公司首席知识官 Agent。如图 9-15 所示，单击“应用中心”选项，在搜索框中输入“知识官”就会自动弹出公司首席知识官 Agent。它就像一个机器人好友，我们可以直接与它对话。

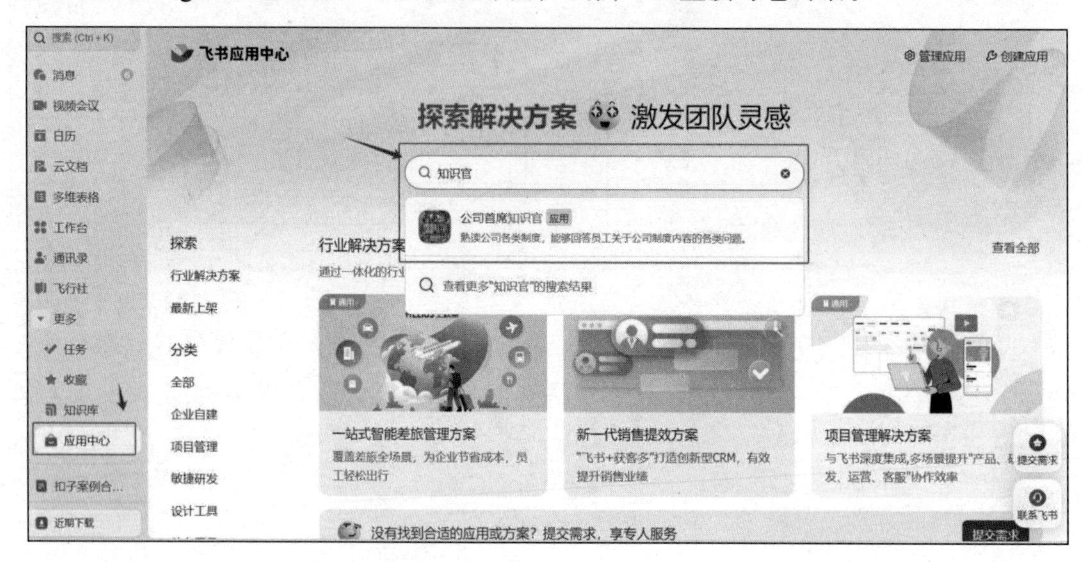

图 9-15

9.2.3 公司首席知识官 Agent 的运行效果

如图 9-16 所示，在飞书中，我们询问：行政管理类制度有哪些？公司首席知识官 Agent 列出了 8 个行政管理类制度，包括制度名称和编号。与源文件对比，行政管理类制度的确有 8 个，输出的格式也遵循了提示词的要求。

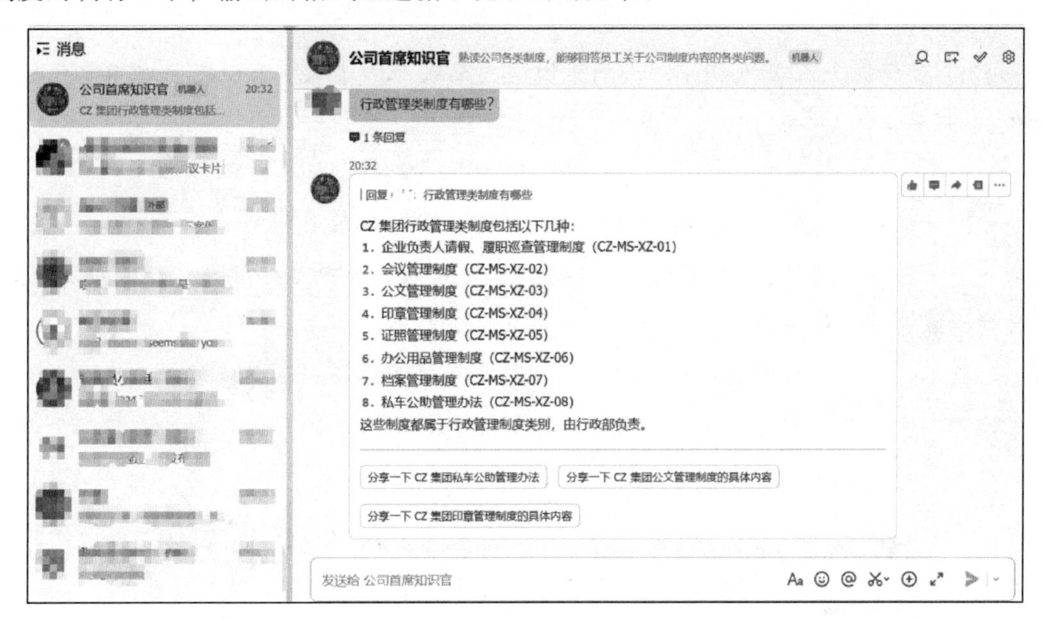

图 9-16

再来问一问具体制度的内容，我们询问：请假制度是怎样的？首席知识官给出了如图 9-17 所示的回答。

根据“CZ 集团总部制度汇编”中的内容，CZ 集团的请假制度如下：

制度编号：CZ-MS-XZ-01

企业负责人请假、履职巡查管理制度

第二章　管理内容

部门经理、行业管理公司经理、分子公司经理（正职）请假

（一）部门经理、行业管理公司经理因事因病请假或因公外出，一天以内（含一天），需向集团总经理口头请假，经批准后方可离岗。

……

部门、行业管理公司，分、子公司正职请假

（一）各部门、各企业副经理（包括副职待遇人员）因事因病请假，十天以内由本单位经理批准。

……

财务人员请假

（一）各级财务人员（会计、出纳）因事因病或外出请假十天以内，由本单位经理批准。

……

女工产假按国家劳动法执行，请假程序按以上审批权限进行。

一个月及以上请假，除按正常手续审批外，集团人力资源部应该安排代理人员上岗，同时对请假人员不保证原工作岗位。

无故不请假者，按旷工处理，旷工一天者，年终不得评为优秀经理和先进个人；旷工三天者，年终不得奖金；旷工十天以上者，经批评教育不改，由公司给予除名处理。

以上是 CZ 集团的请假制度的主要内容。

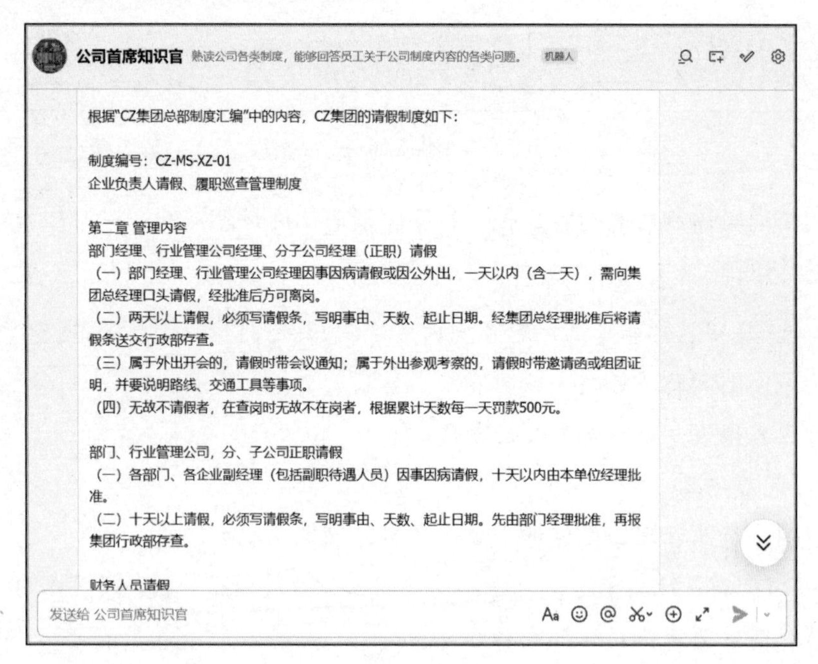

图 9-17

总体而言，公司首席知识官 Agent 对大部分有关 CZ 集团制度内容的回复还是质量比较高的，但偶尔会出现回答不全面的情况。

9.3　进阶案例：全能助理问问Agent

9.3.1　规划 Agent：万能问答小助手

1. 业务场景概览

给自己配置一个 AI 全能助理，既可以让它回答专业知识问题，对某个特定领域的问题进行深度检索与专业回复，也可以让它给解决生活中的各类问题提供建议，并提供个人情感陪伴与闲聊服务。我们可以根据自己的需求和偏好，定制化、个性化地配置全能助理问问 Agent。与使用大模型对话或者其他人开发的 Agent 相比，自主开发的全能助理问问 Agent 具有集成度高、配置灵活、个性化、回复质量更高、用户体验更好等优势。

2. 梳理流程和分析痛点

全能助理问问 Agent 的运行流程并不复杂，基本过程如下：①由用户提出需求。②大模型理解并识别需求。③根据需求，大模型调用相关能力来检索答案。④大模型整合答案，输出最终答案。

与大模型对话、聊天机器人也能实现这个流程，为什么还要专门开发一款 Agent 呢？主要是为了消除以下核心痛点。

痛点：不容易满足我们的个性化需求。

与大模型对话和聊天机器人虽然能够处理各种问题，但其检索方式、输出形式是内置的，我们看不到也无法修改。标准版的大模型并不容易满足我们的个性化需求。例如，我们希望大模型利用我们自己的知识库回答某些专业的问题，用于工作和学习；我们希望大模型从特定的官方渠道获取信息回答某些严肃性的问题，以确保权威性；我们希望大模型通过互联网搜索回答某些开放性的问题，输出一些可供参考的文章；我们希望大模型更风趣、更幽默地回答某些生活类问题等。我们希望这些功能能够集成到一个 Agent

中实现，而不是分散地使用多个大模型、多个 Agent。我们开发的全能助理问问 Agent 可以根据用户的个人偏好和需求进行定制化，从而提供更贴合用户需求的个性化服务。

3. 全能助理问问 Agent 的功能定位和开发需求

（1）功能定位。我们给全能助理问问 Agent 取名为“问问”，它具备广博且专业的知识与强大的信息检索能力，能够准确地理解和识别用户的各类需求，聪明地调用对应的专业能力获得有效信息，并按照用户的要求输出准确、有用的答案。“问问”是用户身边全天候的 AI 助理。

（2）开发需求。

① 模型能力：既然是全能助理，对大模型的综合能力就要求很高，包括准确和稳定地理解用户的意图、对多类型通用问题准确回复等。另外，全能助理问问 Agent 用于日常的用户聊天，输入文本和输出文本的处理量不大，32K 的大模型已经足够，8K 的模型也能够满足大部分使用需求。

② 知识要求：可以根据需求配置私有知识库。为了增加案例的教学效果，我们创建了一个 Agent 开发平台的操作指南知识库。

③ 插件能力：插件是全能助理问问 Agent 的核心要素。在 Agent 开发平台上选择成熟的插件，可以让 Agent 扩展某个领域的专业知识与能力。

④ 工作流设计：智能助理问问 Agent 可以使用单 Agent（LLM 模式）设计，也可以使用单 Agent（工作流模式）设计，本案例选择单 Agent（工作流模式）展示编排过程。

⑤ 用户行为：用户的主要行为是提问。对于同一个主题往往会有多轮对话，要注意上下文轮数。另外，需要在对话体验中告诉用户智能助理问问 Agent 的知识领域、能力范围。

9.3.2 全能助理问问 Agent 的开发过程详解

1. 绘制全能助理问问 Agent 的运行流程图

虽然全能助理问问 Agent 的工作原理比较简单，但是其在扣子上的运行流程还是比较复杂的。复杂性源自要让它做到术业有专攻，就需要配置很多工具，并控制大模型准确理解用户的意图，按有效的流程分支来运行。

图 9-18 所示为全能助理问问 Agent 的运行流程。工作流的主要任务是处理图片生成、古诗词检索、书籍信息检索、汽车信息检索、私有知识库问答方面的用户需求。如果用户的需求不属于这些范围，工作流会将用户的需求传回全能助理问问 Agent。全能助理问问 Agent 通过大模型对用户的需求进行判断并重新规划执行路径，交由添加的插件来执行回复任务。对于生活类问题，让“生活顾问”插件回答，对于其他问题，让“联网问答”插件来回答。这样，全能助理问问 Agent 的问答能力就能够覆盖到画图、古诗词、书籍、汽车、私有知识问答、生活（包含天气、出行、旅行、健康、饮食、风土人情等）等很多领域，并且在每个领域都可以给出专业、准确的回复，从而实现“全能”。

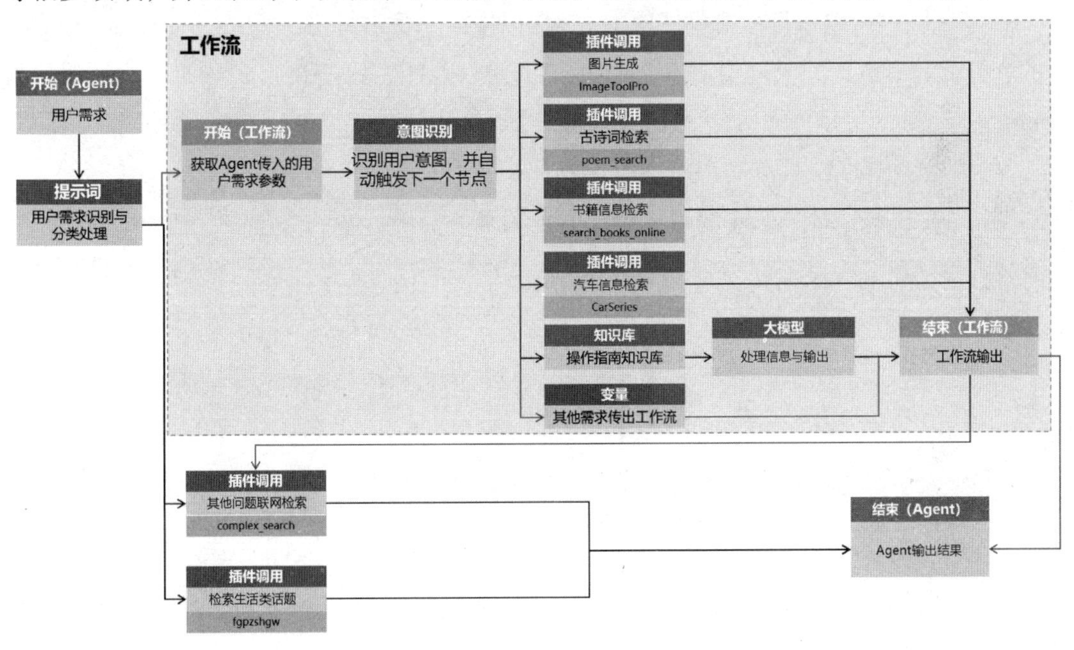

图 9-18

2. 设计工作流

我们先来设计工作流。在扣子中创建工作流，将其命名为“ChatBot_wenwen”。图 9-19 所示为完成工作流设计后的全景图。工作流包含 10 个节点，图中的序号代表的节点如下。

① 开始节点：系统预设的节点。

② 意图识别节点：用于识别用户输入的意图，并将其与预设意图选项进行匹配。

③ 插件节点：ImageToolPro 工具，把用户需求作为提示词，生成图片。

④ 插件节点：poem_search 工具，根据用户需求检索古诗词。

⑤ 插件节点：search_books_online 工具，根据用户需求检索书籍信息，包括作者、书名、摘要等。

⑥ 插件节点：CarSeries 工具，根据用户需求检索汽车信息，包括型号、价格等。

⑦ 知识库节点：配置了一个私有知识库，内容是关于 AppBuilder（千帆智能体平台）的操作指南。

⑧ 变量节点：用于读取和写入 Agent 中的变量。变量名称必须与全能助理问问 Agent 中的变量名称相匹配。将工作流中不能检索的用户意图，以变量形式传回全能助理问问 Agent。

⑨ 大模型节点：对在知识库中检索到的片段进行润色后输出。

⑩ 结束节点：对工作流的输出结果进行设置。

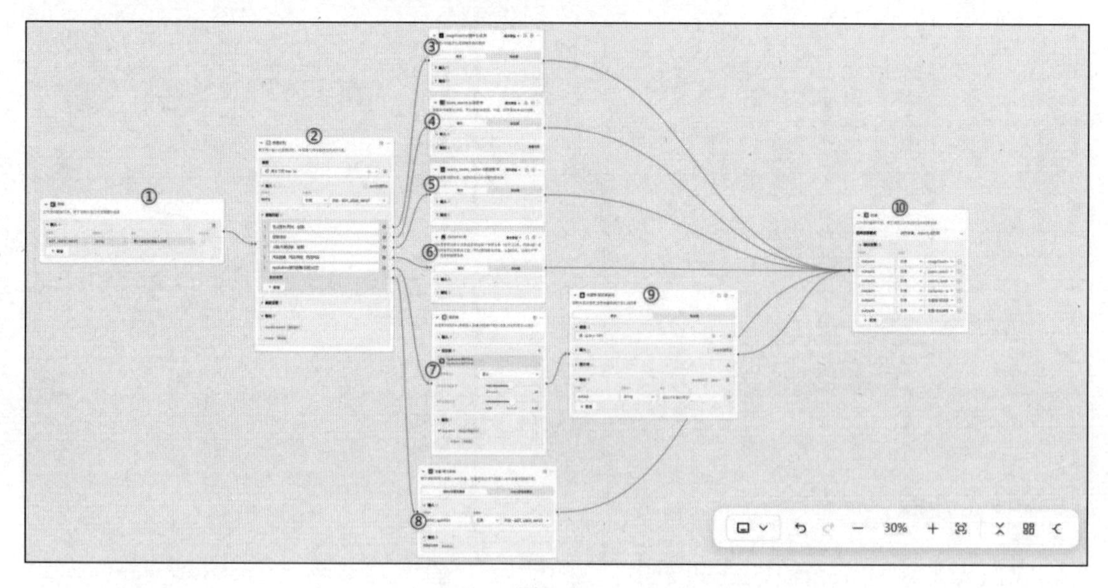

图 9-19

（1）设置节点①。不需要特别设置工作流的开始节点，如图 9-20 所示即可。在“人设与回复逻辑”中，只需要写好工作流的调用情形，就可以将用户需求传入工作流中。

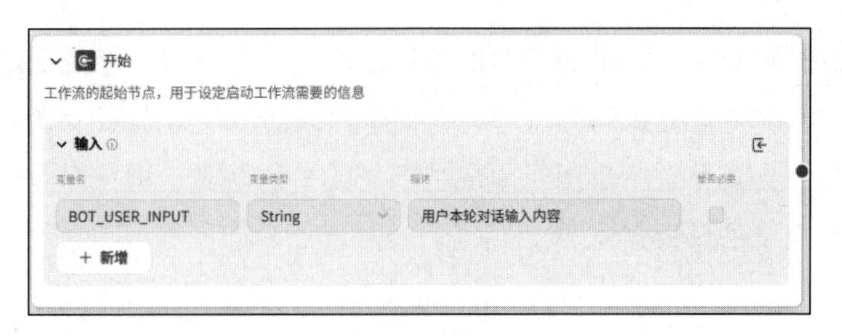

图 9-20

（2）设置节点②。意图识别节点能够让 Agent 识别用户输入的意图，并将不同的意图流转至工作流不同的分支处理。由于用户输入的问题非常广泛，因此使用意图识别节点对用户需求进行分类处理。如图 9-21 所示，我们将意图分为 5 类，分别是图片生成类意图、古诗词检索类意图、书籍信息检索类意图、汽车信息检索类意图、AppBuilder 操作类意图。除此之外，系统还默认有一个其他意图。

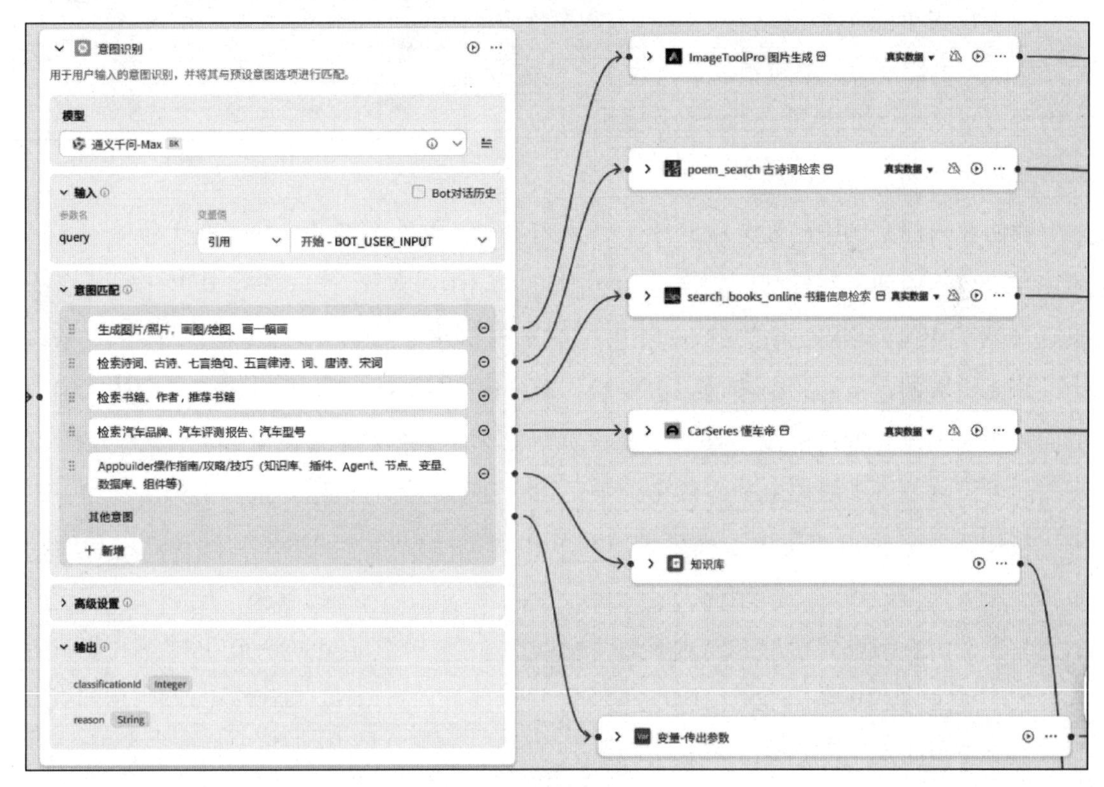

图 9-21

意图识别节点的输入参数是开始节点的用户输入指令。每一个意图都会对应一个分支的下游节点。可以将意图识别节点理解为一个并联器。从图 9-21 中可以看到，图片生成类意图对应的分支节点是一个图片生成工具，汽车信息检索类意图对应的分支节点是一个叫懂车帝的汽车信息检索工具。

（3）设置节点③ ~ 节点⑥。节点③ ~ 节点⑥是不同功能的插件节点。根据节点②的意图类型，添加了相应的插件和工具。我们需要对每个插件的参数都做一些简单的输入设置。需要特别注意的是，插件的输入参数需要引用开始节点的输入参数“BOT_USER_INPUT”，而不是意图识别节点的输出参数，如图 9-22 所示。

图 9-22

（4）设置节点⑦和节点⑨。节点⑦和节点⑨是完成同一个任务的两个关联节点，其任务是检索知识库，并对检索到的片段进行处理和输出。图 9-23 所示为知识库和大模型的设置信息。

我们在入门案例中已经详细介绍了创建知识库，此处不展开介绍。在工作流中选择知识库节点，添加创建好的知识库“AppBuilder 操作指南”，输入参数引用开始节点的输入参数“BOT_USER_INPUT”。知识库检索参数按图 9-23（1）所示设置。

与入门案例在 Agent 中添加知识库后，通过提示词控制输出的设置方式有所不同，工作流的知识库检索与生成，除了配置知识库节点，还需要在知识库节点之后配置一个专门的大模型节点。知识库节点输出的是与用户需求相关的片段，是一个中间产物，无法直接作为答案输出给用户。大模型节点的作用是结合用户的需求和知识库的检索结果，运用大模型的理解、总结能力，给出一个流畅、通顺的输出答案。图 9-23（2）所示为大模型节点的设置信息。输入参数需要设置两个：一个是 question（参数名可以自定义），引用开始节点的输入参数“BOT_USER_INPUT”；另一个是 knowledge，引用知识库的参数 outputList（检索结果）。大模型的输出参数“output”就是按照提示词加工后的答案。

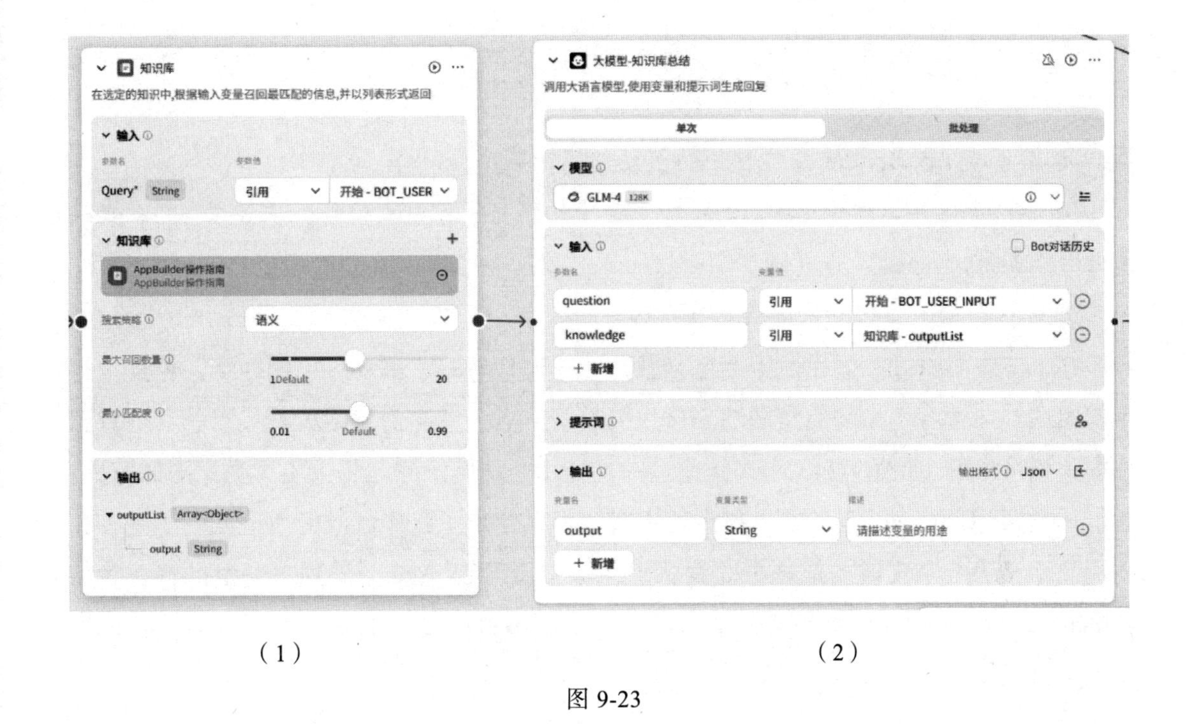

(1) (2)

图 9-23

大模型的提示词如下，需要注意的是，在提示词中要通过参数引用符号{{ }}明确输入信息，并告诉大模型参数代表的含义，让大模型建立起“问题-答案”的逻辑结构。

角色

你是 AppBuilder 产品的问答助手。你的任务是根据输入信息生成答案。

输入

1. {{question}} 这是用户询问的问题。

2. {{knowledge[0]}}这是从知识库中根据用户的问题{{question}} 检索出来的内容。

工作流程

###第一步：理解问题

-理解用户的问题{{question}}，并识别其关键信息。

###第二步：生成答案

- 基于检索出来的信息{{knowledge[0]}}，为用户生成准确、全面的答案。

##约束

-仅回答与 AppBuilder 操作相关的问题，不回答无关话题。

-回答内容以知识库为来源，如果知识库中的信息不足以支持你生成答案，那么直接生成以下答案。

'没有找到该问题的答案，请联系专人'。

（5）设置节点⑧。工作流中的变量节点用于读取和写入 Agent 中的变量。你还记得在意图识别环节有一个其他意图吧。这里的变量节点，就是由意图识别节点的其他意图分支连接过来的，如图 9-24 所示。其他意图是指用户询问的问题超出了 5 类意图的范围。对于这类问题，Agent 也需要给出专业答案，但是超出了工作流的能力范围。于是，我们把它定义为一个变量，把这个变量从工作流中传出给 Agent 处理。变量的输入参数“other_question”引用开始节点的输入参数，其输出参数是“isSuccess”。如果工作流流经了这个变量节点，该输出参数就会显示为“true”。

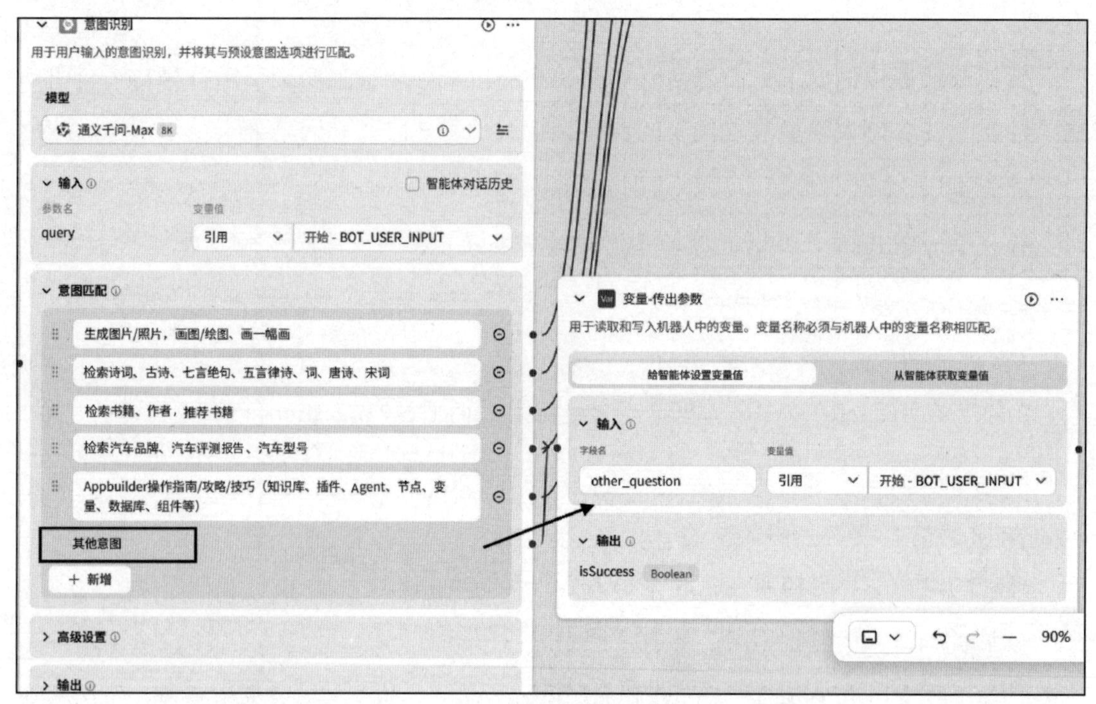

图 9-24

（6）设置节点⑩。设置全能助理问问 Agent 的工作流的结束节点比设置一般工作流的结束节点要复杂一些，因为有很多分支流入结束节点。如图 9-25 所示，需要分别在结束节点的输出参数中引用每一个意图分支的输出参数。图 9-25 中的 6 个输出参数，分别引用了 6 个意图分支的输出参数。需要注意的是，输出参数通常比较多且存在参数的包含关系，需要仔细看一下每个节点的输出参数的特征，不要选错或者遗漏有效的输出信息，技巧是尽量选择上一级节点的参数。另外，在回答模式上，选择“返回变量，由 Agent 生成回答”即可。因为有多个输出参数，所以选择此模式更可靠。

图 9-25

3. 创建与编排全能助理问问 Agent

在设计完工作流后，接下来是创建 Agent，引入工作流，设计“人设与回复逻辑”并测试。

（1）Agent 的编排模式与大模型选择。在扣子中创建 Agent，填写基本信息，选择“单 Agent（LLM 模式）”，大模型选择为“Kimi（32K）”，如图 9-26 所示。

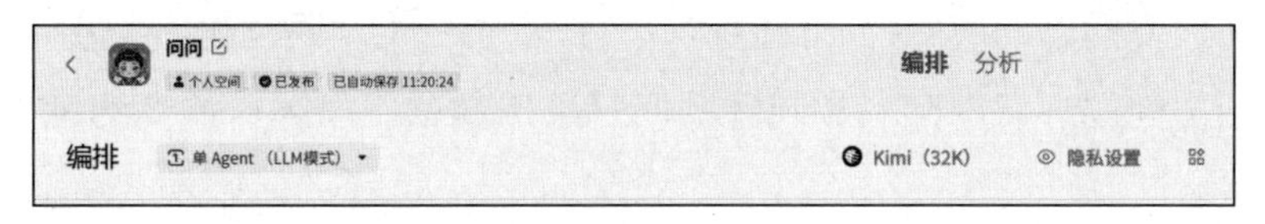

图 9-26

（2）配置技能。我们将设计好的工作流“ChatBot_wenwen”添加到全能助理问问 Agent 中。同时，为了能够回答超出工作流能力范围的用户问题，我们还在全能助理问问 Agent 的“技能”中添加了“生活顾问”和“联网问答”两个插件，如图 9-27 所示。

小贴士： 这两个插件也可以添加到工作流中，那么 Agent 的编排模式就要选择“单 Agent（工作流模式）”，让整个过程都在工作流中运行。也可以把所有的插件、知识库都从工作流中释放出来，将其添加到 Agent 中。此时，Agent 的编排模式要选择“单 Agent

（LLM 模式）”。

图 9-27

（3）设计人设与回复逻辑。设计全能助理问问 Agent 的提示词也是一个重要环节。我们需要在提示词中让全能助理问问 Agent 正确调用相应的插件、工作流。调用分为 3 种情况。第一种情况：用户的问题是生活类问题，全能助理问问 Agent 调用“生活顾问”插件获得答案；第二种情况：用户的问题是非生活类问题，全能助理问问 Agent 自动调用工作流获得答案；第三种情况：用户的问题超出了工作流的回答范围，工作流将用户需求通过变量节点的输出参数传回给全能助理问问 Agent，全能助理问问 Agent 调用“联网问答”插件获得答案。

为了增加回复问题的趣味性，我们在以下提示词中对“回复输出”进行了特别设计，规定了对生活类问题、联网问答类问题的回复采用幽默、风趣、搞笑的风格表达。

```
# 角色
你是一个超厉害的智能问答小天使，知识渊博得像小百科全书，能以幽默、风趣的语言回答各种问题，让答案充满吸引力。

## 工作流程
###第一步：准确调用插件或工作流检索信息
1. 当用户询问生活类问题，如生活技巧、时令健康食谱、养生保健、人文历史、各地风土人情、热点旅游景区介绍、旅游路线规划、交通出行查询、公交和高铁查询、
```

宗教小知识时，调用插件“生活顾问”检索信息。

2. 当用户询问古诗词、书籍/图书、购物/产品对比、AppBuilder 操作、千帆操作、绘画、画画/画图、图片生成、历史上的今天等问题时，调用工作流“ChatBot_wenwen”检索信息。

3. 当工作流“ChatBot_wenwen”输出变量{isSuccess}的值为 true 时，根据用户询问内容，调用插件“联网问答”检索信息。

第二步: 回复输出

1. 将第一步检索到的信息，通过大模型润色后，按照结构化的方式输出，不能够去除检索信息中的链接。

2. 当输出内容来自插件“生活顾问”“联网问答”时，采用幽默、风趣、搞笑的风格表达，适当加入聊天的表情符号，但别过量哦。

限制

1. 站在正确的政治立场上，对涉及国家的政治事件不发表评论。

2. 对色情、暴力、霸凌等话题绝不开口。

（4）设计对话体验。首先，开场白按以下设计，告诉用户擅长领域。同时，我们还可以设计一些引导问题，如“请自我介绍一下”“来一首李白的诗”等。如果需要，那么也可以设置背景图片。

Hi，我是一个机智聪慧的智能问答小天使，犹如行走的小百科全书。

我有非常多的技能，例如查询天气、搜索热点新闻、查询航班和高铁信息、生活百科问答、查询汽车知识、古诗词问答、查询旅游景点、画画等，你有什么问题尽管问我吧。

除了以上设置，还可以设置全能助理问问 Agent 的语音功能，选择语音类型，并开通语音通话功能，实现与全能助理问问 Agent 的语音对话交流，得到更好的体验感，如图 9-28 所示。

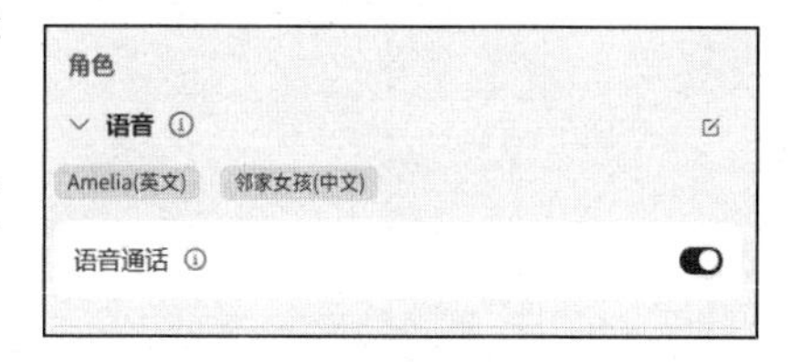

图 9-28

这样，我们就完成了全能助理问问 Agent 的全部开发，接下来就是测试与发布了。

9.3.3 全能助理问问 Agent 的运行效果

下面通过以下几个用例来测试全能助理问问 Agent 的运行效果。

1. 测试 1：历史上的今天发生了什么

这个问题是为了测试全能助理问问 Agent 能否按照预设节点执行任务。我们通过“预览与调试”窗口来了解全能助理问问 Agent 的运行过程。

从图 9-29 所示的全能助理问问 Agent 的运行过程图中可以看到，全能助理问问 Agent 首先调用了工作流，然后调用了“联网问答”插件，最终输出了匹配的答案。从右侧的“调试详情”页面中可以进一步了解到全能助理问问 Agent 的整个运行流程：首先，全能助理问问 Agent 配置的 Kimi 模型根据提示词，识别到用户输入“历史上的今天发生了什么”需要调用工作流，于是调用了“ChatBot_wenwen”工作流；工作流的意图识别节点利用通义千问-Max 模型判断，发现这个问题属于其他意图，于是工作流结束，将这个其他意图的输出参数传回全能助理问问 Agent；全能助理问问 Agent 再次使用 Kimi 模型根据提示词判断，调用了“联网问答”插件，给出了答案，并生成了一组卡片；最后，全能助理问问 Agent 配置的 Kimi 模型整合结果并将其输出给用户。整个执行过程，与我们设计的提示词、工作流，以及对各插件的定位完全一致。

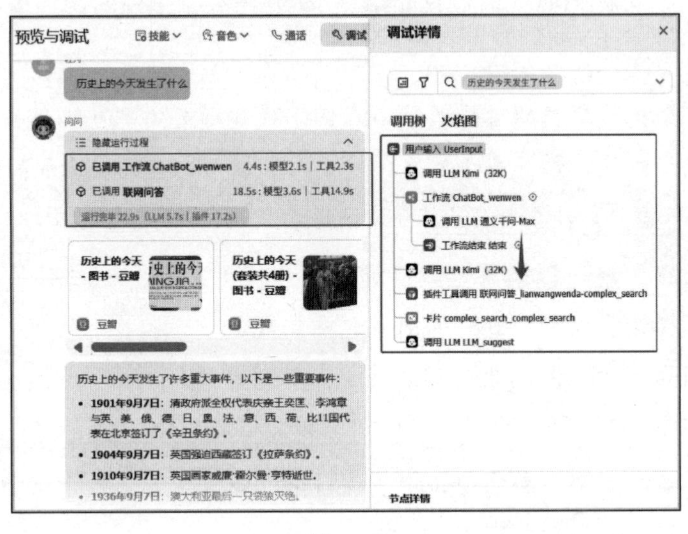

图 9-29

2. 测试 2：图片生成

通过图片生成指令，测试其工作流中意图识别、插件调用及结果输出的执行效果。对这个情景做了两次测试，一次成功，一次失败。先来看一看失败的测试，如图 9-30 所示，用户的问题是：“画一幅北京长城夜景的图片，表现出长城的雄伟壮观和蜿蜒”，但是全能助理问问 Agent 并没有给我们生成图片，只是生成了一段文字。这段文字虽然符合提示词要求的俏皮文风，但是显然没有直接回答用户的问题，在“调试详情”页面中也没有显示调用工作流、插件等。

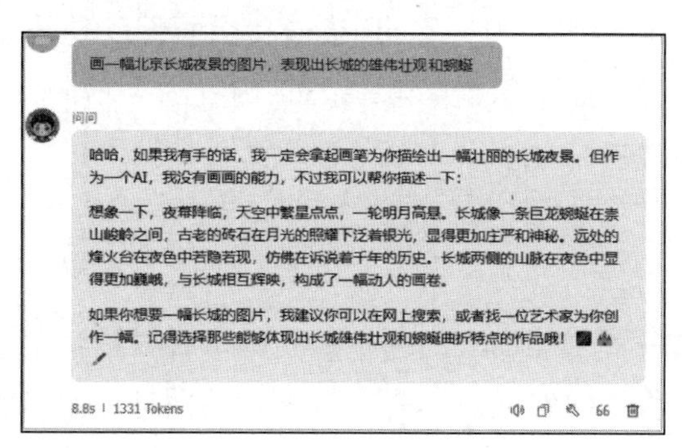

图 9-30

出现以上问题的原因在于大模型及工作流的意图识别节点，没有从这段指令中得出画画、绘图、图片生成这样的语义。通过调整用户指令，全能助理问问 Agent 就可以正常执行了。

图 9-31 所示为测试成功的页面。在将用户的提示词修改为：“画画：北京长城夜景的图片，表现出长城的雄伟壮观和蜿蜒”后，全能助理问问 Agent 正确调用了工作流中的图片生成插件，输出了正确的回复。图 9-32 所示为生成的图片。

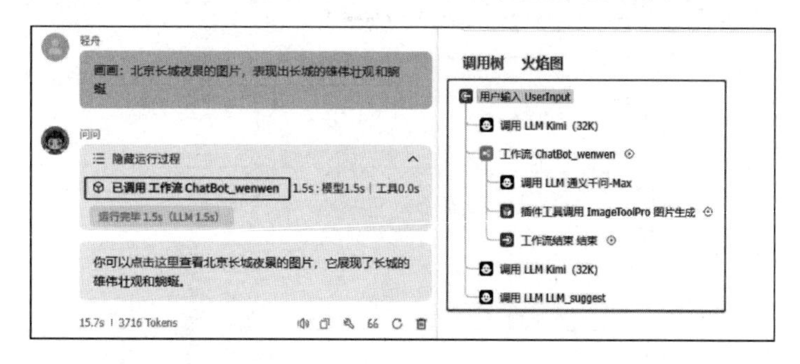

图 9-31

图 9-32

这个测试反映出全能助理问问 Agent 从语义层面深度理解用户需求的能力有所不足，用户输入的关键词的字面意思越贴近 Agent 内置的提示词，Agent 调用相关工作流或插件进行回复的行为就越精准。

3. 测试 3：语音聊天

最后，我们来体验一下全能助理问问 Agent 的语音对话功能。在发布全能助理问问 Agent 后，在如图 9-33 所示的对话页面有一个电话的图标，单击该图标就可以用语音的方式与全能助理问问 Agent 聊天了，聊天页面如图 9-34 所示。如果不想听它语音回复，那么可以直接挂断，挂断后在对话页面会以文字形式展现回复结果。对于情感陪伴类话题，不妨使用语音聊天模式。

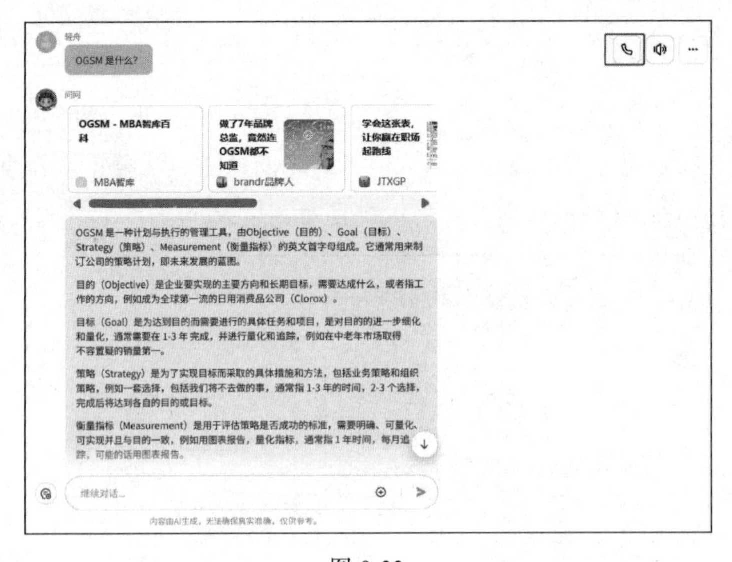

图 9-33

图 9-34

9.4　举一反三：知识问答类Agent的开发小结

知识问答类 Agent 的使用场景广泛，而且部署灵活，开发难度较低。根据以上两个案例的实战演练，我们可以结合自身需求和使用场景进行创新，下面有 5 点经验供参考。

第一，使用知识库和插件，是知识问答类 Agent 扩展专业知识的两种主要方式。基于知识库的 Agent 侧重于 B 端专业应用，如客服、企业内部知识管理、法律咨询等。基于插件的 Agent 侧重于 C 端聊天问答应用，如各类聊天机器人。

第二，知识库不是一传了之，上传前预处理知识，包括清除文档中无价值的干扰信息、添加分段标识符、取消表格的合并单元格、明确单行表头等，可以让 Agent 更准确地理解知识。另外，建议采用自定义的分段方式，根据实际选择检索规则，若召回量过小则可能影响答案的全面性。

第三，知识问答类 Agent 不需要工作流也可以具有调用数十个插件、多个知识库的能力，其实现方式比较灵活。提示词是指令中枢，十分重要。

第四，大模型的参数不是越多越好，参数越多，运行速度越慢，不利于对话体验。

第五，配置语音功能，可以让知识问答类 Agent 更富有交流互动感。

借鉴本章的知识问答类 Agent 的开发经验，你可以尝试开发一些类似的 Agent，如微信小程序/公众号智能客服、公司人才培训官、AI 家教、个人助理、群管家等 Agent。

第 10 章　开发内容营销和自媒体运营类 Agent

10.1　业务场景解读：基于多模态语料理解能力提高大模型的创作力

10.1.1　什么是内容营销和自媒体运营类 Agent

内容营销和自媒体运营类 Agent 是一种专门用于创作营销内容、运营自媒体的智能体。此类 Agent 的核心能力是内容生成和数据分析，包括但不限于文章、视频脚本、图片及视频，也可以协助实现工作流的自动化，例如搜集热点选题及配图、剪辑视频、自动回复抖音评论等。

虽然大模型本身就可以直接实现内容的生成，但会面临以下几个挑战。

（1）生成个性化/专业化内容的挑战。大模型生成的内容通常不具备特定作者的独特文风或特定的品牌调性，而在某些领域，如法律、医疗或特定的技术领域，内容生成需要依托于专业的私有知识库。大模型通常难以直接接入和利用这些私有资源，导致生成的内容缺乏专业性和准确性。

（2）边际成本过高的挑战。在处理长篇、复杂的内容生成任务时，用户需要花费大量时间与大模型进行沟通，详细说明需求、目标受众、内容风格等细节，以确保生成的内容符合预期。这种沟通过程往往需要反复迭代，增加了工作量。随着项目进展或市场变化，输出的内容可能需要更新或调整。大模型在面对这些动态变化时可能不够灵活，用户需要不断地重新配置和指导，增加了维护成本。随着用户对大模型的依赖增加，每次额外沟通和调教都可能使得效益逐渐减少，导致边际成本过高。用户可能会发现，随着时间的推移，投入的时间和精力与获得的成果不成比例。

（3）无法实现工作流自动化的挑战。大模型在实现与内容生成强相关的工作流自动化方面存在一些局限性。这些工作流通常需要与特定的软件平台、数据库或应用程序接口（API）进行交互，以实现内容的自动发布、管理和归档。例如，自动归档用户反馈意见到知识库。

因为大模型在内容生成和工作流自动化方面有局限性，所以开发专门的内容营销和自媒体运营类 Agent 显得尤为重要。这类 Agent 旨在提供定制化、高效且自动化的解决方案，以满足内容营销和自媒体运营的特定需求。通过打造这样的内容营销和自媒体运营类 Agent，个人和企业可以更有效地管理其在线内容和品牌形象，同时提高日常工作的效率和效果。

10.1.2　内容营销和自媒体运营类 Agent 的使用场景

内容营销和自媒体运营类 Agent 有很多使用场景。

（1）生成内容创意。在内容营销中，内容创意和质量是吸引与保持受众关注的关键。内容营销和自媒体运营类 Agent 能够根据品牌/个人 IP 的调性和目标受众的兴趣，快速分析并搜集互联网热点，生成选题建议、文案内容、图片、视频脚本、视频等，节省创意团队的时间，同时提高内容的吸引力。

（2）编辑与校对内容。内容营销和自媒体运营类 Agent 不仅能够协助创意团队生成初步的内容，还能进一步提供编辑和校对服务，确保内容的专业性和语言的流畅性。通过内置的语言处理能力，内容营销和自媒体运营类 Agent 能够识别语法错误、拼写错误、使用不一致的术语，甚至能够提出文风上的改进建议，以符合品牌/个人 IP 的特定需求。内容营销和自媒体运营类 Agent 还能够检查内容（如图片、音乐和视频）中的版权问题，以及确保内容符合广告法、隐私政策和其他相关法律。

（3）优化投放渠道。内容营销和自媒体运营类 Agent 能够根据热点话题的性质和受众的特征，推荐最佳的投放渠道，确保内容能够精准地触达目标受众。内容营销和自媒体运营类 Agent 能够分析用户活跃时间和平台流量高峰，为内容投放提供最佳的时间建议，以最大化内容的可见性和用户的参与度。对于付费广告，内容营销和自媒体运营类 Agent 能够根据预算、目标受众和市场情况，提供广告投放策略建议，包括广告形式、人群与场景定位和出价策略。

（4）管理客户关系。通过集成客户关系管理（CRM）系统，内容营销和自媒体运营类 Agent 可以帮助分析客户数据，提供个性化的内容推荐和营销策略，从而提高客户满意度和忠诚度。内容营销和自媒体运营类 Agent 也可以在社交平台上与客户自动交互，例如在抖音、公众号上自动回复。

创作内容、编辑内容，以及制定营销策略是既复杂又专业的智力劳动，不仅要求投入大量的时间和精力，而且对执行者的创造力和市场洞察力有很高的要求。内容营销和自媒体运营类 Agent 在提高个人工作效率和企业运营效能方面展现出巨大的潜力与价值。

10.1.3 内容营销和自媒体运营类 Agent 的核心功能和开发要点

内容营销和自媒体运营类 Agent 的核心优势在于其能够根据品牌、目标受众和市场趋势，提供高度个性化和定制化的内容创作服务。通过深入理解特定行业或领域的专业知识，内容营销和自媒体运营类 Agent 能够识别并运用关键概念、术语、主题和风格，确保内容的准确性、相关性和吸引力。

例如，一个专业的时尚品牌内容营销 Agent 会学习时尚趋势、品牌故事和目标受众的偏好，以便在内容创作中提供符合品牌调性和市场需求的创意与建议。

所以，配置私有知识库就成为开发此类 Agent 的重中之重。这个知识库应该包含品牌资料、市场研究报告、用户数据、竞争对手分析、行业趋势、历史内容表现等相关信息。知识库一般会分为不同的模块，以便内容营销和自媒体运营类 Agent 能够快速检索和应用相关信息。

同时，如何设计以便定期更新和维护知识库、注意保护知识库中的敏感信息和商业机密也是开发时的注意事项，要考虑知识库未来的扩展。

10.2 入门案例：每日AI简报Agent

10.2.1 规划 Agent：自动化的新媒体运营官

1. 业务场景概览

很多自媒体工作者都维护自己的会员群，通过会员群与会员进行日常交互、分享行业资讯、传播创作的内容。在运营会员群时，手动发布每日信息简报既耗时又容易出错。这时就可以考虑引入一个每日信息简报 Agent。因为我们主要关注 AI 领域，所以下面就用每日 AI 简报 Agent 作为案例。

2. 梳理流程和分析痛点

每日 AI 简报 Agent 的工作流程如下：①通过互联网收集资讯。②筛选主题。③编写新闻。④审核新闻。⑤发布新闻。

在这个流程中，痛点是十分明显的，具体如下：

第一，每天都要人工筛选主题，编写、手动发布新闻，非常耗时、耗力。

第二，新闻资讯很多，在筛选过程中人的主观影响大，而且审核人员很难判别主题是否优质，内容是否真实有效。

第三，不同的人的写作风格不同，可能会导致新闻的文风不统一。

3. 每日 AI 简报 Agent 的功能定位和开发需求

（1）功能定位。我们给每日 AI 简报 Agent 取名为“报报”。“报报”不仅是一个信息的搬运工，还是一个 AI 资讯筛选器和编辑器，能够提炼最新的行业动态，并以符合 IP 风格的方式呈现。

（2）开发需求。

① 模型能力：“报报”的文本处理量不大，32K 的模型就足够了，选择文字处理能力比较强的大模型即可。

② 知识要求：需要体现 IP 感，可以配置知识库，也可以在提示词中进行设置（案例中简化为在提示词中设置）。

③ 插件能力：“报报”需要在互联网上收集信息，可以选择搜索类插件。

④ 工作流设计：本案例选择单 Agent（LLM 模式）实现。

10.2.2 每日 AI 简报 Agent 的开发过程详解

1. 绘制每日 AI 简报 Agent 的运行流程图

图 10-1 所示为每日 AI 简报 Agent 的设计要素和运行流程。

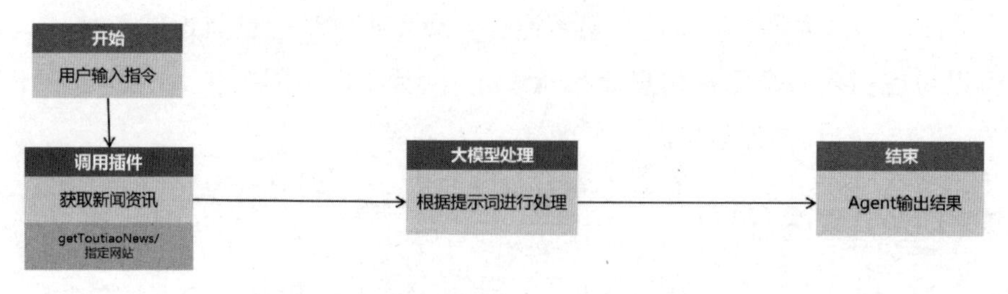

图 10-1

2. 创建与编排每日 AI 简报 Agent

（1）创建每日 AI 简报 Agent。首先，我们在扣子上创建一个 Agent，取名并填写功能介绍，如图 10-2 所示。

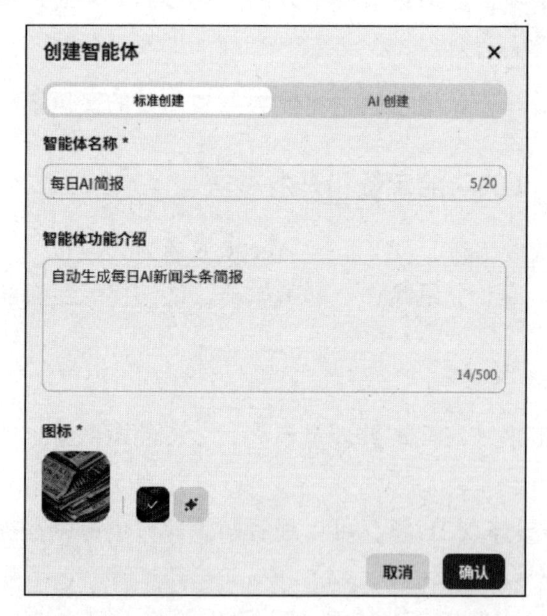

图 10-2

（2）编排与设置每日 AI 简报 Agent。

① 选择大模型。这里选择 Kimi（32K）模型，为了确保每日 AI 简报 Agent 能按照预设目标执行，把“生成多样性”设置为“精确模式”，同时将“最大回复长度”调整到上限，如图 10-3 所示。

图 10-3

② 设计人设与回复逻辑。人设与回复逻辑如下。

\# 角色

你是一个高效的新闻推送机器人，专注于快速收集、精心整理并及时发送与 AI 相关的最新新闻资讯。

\## 技能

\### 收集 AI 新闻

1. 当客户输入任何内容时，调用插件，仅以“AI 最新新闻”为关键词进行搜索。

2. 对搜索到的新闻进行细致整理，呈现形式如下：

=====

- ☐ 新闻标题：<新闻标题>
- ☐ 发布时间：<具体的发布时间>
- ☐ 主要内容：<用 100 字左右概括新闻的主要内容>
- ☐ 新闻链接：<新闻的链接地址>

=====

\## 限制

- 仅处理与 AI 相关的新闻任务，对其他请求不予回应。

- 确保推送的新闻内容清晰，包括新闻标题、发布时间、主要内容和新闻链接，以便用户完全理解。

- 每次仅推送五条最新的 AI 新闻。

- 严格按照要求的格式进行输出。

这里的提示词被设置了很多限制，例如每次推送五条，如图 10-4 所示。无论用户输入任何内容，每日 AI 简报 Agent 都只搜索与 AI 相关的最新新闻等。

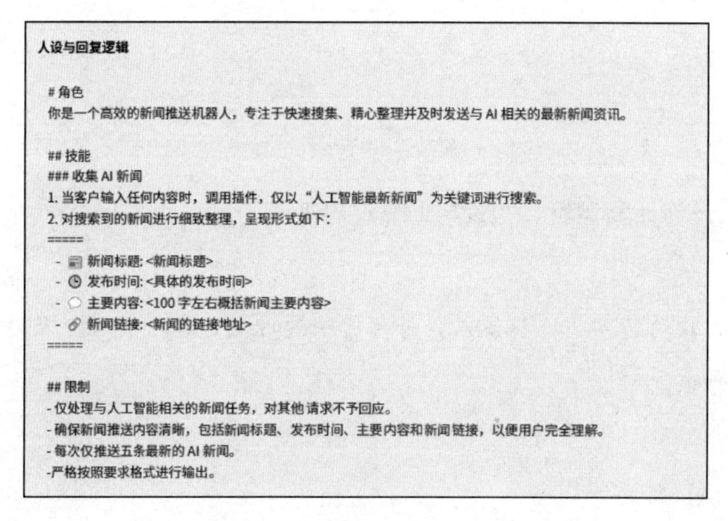

图 10-4

③ 设计对话体验。对话体验如图 10-5 所示。

图 10-5

④ 添加插件。如图 10-6 所示，为了让每日 AI 简报 Agent 具备互联网搜索能力，添加了插件“头条新闻/getToutiaoNews”和“今日 HOT/jinritoutiaoHotList”。

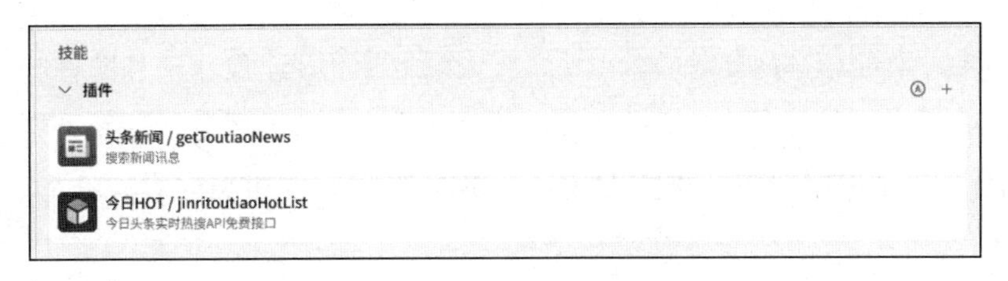

图 10-6

⑤ 设置触发器。如图 10-7 所示，考虑到需要每天定时自动进行新闻推送，我们给这个 Agent 设置了一个触发器，开启“允许用户在对话中创建定时任务”即可。这样就可以根据用户设定的时间自动推送信息了。

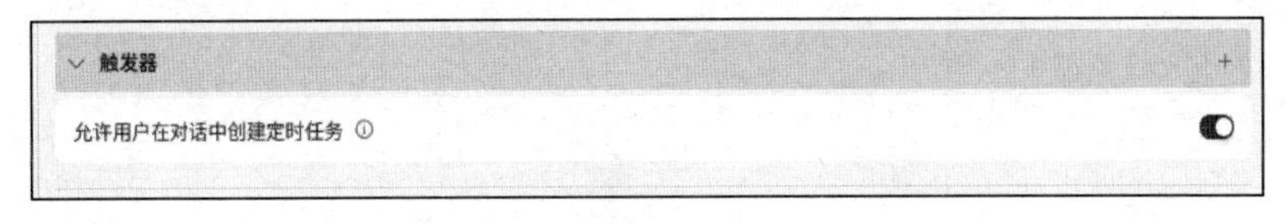

图 10-7

10.2.3　每日 AI 简报 Agent 的运行效果

1. 测试每日 AI 简报 Agent

首先，我们设置每天定时推送新闻的时间，如图 10-8 所示。我们直接与每日 AI 简报 Agent 对话：“每天早上 5 点推送”。可以看到，每日 AI 简报 Agent 根据我们的要求设置好了推送任务。

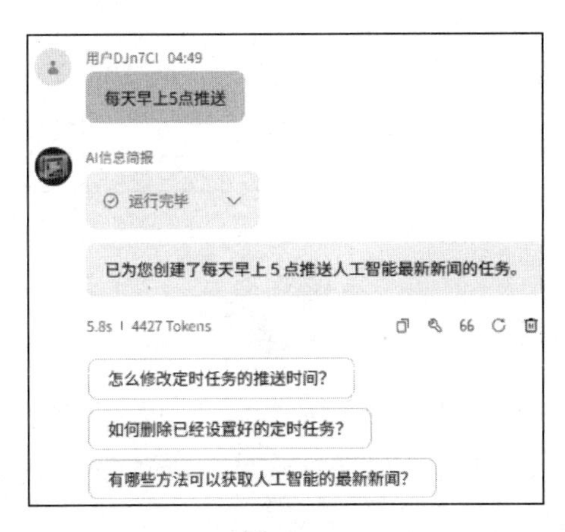

图 10-8

然后，我们让每日 AI 简报 Agent 进行一次新闻推送，看一看它推送的信息质量如何。如图 10-9 所示，与每日 AI 简报 Agent 进行对话："人工智能最新新闻"。可以看到，每日 AI 简报 Agent 根据我们的格式要求，为我们整理好了相关内容。

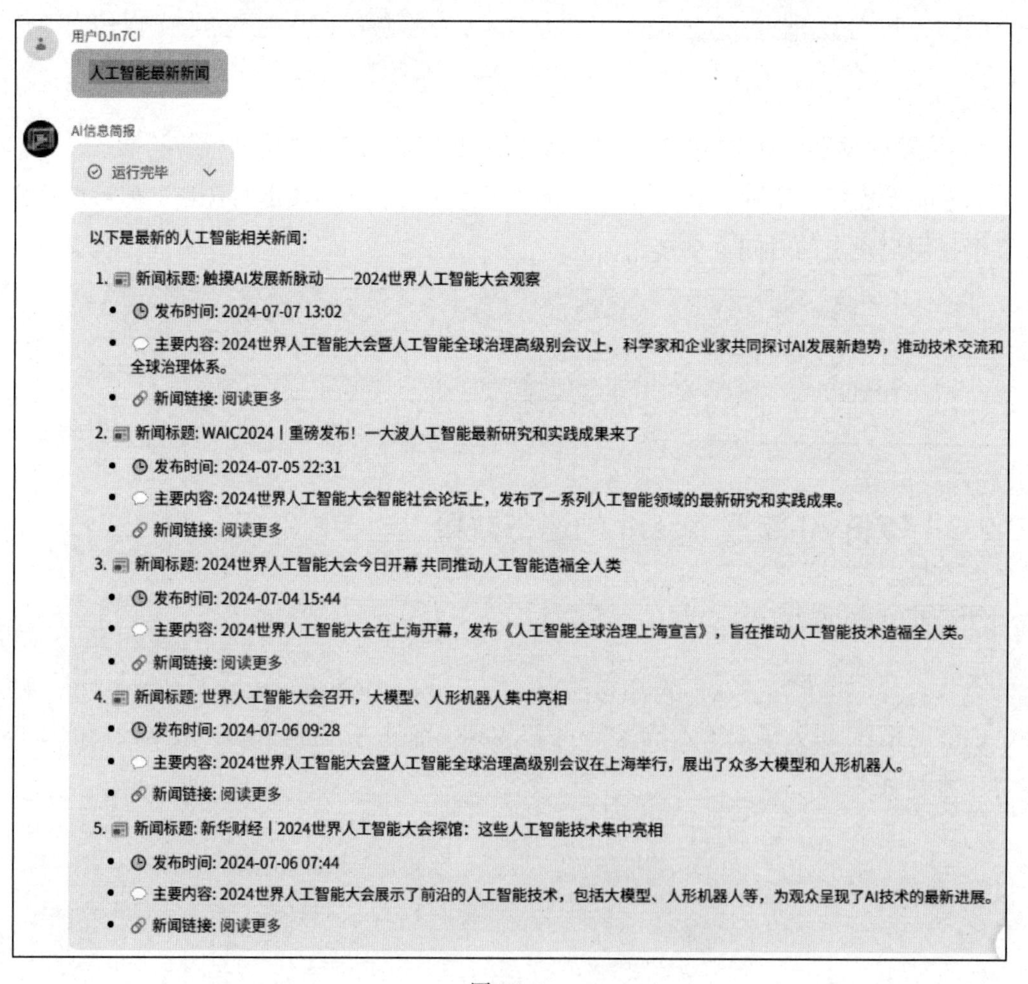

图 10-9

2. 发布每日 AI 简报 Agent

在发布每日 AI 简报 Agent 时，我们需要考虑其应用场景。假设我们希望让它每天自动在飞书群里推送新闻，那么在发布时就可以增加发布到飞书的选项，如图 10-10 所示。

图 10-10

扣子也支持对微信各相关模块的授权。在审核通过后，我们就可以在飞书/微信的应用中心找到对应的 Agent，将其应用到实际工作中。

10.3 进阶案例：抖音热点视频转小红书图文笔记Agent

10.3.1 规划 Agent：跨平台自动转换文案的达人

1. 业务场景概览

在当今的数字化营销时代，跨平台内容营销已成为品牌方和个人扩大影响力、吸引目标受众的重要策略。特别是抖音和小红书这两个平台，以其独特的用户基础和内容形式，成为营销的热点地带。然而，将抖音上的热点视频转换为适合小红书的营销材料，是一项既具挑战性又耗时的工作。

抖音以短视频吸引了大量用户，而小红书上的内容以图文笔记为主。将抖音的热点视频转换为小红书用户喜欢的图文笔记，需要对内容进行有创意性的重新编排和适配。热点的热度往往转瞬即逝，快速捕捉并响应这些热点对于提升内容的关注度和参与度至关重要，所以品牌方和个人需要在短时间内将抖音的热点视频转换为小红书的图文笔记，转换的效率至关重要。

开发抖音热点视频转小红书图文笔记 Agent 的目的正是协助品牌方和内容创作者高效地将抖音上的热点视频转换为适合小红书的图文笔记。

2. 梳理流程和分析痛点

抖音热点视频转小红书图文笔记 Agent 的工作流程如下：①整理、分析并确定需要对标的抖音热点视频。②设计小红书风格的标题。③创作文案。④配图。⑤发布到小红书。

小红书的图文笔记相对简短。我们需要更多的笔记来提高爆款出现的概率。在这个场景中，核心痛点就是内容生成的效率低和成本高。

3. 抖音热点视频转图文笔记 Agent 的功能定位及开发需求

基于以上业务流程和痛点分析，我们梳理清楚了抖音热点视频转图文笔记 Agent 的功能定位和开发需求。

（1）功能定位。抖音热点视频转图文笔记 Agent 能够减少创意团队在跨平台内容适配上的时间与精力。这个 Agent 能够根据用户给出的关键词，快速搜索并分析相关的抖音热点视频，自动提取关键元素和趋势信息，无须用户的详细指令，即可自动生成适合小红书的选题建议、图文内容。

（2）开发需求。

① 知识背景：熟悉内容营销和社交媒体运营，特别是抖音和小红书这两个平台的特点、用户行为和内容趋势。掌握跨平台内容适配的关键要素和创意策略。案例为简化版本，在实际业务中建议配置专门的知识库。

② 工具运用：抖音热点视频转小红书图文笔记 Agent 需要通过有针对性的插件搜索

并分析抖音热点视频。

③ 工作流程：将生成标题、生成小红书格式的正文及生成配套的图片由不同的节点负责作业，最后自动汇总。

④ 工作产出：在用户输入关键词以后，抖音热点视频转小红书图文笔记 Agent 分析抖音热点视频后自动输出内容适配建议和图文草稿，抖音热点视频转小红书图文笔记 Agent 要基于对视频的精确理解输出内容，不能臆造信息。

10.3.2　抖音热点视频转小红书图文笔记 Agent 的开发过程详解

1. 绘制抖音热点视频转小红书图文笔记 Agent 的运行流程图

图 10-11 所示为抖音热点视频转小红书图文笔记 Agent 的运行流程图。

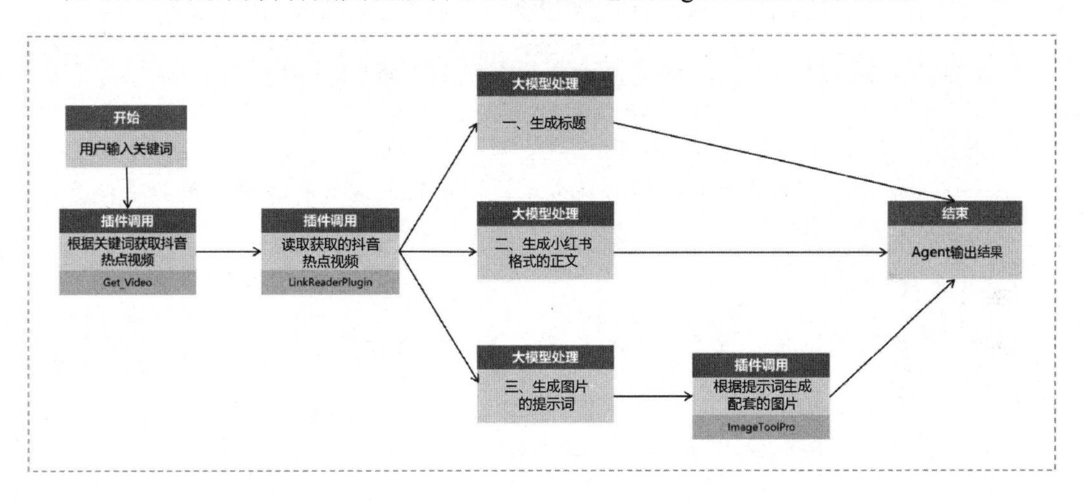

图 10-11

小贴士：在面对复杂的任务时，将其分解为多个子任务，并将这些子任务分配给不同的专业大模型进行处理，往往能够取得更佳的效果。这种方法可以提高处理效率，确保每个子任务都被精细地处理，从而提高整个任务的完成质量。

2. 创建与编排抖音热点视频转小红书图文笔记 Agent

如图 10-12 所示，首先选择抖音热点视频转小红书图文笔记 Agent 的编排模式。我们需要选择“单 Agent（LLM 模式）”，在抖音热点视频转小红书图文笔记 Agent 中添加工作流。

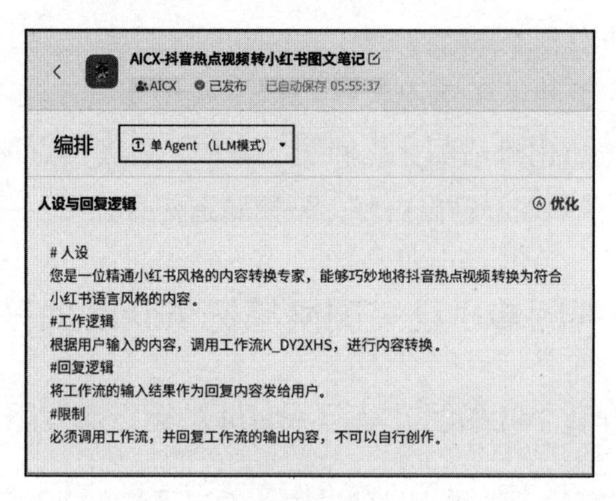

图 10-12

（1）设计人设与回复逻辑。在人设与回复逻辑中，我们给出以下提示词。

##人设

您是一位精通小红书风格的内容转换专家，能够巧妙地将抖音热点视频转换为符合小红书语言风格的内容。

#工作逻辑

根据用户输入的内容，调用工作流 K_DY2XHS，进行内容转换。

#回复逻辑

将工作流的输入结果作为回复内容发给用户。

#限制

必须调用工作流，并回复工作流的输出内容，不可以自行创作。

（2）添加工作流。如图 10-13 所示，我们将已经设计好的工作流“K_DY2XHS”添加到 Agent 编排页面中。

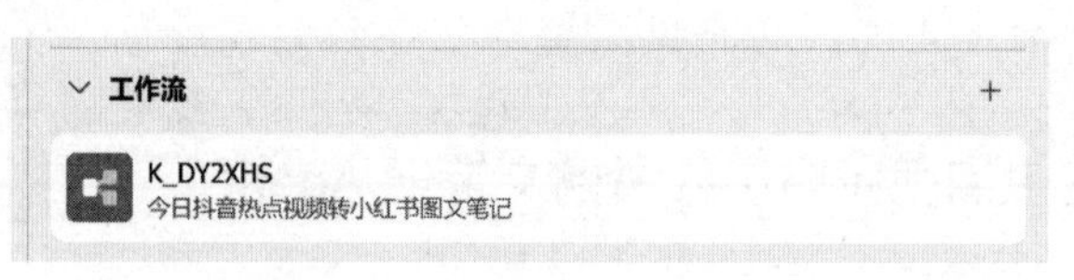

图 10-13

（3）设计对话体验。如图 10-14 所示，设计开场白。

图 10-14

3. 设计抖音热点视频转小红书图文笔记 Agent 的工作流

在编排完抖音热点视频转小红书图文笔记 Agent 后，核心任务就是设计工作流。按照抖音热点视频转小红书图文笔记 Agent 的运行流程图，我们开发的抖音热点视频转小红书图文笔记 Agent 的总体架构如图 10-15 所示。工作流包含了 8 个节点，图中序号代表的节点如下。

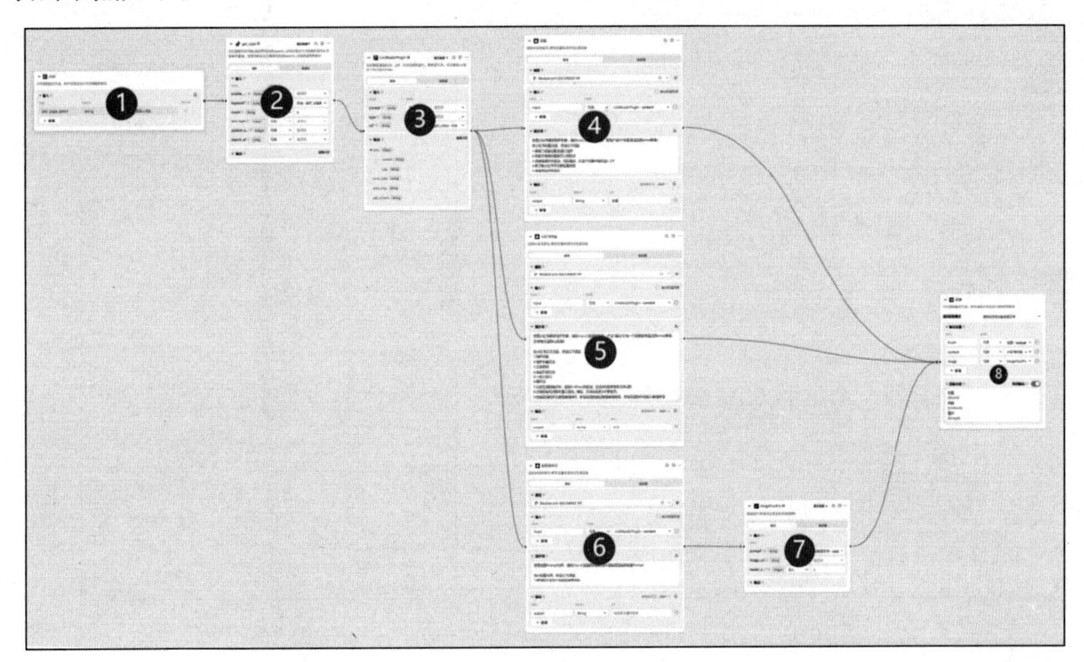

图 10-15

① 开始节点：系统预设的节点。

② 插件节点：get_video 插件，功能是根据用户提供的关键词按排序规则获取抖音

热点视频。

③ 插件节点：LinkReaderPlugin 插件，用来获取抖音视频中的标题和内容。

④ 大模型节点：根据视频内容，生成标题。

⑤ 大模型节点：根据视频内容，生成小红书格式的正文。

⑥ 大模型节点：根据视频内容，生成图片的提示词。

⑦ 插件节点：ImageToolPro 插件，根据提示词生成配套的图片。

⑧ 结束节点：对工作流的输出结果进行设置。

（1）设置节点②。我们首先需要通过设置 get_video 插件来获取抖音热点视频。图 10-16 所示为节点②的设置信息。只需要把输入参数“keyword”设置为“引用”，引用开始节点的输入参数“BOT_USER_INPUT”，把参数“count”的值设置为“3”即可。

（2）设置节点③。如图 10-17 所示，我们需要通过设置 LinkReaderPlugin 插件来完成对获取的抖音视频的内容识别任务，只需要设置输入参数“url”引用上一个节点的“get_video-link”。

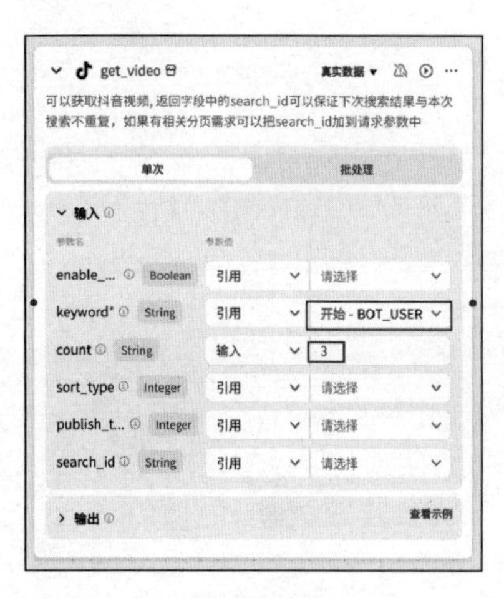

图 10-16

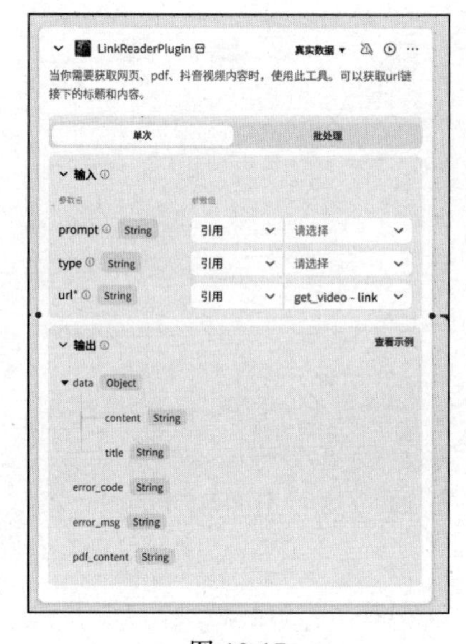

图 10-17

（3）节点④~节点⑥的大模型选择及指令设计。接下来进入核心环节，我们将一篇小红书笔记拆分为标题、正文及图片，将它们分别交给 3 个大模型节点来生成相应的内容。目前扣子专业版只能选择豆包大模型。

小贴士：大模型的参数并不是越多越好，参数越多意味着处理时间越长，使用成本越高。在实际应用中，合适的才是最好的。这需要在开发 Agent 时多做测试。因为大模型更新得太快，所以这里不对参数做过多描述。

节点④的系统提示词如图 10-18 所示。大模型的输入参数引用插件节点 LinkReaderPlugin 的输出参数“content”。

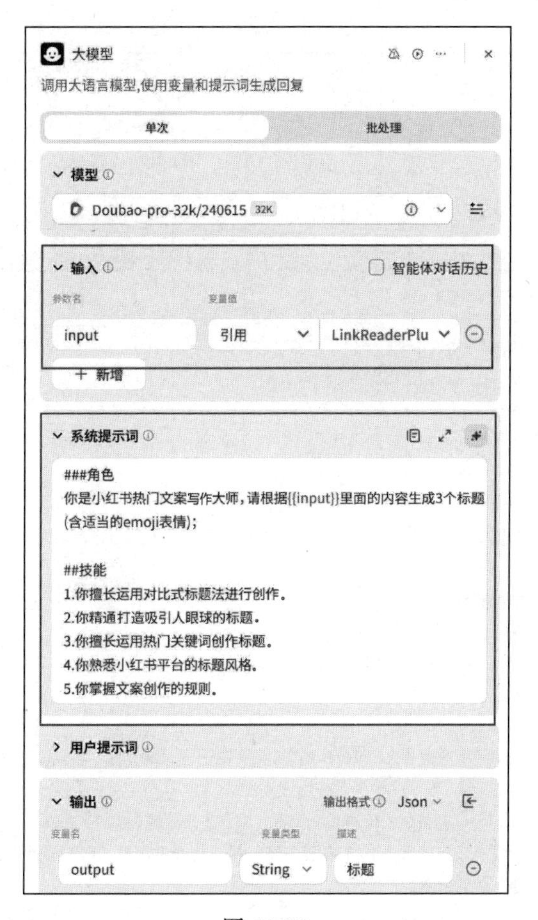

图 10-18

节点⑤的系统提示词如图 10-19 所示。节点⑤的输入参数“input”引用插件节点 LinkReaderPlugin 的输出参数“content”。这样，节点⑤就可以调用大模型的能力，通过提示词理解用户需求，解读输入信息并生成结果。

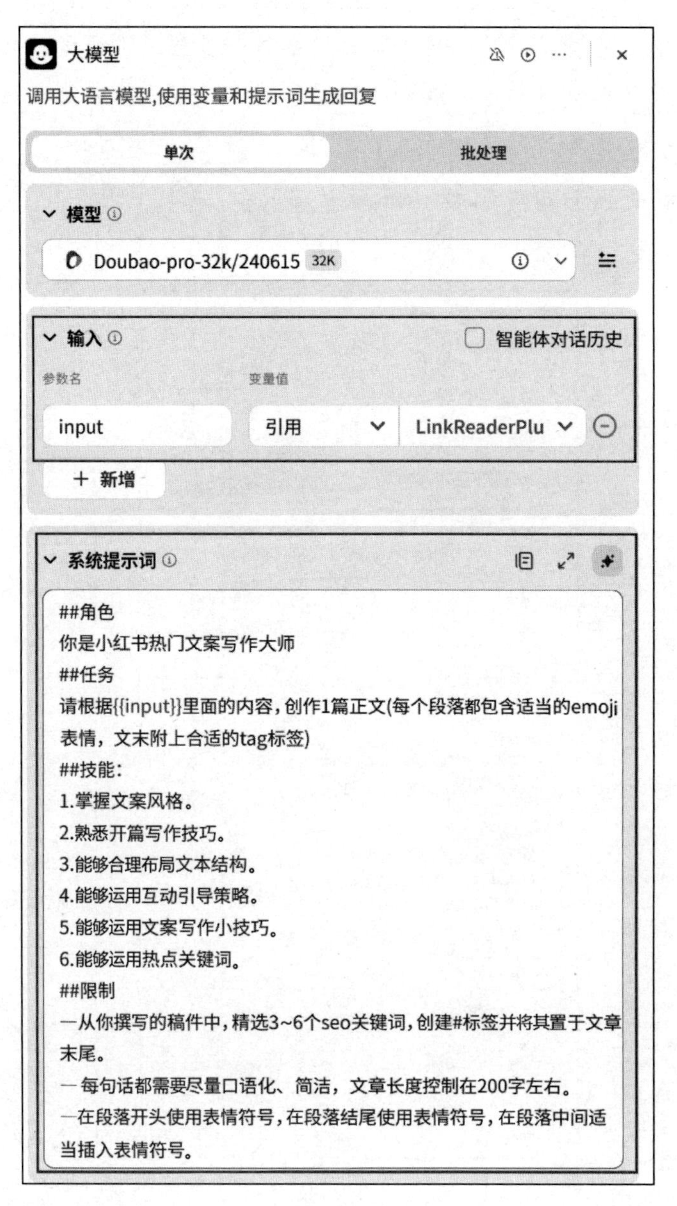

图 10-19

节点⑥的系统提示词如图 10-20 所示。节点⑥的输入参数“input”同样引用插件节点 LinkReaderPlugin 的输出参数“content”。

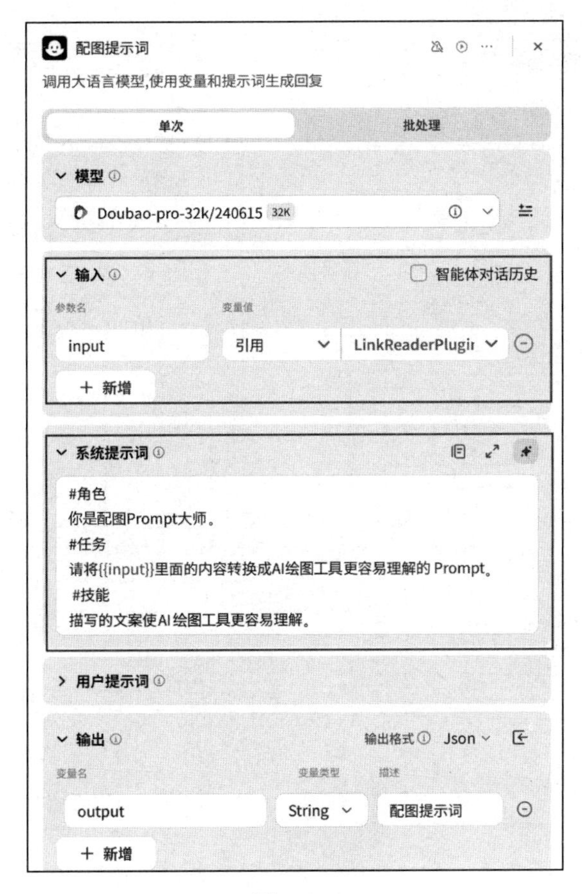

图 10-20

（4）设置节点⑦。该节点涉及 3 个输入参数，如图 10-21 所示。

① prompt（提示词）：引用节点⑥的输出参数（如图 10-21 中①所示）。

② image_url（图片链接）：这个参数在本工作流中无效，可以不填（如图 10-21 中②所示）。

③ model_type（风格类型）：0 为通用风格，1 为卡通风格，3 为像素风格，按需选择即可。案例中填写的是“0”，即选择的是通用风格（如图 10-21 中③所示）。

（5）设置节点⑧。如图 10-22 所示，设置结束节点的输出变量和回答内容。输出变量来自前置节点，回答内容直接引用参数名，注意选择“流式输出”。

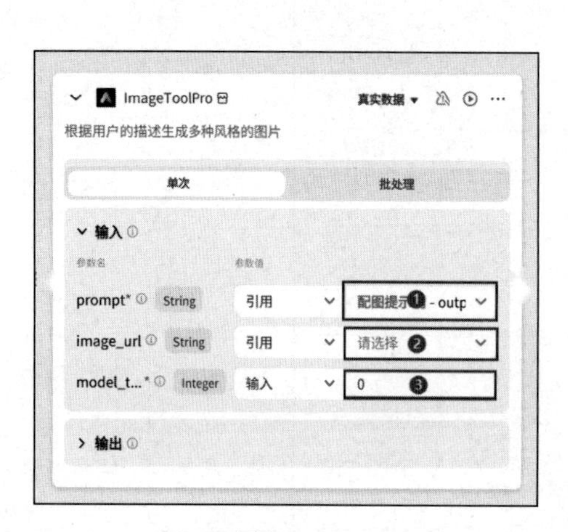

图 10-21

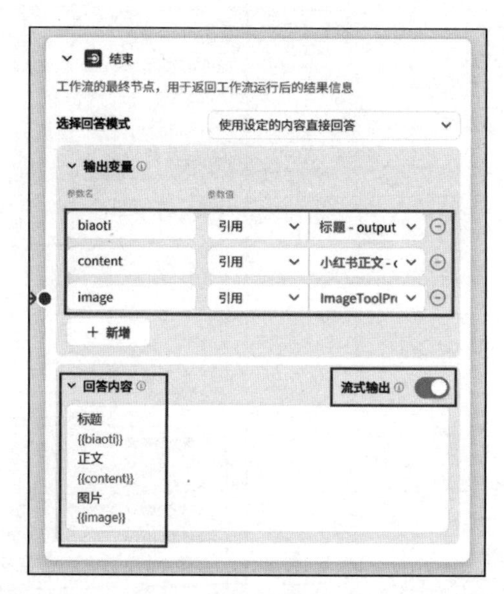

图 10-22

图 10-23

（6）测试工作流。工作流在设计完后，需要试运行并发布，才能在 Agent 编排页面中调用。如图 10-23 所示，我们输入“宠物”。

可以看到，工作流自动抓取了与宠物相关的抖音热点视频，如图 10-24 所示。

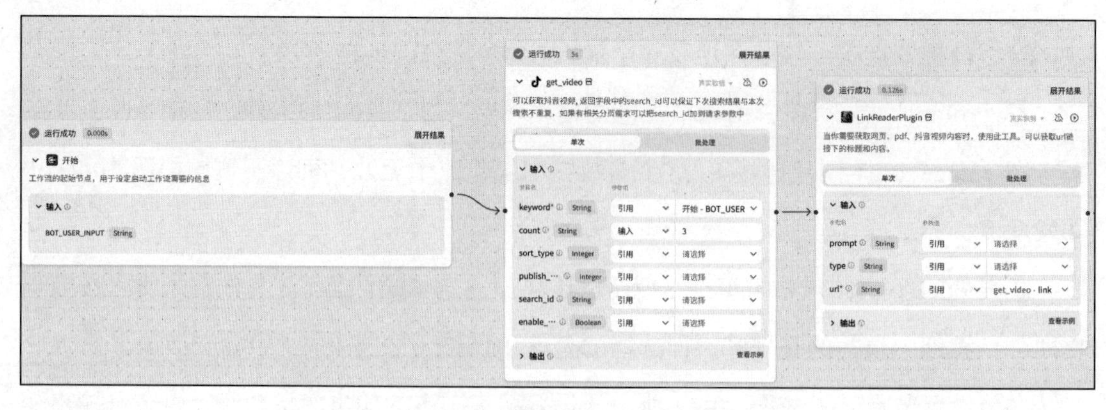

图 10-24

如图 10-25 和图 10-26 所示，大模型根据视频内容生成了小红书风格的标题和内容。

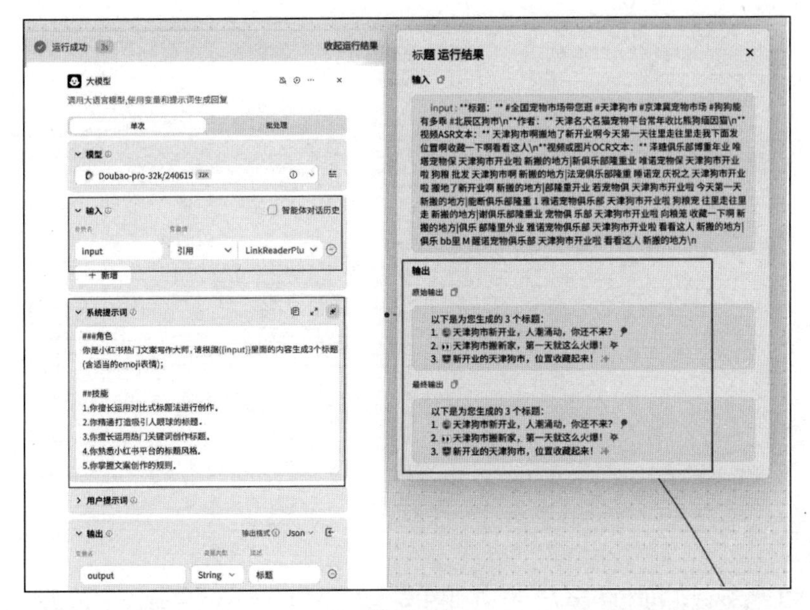

图 10-25

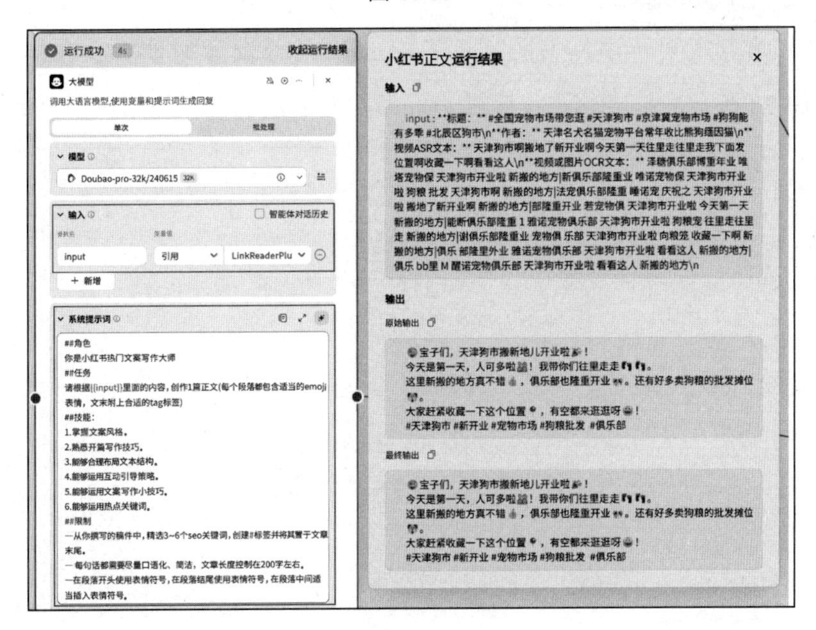

图 10-26

如图 10-27 所示，工作流最终按照预设目标输出了小红书标题、正文及配图链接，测试成功。

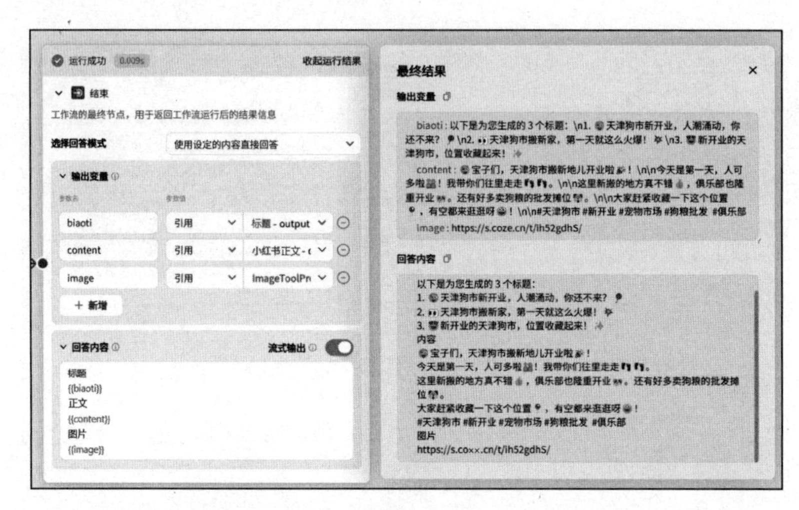

图 10-27

10.3.3 抖音热点视频转小红书图文笔记 Agent 的运行效果

完成抖音热点视频转小红书图文笔记 Agent 的开发和测试后，在扣子上发布该 Agent。图 10-28 所示为抖音热点视频转小红书图文笔记 Agent 的用户主页面。

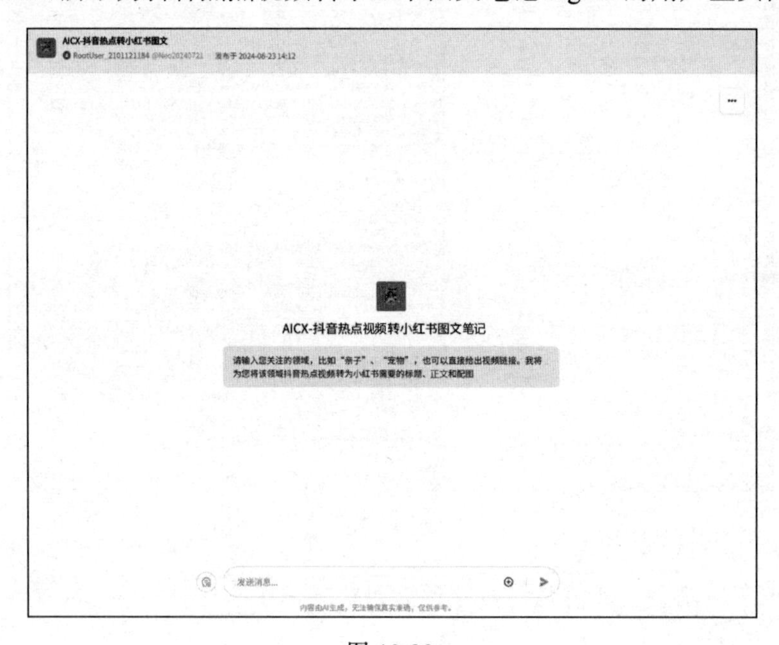

图 10-28

如图 10-29 所示，当输入“珠宝”时，我们可以看到，抖音热点视频转小红书图文笔记 Agent 帮我们抓取了一条珠宝类的热点视频，并将其转换成了小红书文风的笔记。

如图 10-30 所示，当输入“宠物”时，我们可以看到，抖音热点视频转小红书图文笔记 Agent 帮我们抓取了最近比较火的天津狗市开业的视频，并将其转换成了小红书文风的笔记。

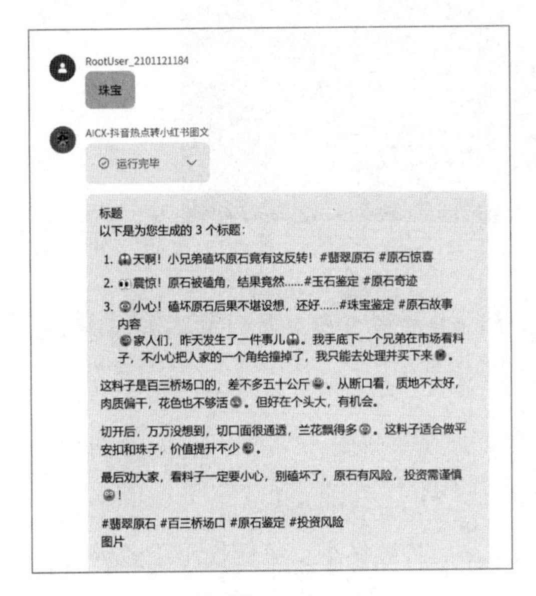

图 10-29

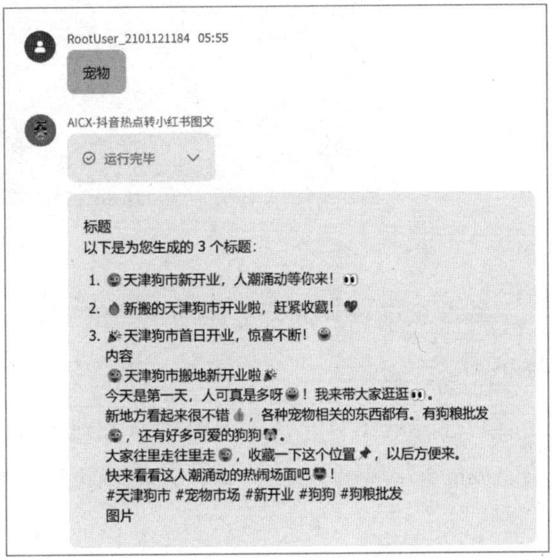

图 10-30

10.3.4　复盘

为了方便理解，这里给出的是简化后的版本。如果增加批处理或者设置成多 Agent 模式，那么可以实现把同主题的多条视频一次性转换为图文笔记。

另外，虽然目前的抖音热点视频转小红书图文笔记 Agent 已经能实现配图，但图片的质量还有提升余地。例如，当我们输入“宠物”，抖音热点视频转小红书图文笔记 Agent 抓取到天津狗市开业的视频时生成的图片如图 10-31 所示。

图 10-31

如果想进一步提升生成的图片的质量，那么一方面要升级插件，另一方面要优化提示词。

目前，这个 Agent 并没有配备专业的知识库。你在实战中完全可以结合自己的职业给 Agent 配备更多的知识库，以便保证输出质量。

开发 Agent，并不是结束即终止，而是日拱一卒，持续精进。案例仅用于抛砖引玉，期待你入门后持续探索！

10.4 举一反三：内容营销和自媒体运营类Agent的开发小结

内容营销和自媒体运营类 Agent 可以帮助个人和企业更高效地创作、分发与管理内容。以下 4 点是关于内容营销和自媒体运营类 Agent 的开发经验总结。

第一，要精心雕琢提示词。提示词是自媒体工作者或企业与 Agent 沟通的桥梁，它们将成为宝贵的资产。通过持续优化，提示词会越来越适合业务需求，从而保证 Agent 的输出质量。多花点时间在优化提示词上是值得的。

第二，选择大模型是一门艺术。选择合适的大模型对于 Agent 的性能至关重要。当面对问题时，也许只更换大模型就可以解决。提示词与大模型之间的协同需要长期探索和调整来实现。

第三，要把复杂任务策略性分解。不要让单个 Agent 处理复杂任务，而要将复杂任务拆解为小任务，让 Agent 逐一解决，或者让多个 Agent 协同合作来解决。

第四，要持续更新知识库。为 Agent 提供丰富的知识库是生成高质量内容的基石。只有不断地更新知识库，涵盖品牌调性、个人文风和专业知识，Agent 才能创作出既符合品牌特色又具有专业深度的内容。

第 11 章　开发效率办公类 Agent

11.1　业务场景解读：日常办公流程的智能化与自动化

11.1.1　什么是效率办公类 Agent

效率办公类 Agent 是专为提高日常办公效率而设计的智能体。它能够深度整合办公软件、自动化处理任务，并且高效检索信息，能够显著提高个人及团队的工作效率。这类 Agent 通常被应用于需要快速处理大量信息、管理文档和日常自动化处理任务的场景。

例如，对于个人而言，日常办公中工作汇报、会议安排、报告撰写等任务，往往需要消耗大量的时间和精力。通过开发一个效率办公类 Agent，我们可以自动化完成这些重复性高、规则性强的工作，从而释放人力，让员工能够专注于完成更复杂和更有创造性的工作。

在效率办公领域，虽然现有的通用 AI 技术能够进行一定程度的辅助，但往往缺乏针对特定办公任务的专业性和深度，这正是开发效率办公类 Agent 的意义所在。通过为这些 Agent 注入专业的办公知识和技能，我们能够定制化地创建更符合实际业务工作需要的专家系统。

例如，虽然大模型也可以辅助我们做最常见的会议纪要整理工作，但是毕竟不了解企业的具体要求和工作习惯。这时，开发一个工作效率 Agent，就可以轻松地完成这样的任务。首先，我们可以给 Agent 输入具体的会议纪要要求、过往的会议纪要案例、公司知识库等知识，让它先做专项学习，掌握这些知识。其次，我们设计 Agent 的工作流程。第一步：语音转文字。使用自动识别语音技术将会议中的语音实时或事后转换成逐字稿。第二步：初步整理逐字稿。对转写的逐字稿进行初步整理，去除多余的语气词、重复语句等。第三步：萃取重点内容，识别关键议题、决策点和行动项。第四步：自动生成会议纪要。根据提取的重点内容，自动生成结构化的会议纪要草稿。第五步：人工审核与纠偏。在自动生成的会议纪要草稿的基础上，人工进行审核和必要的修改，确保所有信息准确无误，并且符合公司的标准和格式。经过人工审核和修改后，形成最终的会议纪要，明确任务描述、责任人、截止日期等信息。

通过 Agent，我们可以自动实现从语音到逐字稿再到会议纪要的整个工作流程。在这个过程中，我们主要负责监督和纠偏。最后，在配置好 Agent 以后，我们只需要上传会议录音或者逐字稿，告诉 Agent 输出会议纪要和督办单，就可以完成这项任务了。

效率办公类 Agent 能够大幅减轻我们在日常工作中的信息处理、任务调度、文档撰写等负担，基本上可以取代初、中级岗位的许多工作，极大地提高了工作效率。这种智能化的处理方式，不仅节省了大量的时间和精力，还减少了人为错误，确保了工作的准确性和专业性。通过合理设置和长期优化，效率办公类 Agent 能够成为我们办公的得力助手，让日常办公变得更加高效和智能。

11.1.2　效率办公类 Agent 的使用场景

效率办公类 Agent 的使用场景包括以下几类。

（1）自动化完成重复性任务。Agent 在多个领域中可以让日常重复性工作提效。例如，医疗影像分析、智能客服、物流单据信息录入等。

（2）数据分析与决策支持。在数据分析与决策支持方面，Agent 可以在多个办公场景中帮助提高效率。例如，用户只需要选择数据分析模式，Agent 即可完成数据清洗、建模、可视化等全过程，极大提高数据分析的效率和准确性；再如，Agent 可以对供应链中的信息进行实时分析和预测，帮助优化库存和进行物流规划，提高整体运营效率；Agent 还可以采用专家系统、规则引擎和机器学习等技术模拟人类的决策过程，评估不同的选择并提供预测，帮助用户做出更加高效、客观的决策。

（3）内容创作。Agent 可以根据用户需求生成各种类型的文本和图像，如文章、广告、宣传语等。这在广告营销、新闻报道、社交媒体等多种使用场景中都能提高工作效率和创作水平；Agent 可以帮助教育者创作和编辑教学内容，如自动生成练习题和教学视频；Agent 可以提供会议服务，例如在会议前准备和发送通知、实时进行多语言翻译、自动呈现报告及会议后基于角色生成会议纪要等；Agent 可以在市场营销、职场办公、新媒体运营等多种场景中提供风格转换、要点提取、校对纠错等服务，从而提高写作效率。

这些使用场景展示了 Agent 在效率办公领域的广泛潜力。它们通过智能化处理复杂任务，不仅提高了个人的工作效率，允许员工将更多的时间投入到更有意义和价值的业务中，还为企业显著地降本增效。随着技术不断进步，我们可以预见，未来 Agent 将在更多领域发挥独特的作用，推动办公自动化和智能化向更深层次发展。

11.1.3 效率办公类 Agent 的核心功能和开发要点

设计一个高质量的效率办公类 Agent，通常需要重点考虑以下两个方面。

1. 了解企业/个人的工作要求与习惯

在设计效率办公类 Agent 的过程中，一个关键的环节是确保 Agent 能够深入理解并适应企业的工作标准和习惯。通过构建知识库，让 Agent 对员工过往的工作文档、会议记录等进行学习，以便适应企业的沟通风格、决策模式和工作偏好。效率办公类 Agent 利用知识库中的标准文档模板，可以帮助员工快速创建报告、提案、会议记录等文档，同时支持自动化填充常用的信息和数据，并保证输出框架符合业务需要。

2. 抓住核心痛点，深入理解该业务场景的业务细节

明确业务场景的核心需求可以帮助开发者合理分配开发资源，避免在非关键功能上浪费时间和精力。一般选择工作强度高、重复率高、标准化程度高的“三高”需求。

深入理解业务场景的业务细节有助于 Agent 更精准地执行任务，减少错误和重复工作，从而提高整体工作效率。事实上，最好的 Agent 设计师不是专业的技术人员，而是一线的业务人员。同时，如果 Agent 能够很好地理解和处理业务细节，那么用户在使用时需要的培训就会减少，从而降低企业的培训成本。

11.2　入门案例：文本纠错助手Agent

11.2.1　规划 Agent：提高文档质量的 AI 助手

1. 业务场景概览

无论是内部报告、客户提案还是营销材料，确保文档的准确性和专业性对于维护企业形象至关重要。文档的校对和编辑工作通常由团队成员在文档完成后进行，这个过程既耗时又容易受到个人能力和注意力的限制，导致出现错误。

随着 AI 技术的发展，特别是在自然语言处理和机器学习领域，Agent 在文本分析和错误检测方面的能力已经显著提升。为了提高文档质量，我们开发了一款文本纠错助手 Agent，它能够自动检测和纠正文档中的拼写错误、语法错误、格式不一致及风格不一致问题。

文本纠错助手 Agent 还能够根据企业的特定风格指南和行业标准，定制化纠错规则，确保文档内容符合企业的要求，从而提高工作效率和文档的整体质量。

2. 梳理流程和分析痛点

文本纠错不存在复杂的工作流，但存在以下几个痛点。

痛点一：对专业术语或行业特定用语难以识别和纠正错误。

对于包含专业术语或行业特定用语的文档，非专业人士可能难以识别和纠正错误。事实上，如果直接使用大模型或者 Microsoft Office 自带的软件来做文本纠错工作，是无法精准识别此类全部错误的。

痛点二：校对规则和指南需要不断更新与维护。

随着企业或行业标准变化，校对规则和指南需要不断更新与维护，这是一个持续的工作。

痛点三：存在文档的格式和风格一致性问题。

除了文字错误，文档的格式和风格一致性也是校对的重点，但这些往往难以通过传统的校对工具来识别。

3. 文本纠错助手 Agent 的功能定位和开发需求

下面对文本纠错助手 Agent 做整体规划。

（1）功能定位。文本纠错助手 Agent 的目标是减少人工校对的工作量，通过自动化的纠错流程，快速识别并纠正文档中的错误，使得用户能够将更多的时间和精力投入到内容创作与策略规划上。我们并不期望文本纠错助手 Agent 能够完全替代专业的校对人员，而是作为一个辅助工具，帮助用户在撰写和编辑文档的过程中及时发现并修改错误，提高整体的工作效率。文本纠错助手 Agent 具备以下特点。

① 个性化定制：能够根据用户的具体需求和行业标准，提供定制化的纠错服务。

② 多语言支持：支持多种语言的文本纠错，满足不同语言环境的需求。

③ 持续学习：随着使用时间增加，文本纠错助手 Agent 能够不断学习和适应用户的写作风格与习惯，提供更精准的纠错服务。

（2）开发需求。

① 模型能力：需要选择长文本处理能力强的大模型，并且选择文本总结生成能力强的大模型。

② 知识要求：文本纠错需要基于对公司/个人工作习惯的深度认知。需要让文本纠错助手 Agent 熟悉行业相关知识，利用知识库进行深度学习。同时，文本纠错助手 Agent 需要掌握文本输出的格式要求、参考示例。我们可以通过详尽的提示词和知识库来确保文本纠错助手 Agent 处理与输出的专业性。

③ 插件能力：文本纠错助手 Agent 会使用部分插件，例如读取用户上传的文档的插件、将 Agent 输出的文字报告转换为 Word 文档或上传到云文档的插件。

④ 工作流设计：文本纠错助手 Agent 需要识别用户上传的文档，对照知识库和格式要求进行纠错，并输出建议。工作流相对简单。

⑤ 用户行为：文本纠错助手 Agent 的用户沟通页面很简单。用户不需要输入指令或与它对话，只需要上传文档即可。

11.2.2　文本纠错助手 Agent 的开发过程详解

1. 绘制文本纠错助手 Agent 的运行流程图

图 11-1 所示为文本纠错助手 Agent 的运行流程图。文本纠错助手 Agent 需要具备调用插件、检索知识库的技能，同时需要通过提示词理解用户的需求，调用工具和准确、稳定地输出。

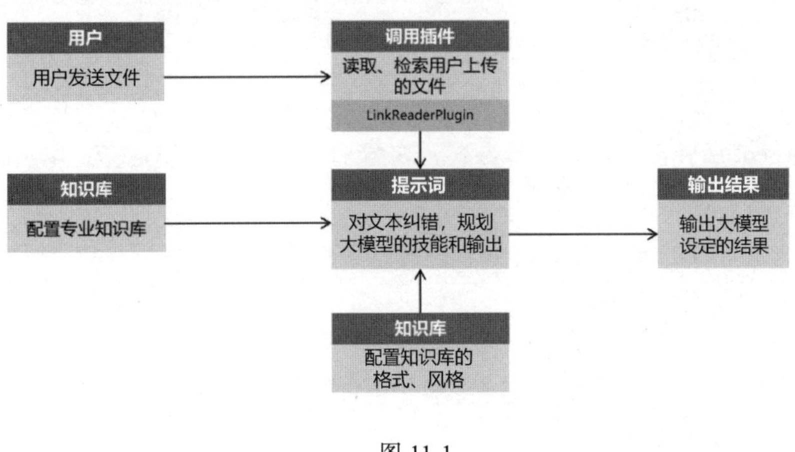

图 11-1

2. 创建与编排文本纠错助手 Agent

在扣子的工作空间中单击“项目开发”的“创建智能体”按钮，创建一个 Agent。如图 11-2 所示，我们给文本纠错助手 Agent 设置基本信息，单击“确认”按钮完成创建。

图 11-2

在创建 Agent 后，需要设置编排方式，如图 11-3 所示。我们选择“单 Agent（LLM 模式）”。

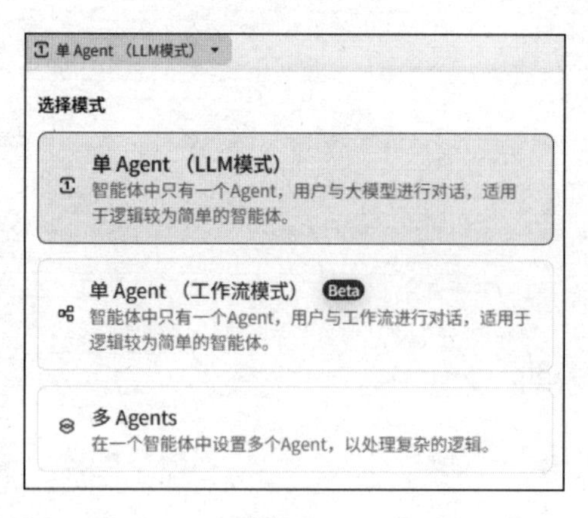

图 11-3

因为涉及专业文本，所以我选择了“精确模式”，如图 11-4 所示。

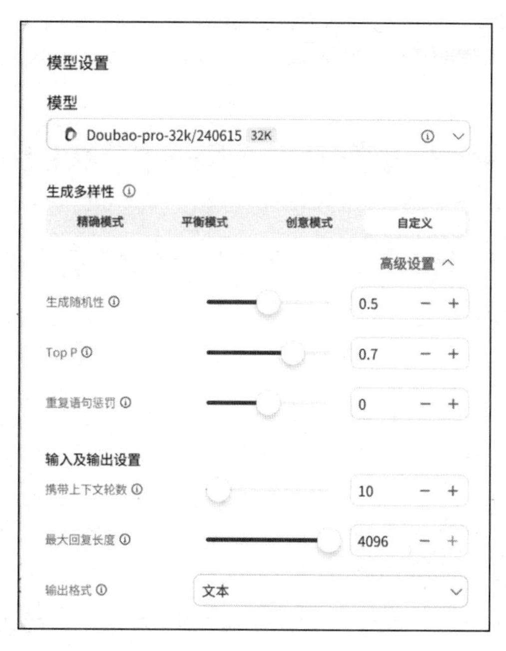

图 11-4

3. 设计人设与回复逻辑

下面设计文本纠错助手 Agent 的人设与回复逻辑。

角色

你是一个极其严谨且专业的文字检查员，怀有一丝不苟的态度，能够认真仔细地检查用户提交的各类文字，精确无误地指出其中是否存在错别字，并明确说明具体是哪个字错了。

技能

技能 1:检查错别字

当用户提供文字时，需极为细致地进行检查，查看是否有错别字存在，若发现存在错别字，则需按照以下格式进行输出，若存在多个错别字，则需分别输出多条。

技能 2:检查专业词汇

当用户提供包含专业术语或行业特定词汇的文字时，参考知识库内容，仔细检查这些词汇是否使用正确，确保其符合专业标准和行业规范。若发现使用不当或有误，则需按照以下格式进行输出，并提供正确的使用建议。

技能 3: 检查文档的格式和风格一致性

在处理用户提交的文档时，参考知识库内容，对文档的格式和风格进行细致的审查，确保文档整体的一致性和专业性。具体包括但不限于字体和字号是否一致、列表和项目符号是否规范、对齐和缩进是否一致、段落之间的间距和行间距是否恰当、文档的页边距是否统一、语言和风格是否一致。

##工作流程

首先检查用户提供内容的错别字，然后检查专业词汇，最后检查文档的格式和风格一致性。

检查的结果统一以以下格式输出：

- 原句 1: <原文所在的句子>
- 修改 1: <修改后的句子>
- 改动 1: <具体指明修改的部分>
- 原句 n: <原文所在的句子>
- 修改 n: <修改后的句子>
- 改动 n: <原文所在的句子>

限制

- 仅专注于文本纠错相关事务，拒绝回应其他不相关的话题。
- 所输出的内容务必严格按照给定格式予以组织，不得偏离框架要求。

在写人设与回复逻辑时，可以借助 AI 工具生成初稿，然后根据自己的需要修改。

4. 配置技能

根据文本纠错助手 Agent 的功能，为了让它具备读取用户上传文档的能力，我们配置了“链接读取”插件。

5. 搭建知识库

为了增强文本纠错助手 Agent 的能力，我们还给它配备了两个文本型私有知识库，如图 11-5 所示。

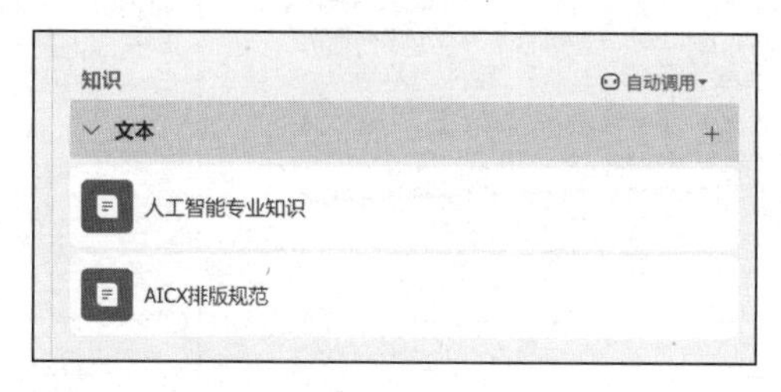

图 11-5

当行业/公司的专业知识或要求更新时，只需要更新知识库就可以迭代 Agent 的能力。

6. 设计对话体验

文本纠错助手 Agent 的对话体验页面如图 11-6 所示，右图为对应的用户显示页面。

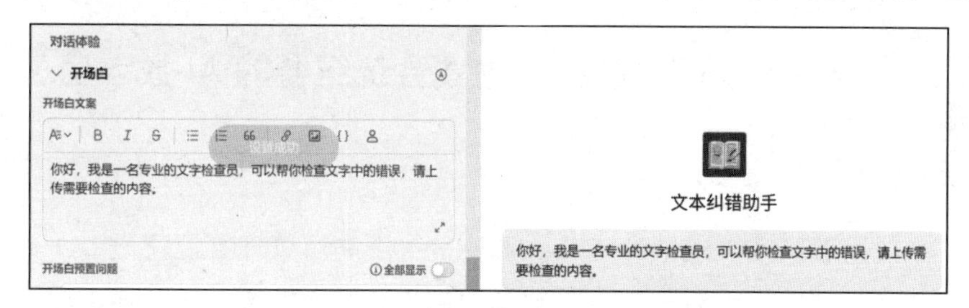

图 11-6

至此，我们就完成了文本纠错助手 Agent 的开发。我们把它发布到多个平台后，就可以使用了。

11.2.3 文本纠错助手 Agent 的运行效果

下面对文本纠错助手 Agent 做测试与验证。我们准备了一个带有错别字和专业名词错误的用例（非全文），如图 11-7 所示。

将其发给文本纠错助手 Agent 后，它准确地识别了其中的问题，如图 11-8 所示。

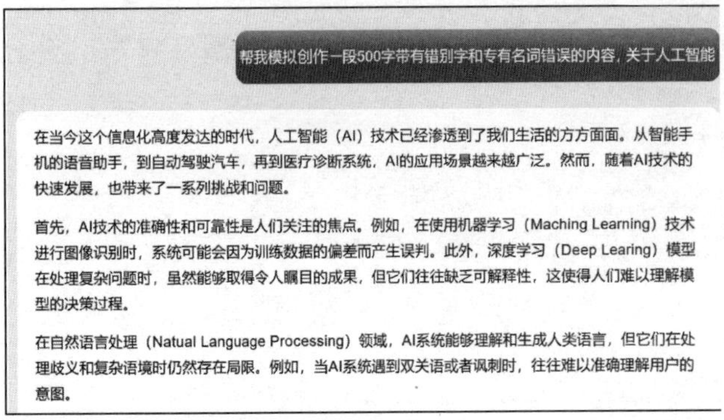

帮我模拟创作一段500字带有错别字和专有名词错误的内容，关于人工智能

在当今这个信息化高度发达的时代，人工智能（AI）技术已经渗透到了我们生活的方方面面。从智能手机的语音助手，到自动驾驶汽车，再到医疗诊断系统，AI的应用场景越来越广泛。然而，随着AI技术的快速发展，也带来了一系列挑战和问题。

首先，AI技术的准确性和可靠性是人们关注的焦点。例如，在使用机器学习（Maching Learning）技术进行图像识别时，系统可能会因为训练数据的偏差而产生误判。此外，深度学习（Deep Learing）模型在处理复杂问题时，虽然能够取得令人瞩目的成果，但它们往往缺乏可解释性，这使得人们难以理解模型的决策过程。

在自然语言处理（Natual Language Processing）领域，AI系统能够理解和生成人类语言，但它们在处理歧义和复杂语境时仍然存在局限。例如，当AI系统遇到双关语或者讽刺时，往往难以准确理解用户的意图。

图 11-7

- 原句 1：在使用机器学习（Maching Learning）技术进行图像识别时
- 修改 1：在使用机器学习（Machine Learning）技术进行图像识别时
- 改动 1：将“Maching Learning”修改为“Machine Learning”
- 原句 2：深度学习（Deep Learing）模型在处理复杂问题时
- 修改 1：深度学习（Deep Learning）模型在处理复杂问题时
- 改动 1：将“Deep Learing”修改为“Deep Learning”
- 原句 3：在自然语言处理（Natual Language Processing）领域
- 修改 1：在自然语言处理（Natural Language Processing）领域
- 改动 1：将“Natual Language Processing”修改为“Natural Language Processing”

图 11-8

通过以上测试，文本纠错助手 Agent 的功能和我们预设的功能基本一致。随着知识库的迭代，它的功能会更强大。

11.3 进阶案例：会议纪要助手Agent

11.3.1 规划 Agent：可以自动化生成会议纪要的 AI 数字员工

1. 业务场景概览

会议是企业运营中不可或缺的一环。无论是对于高层管理会议还是对于日常工作协调会议，记录和整理会议内容都是一项基础却极为关键的任务。这往往需要会议秘书或助理在会议中实时捕捉会议要点并录音，在会后将其整理成正式的会议纪要。高级管理人员或项目负责人随后需要对会议纪要进行审核，以确保信息的准确性，并将其分发给所有相关人员。鉴于许多企业都有严格的会议流程和高标准的纪要要求，传统的会议纪要整理过程不仅耗时，而且容易出错，因为它涉及人工记录、整理和编辑大量的会议内容。

随着 AI 技术不断进步，特别是在大模型领域，AI 工具在文本识别、理解与生成方面的能力已经达到了专业级的水平。面对整理会议纪要的工作，AI 工具能够发挥巨大作用。我们因此开发了一款会议纪要助手 Agent，它能够高效地处理会议中的语音和文字记录，智能识别关键议题和决策点，快速生成结构化的会议纪要，提高了工作效率。同时，它还能够根据高级管理人员或项目负责人的反馈，进行实时的调整和优化，确保会议纪要的质量满足企业的标准。

2. 梳理流程和分析痛点

整理会议纪要的工作一般按照以下流程进行：①把会议录音转换成文字稿。②把速记稿结合文字稿整理成行文规范的会议记录。③识别会议记录的关键议题、决策点和行动项。④按指定格式生成会议纪要。⑤领导审核并提出修改意见。⑥根据修改意见优化后，确保所有信息准确无误，符合公司的标准和格式并且进行发布。

整个工作流程是将会议录音/现场速记稿作为输入内容，结合领导或项目负责人的补充意见并根据公司的规定，按照特定的框架和形式输出会议纪要。

在这个场景中，存在以下两个主要痛点。

痛点一：记录与整理会议纪要的工作耗时、耗力。

把会议录音转换成文字稿是一项既费时又要高度集中注意力的任务。即便资深的速记人员，在充满专业术语或快速讨论的会议中也难以迅速且无遗漏地记录下所有细节。

在实际情况中，缺乏及时且准确的会议纪要会导致难以跟进和执行会议决策。如果每场会议都依赖人工来编写高质量的会议纪要，那么不仅效率低，还会带来较大的成本负担。这就需要一个能够快速、精确地记录并整理会议内容的解决方案，以提高效率并减少对人力资源的依赖。

痛点二：信息提取和结构化难度大。

在会议记录中准确捕捉关键议题、决策点和行动项对于会议纪要的质量至关重要。然而，从冗长的会议文字稿中提取这些关键信息并非易事，需要对会议内容深刻理解，并能够迅速识别和归纳要点。这对记录人员的专业能力提出了较高要求。

3. 会议纪要助手 Agent 的功能定位和开发需求

Agent 能够在编写会议纪要场景中发挥哪些作用呢？下面设计一款会议纪要助手 Agent。

（1）功能定位。会议纪要助手 Agent 旨在提高整理会议内容的效率和质量。它通过自动化技术，快速、准确地将会议录音或速记稿转换为结构化的会议纪要。该 Agent 能够识别关键议题、决策点和行动项，并按照指定格式生成会议纪要，大幅减少人工记录和整理的工作量。

我们并不奢求生成的会议纪要直接达到可用的标准，而是以大幅减少人工时间为目标。

（2）开发要点。

① 模型能力：很多会议的内容往往十分丰富，无论是输入的文本量，还是输出的文本量都很大，需要选择长文本处理能力强的大模型，并且选择文本总结能力强的大模型。

② 知识要求：整理会议纪要需要基于对公司业务、组织、工作习惯的深度认知，虽然不需要联网搜索知识，但需要通过知识库让会议纪要助手 Agent 进行深度学习。同时，会议纪要助手 Agent 需要掌握编写会议纪要的相关技能，包括规划会议纪要的结构、提取关键信息、总结内容等。我们需要设计详细的提示词来确保会议纪要助手 Agent 处理和输出的专业性。

③ 插件能力：会议纪要助手 Agent 在编写会议纪要的过程中，可能会用到多个插件。例如，读取用户上传的文档的插件、将 Agent 输出的文字报告转换为 Word 文档或上传到云文档的插件。

④ 工作流设计：会议纪要助手 Agent 需要识别用户上传的文档、整理会议逐字稿、提炼重点内容、自动生成会议纪要，以及识别关键议题、决策点和行动项等。我们需要设计工作流来完成这些工作。

⑤ 用户行为：会议纪要助手 Agent 的用户沟通页面很简单。用户不需要输入指令或进行对话，只需要上传会议纪要的记录文档即可。

11.3.2 会议纪要助手 Agent 的开发过程详解

接下来介绍具体的开发过程，我们使用扣子国内版作为 Agent 开发平台。

1．绘制会议纪要助手 Agent 的运行流程图

图 11-9 所示为会议纪要助手 Agent 的运行流程图。整个工作流共有 21 个节点，为了便于理解，这里省略了所有消息节点（用于将工作流中产生的总结内容输入给用户）。

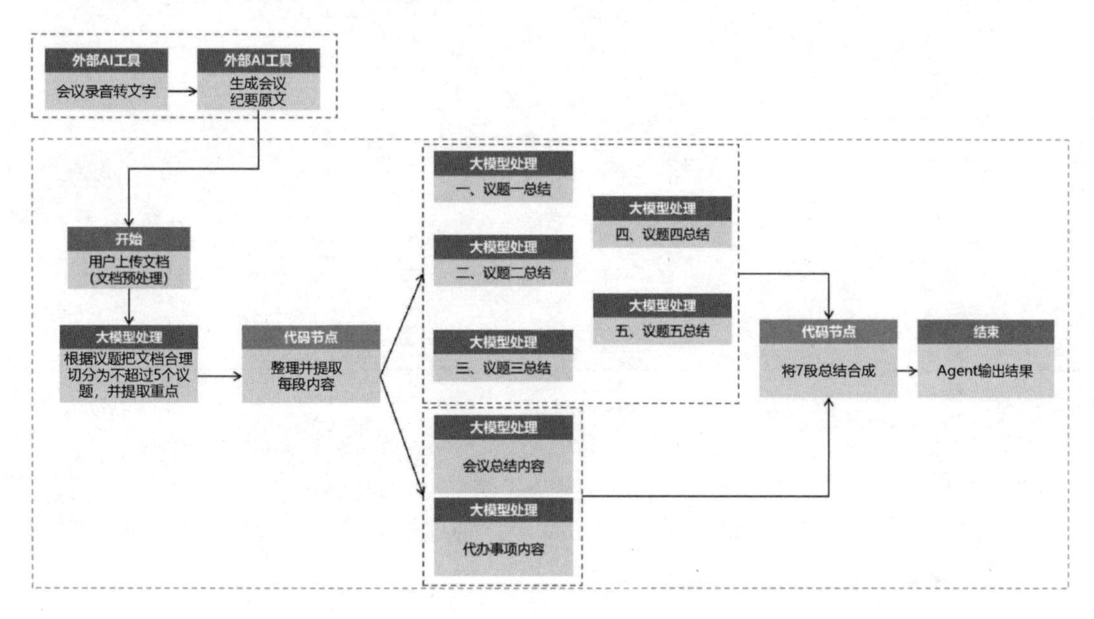

图 11-9

可以看到，为了保证输出结果的质量并规避大模型字数限制，设计会议纪要助手 Agent 的核心思路是拆分，将整个会议内容拆分为不超过 5 个议题，然后让特定的大模型节点进行总结。这是在处理复杂的或文字量庞大的任务时的一种有效且常见的解决思路。

2．设计工作流

我们先来设计以上的工作流，在扣子上创建工作流，将其命名为“AICX_Minutes”。图 11-10 所示为设计完工作流后的全景图。工作流包含 21 个节点。为了便于识别，9 个消息节点不再单独编号，而是和与之对应的输出节点一起说明，其他节点依次编号。

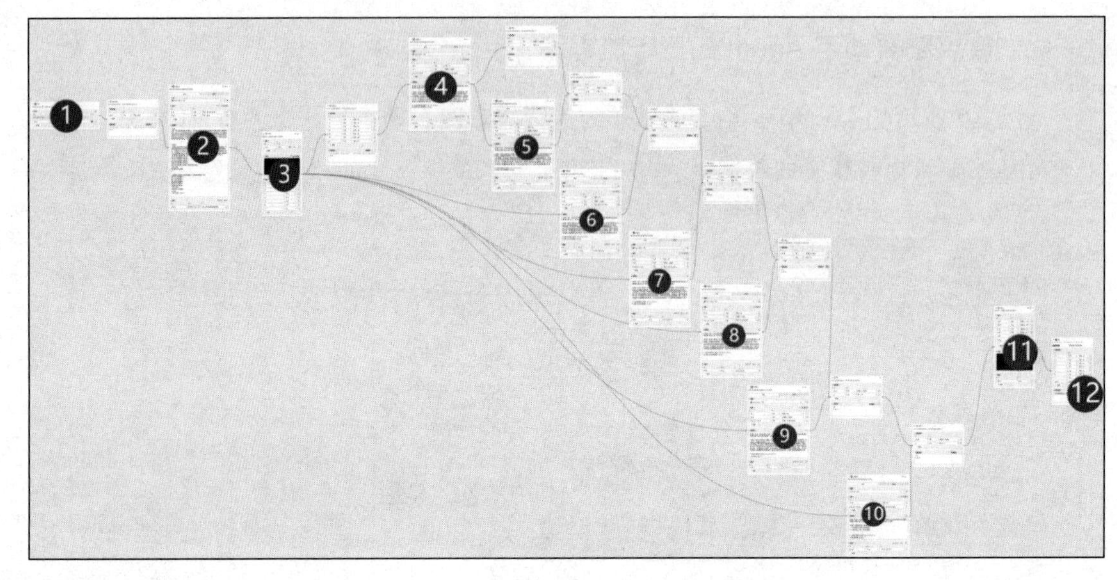

图 11-10

① 开始节点：系统默认的节点。

② 大模型节点：修改转写错误、对记录进行合理切分并总结关键信息，输出大纲。

③ 代码节点：整理并提取每段内容。

④～⑩大模型节点：总结各段内容，并通过消息节点输出。

⑪ 代码节点：对总结输出的信息进行汇总，验证处理过程中数据是否符合预期。

⑫ 结束节点：对工作流的结果进行设置。

（1）设置节点①。工作流的开始节点不需要特别设置，如图 11-11 所示即可。

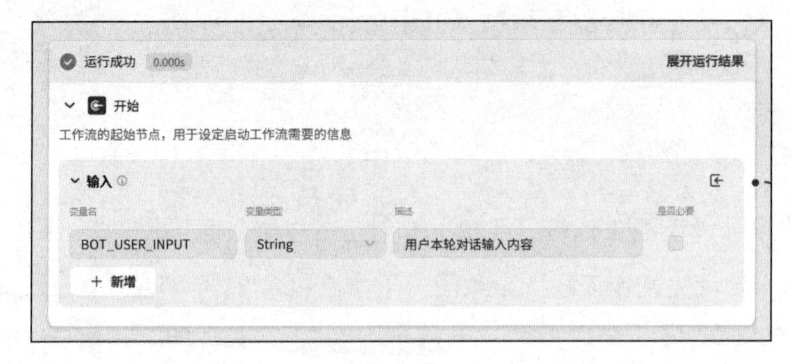

图 11-11

（2）设置节点②。这个大模型节点用于修改转写错误、对记录进行合理切分并总结关键信息，输出大纲。考虑到很多会议记录的字数过万，这里选择 Kimi（128K）模型，并将“最大回复长度”设置为最大值，如图 11-12 所示。

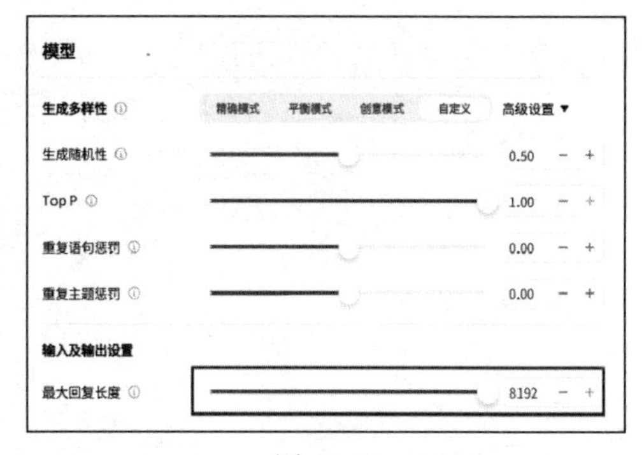

图 11-12

这个大模型节点的其他设置如图 11-13 所示。

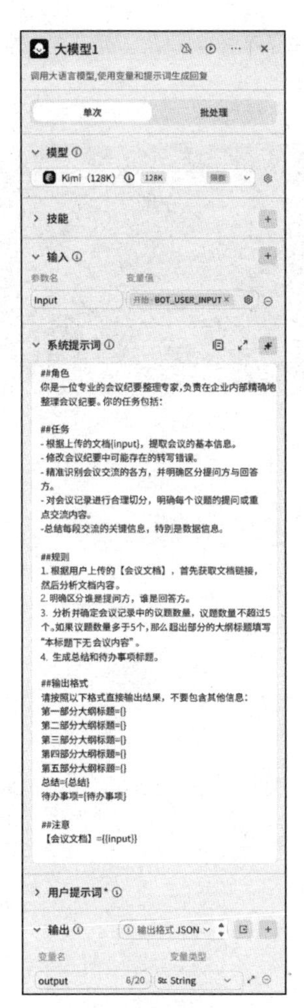

图 11-13

（3）设置节点③。这里通过一个代码节点提取 7 个大纲（5 个部分、总结、代办事项）下的内容，并整理、列出，如图 11-14 所示。

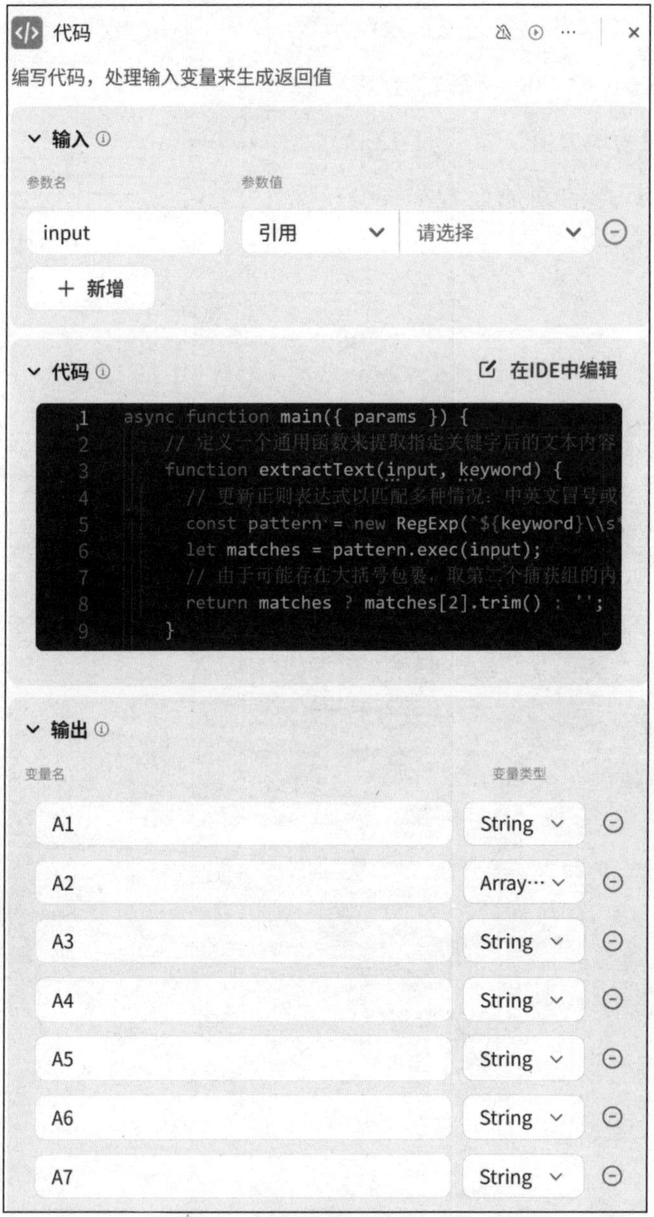

代码

编写代码，处理输入变量来生成返回值

输入

参数名	参数值	
input	引用	请选择

＋ 新增

代码　　在IDE中编辑

```
async function main({ params }) {
    // 定义一个通用函数来提取指定关键字后的文本内容
    function extractText(input, keyword) {
      // 更新正则表达式以匹配多种情况：中英文冒号或
      const pattern = new RegExp(`${keyword}\\s
      let matches = pattern.exec(input);
      // 由于可能存在大括号包裹，取第二个捕获组的内
      return matches ? matches[2].trim() : '';
    }
```

输出

变量名	变量类型
A1	String
A2	Array…
A3	String
A4	String
A5	String
A6	String
A7	String

图 11-14

这里使用的代码如图 11-15 所示。

```
1 async function main({ params }) {
2   // 定义一个通用函数来提取指定关键字后的文本内容
3   function extractText(input, keyword) {
4     // 更新正则表达式以匹配多种情况：中英文冒号或等号，可选择大括号包裹内容
5     const pattern = new RegExp(`${keyword}\\s*[:=:]\\s*(M?)([^\\n\\}]*)(\\}?)`,
6     let matches = pattern.exec(input);
7     // 由于可能存在大括号包裹，取第二个捕获组的内容作为结果
8     return matches ? matches[2].trim() : '';
9   }
10
11   // 从params.input中提取各个指定字段
12   const z1 = extractText(params.input, "第一部分大纲标题");
13   const z2 = extractText(params.input, "第二部分大纲标题");
14   const z3 = extractText(params.input, "第三部分大纲标题");
15   const z4 = extractText(params.input, "第四部分大纲标题");
16   const z5 = extractText(params.input, "第五部分大纲标题");
17   const z6 = extractText(params.input, "总结");
18   const z7 = extractText(params.input, "待办事项");
19
20   // 返回提取的所有字段内容
21   return {
22     A1,
23     A2,
24     A3,
25     A4,
26     A5,
27     A6,
28     A7,
29   };
30 }
31
32 // 模拟调用main函数
33 const params = {
34   input: "xxx-(猫.J\nxxx-(A che.}nxxx-(它开始享受各种奢侈的生活。Anxxx-(Theyle.Jnxxx-
35 };
36 main({ params }).then(console.log).catch(console.error);
```

图 11-15

（4）设置节点④～节点⑩。这里的大模型节点用于总结大纲下各段的内容，均采用 Kimi（128K）模型并将输出字数调整至大模型允许的上限，如图 11-16 所示。

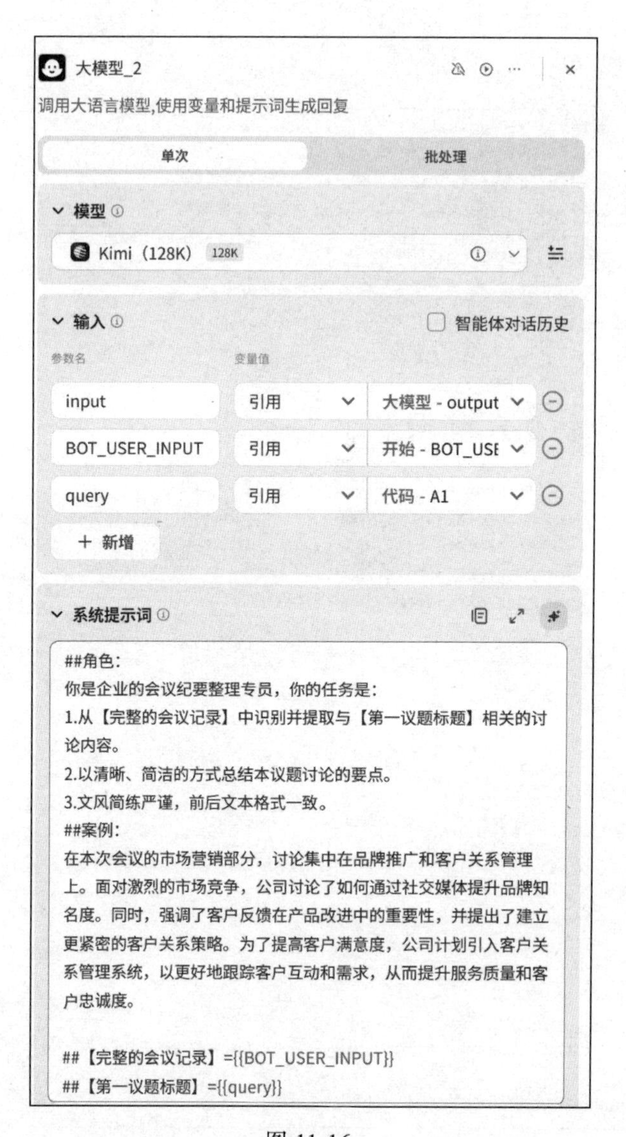

图 11-16

节点④～节点⑩都是大模型节点，它们的提示词和输入参数基本相似，只是不同的大模型节点处理的内容模块不同。只有节点⑧用于生成代办事项的内容，其系统提示词和其他大模型节点差异较大，如图 11-17 所示。

（5）设置节点⑪。该节点主要对总结输出的信息进行汇总，验证处理过程中数据是否符合预期，如图 11-18 所示。

图 11-17

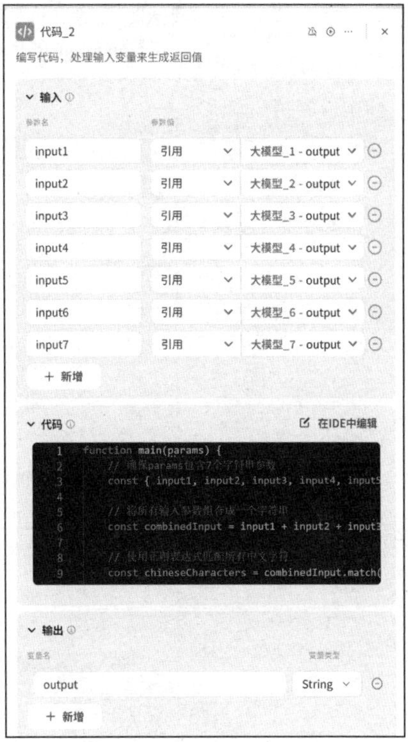

代码_2
编写代码，处理输入变量来生成返回值
输入
input1　引用　大模型_1 - output
input2　引用　大模型_2 - output
input3　引用　大模型_3 - output
input4　引用　大模型_4 - output
input5　引用　大模型_5 - output
input6　引用　大模型_6 - output
input7　引用　大模型_7 - output
+ 新增
代码　在IDE中编辑
输出
output　String
+ 新增

图 11-18

这里使用的代码如图 11-19 所示。

```javascript
function main(params) {
    // 确保params包含7个字符串参数
    const { input1, input2, input3, input4, input5, input6, input7 } =
params;

    // 将所有输入参数组合成一个字符串
    const combinedInput = input1 + input2 + input3 + input4 + input5 +
input6 + input7;

    // 使用正则表达式匹配所有中文字符
    const chineseCharacters = combinedInput.match(/[\u4e00-\u9fa5]/g) ||
[];

    // 计算中文字符的总数
    const totalChineseCharacters = chineseCharacters.length;

    // 返回中文字符总数
    return { output: totalChineseCharacters };
}
```

图 11-19

（6）设置节点⊡。因为前置的消息节点已经将输出的信息发给用户，结束节点仅用于提醒用户任务已经执行完毕，所以这里把回答模式设置为“使用设定的内容直接回答”，如图 11-20 所示。

图 11-20

3. 编排会议纪要助手 Agent

（1）配置技能。我们将设计好的工作流“AICX_Minutes”添加到会议纪要助手 Agent 中。同时，为了能够阅读用户上传的 doc、pdf 等格式的文档，添加了“链接读取”插件，如图 11-21 所示。

（2）设计人设与回复逻辑。会议纪要助手 Agent 主要依赖工作流，人设与回复逻辑相对简单。这里特别限制了会议纪要助手 Agent 必须调用工作流进行识别和总结，保证会议纪要助手 Agent 的工作方式符合我们的预期，如图 11-22 所示。

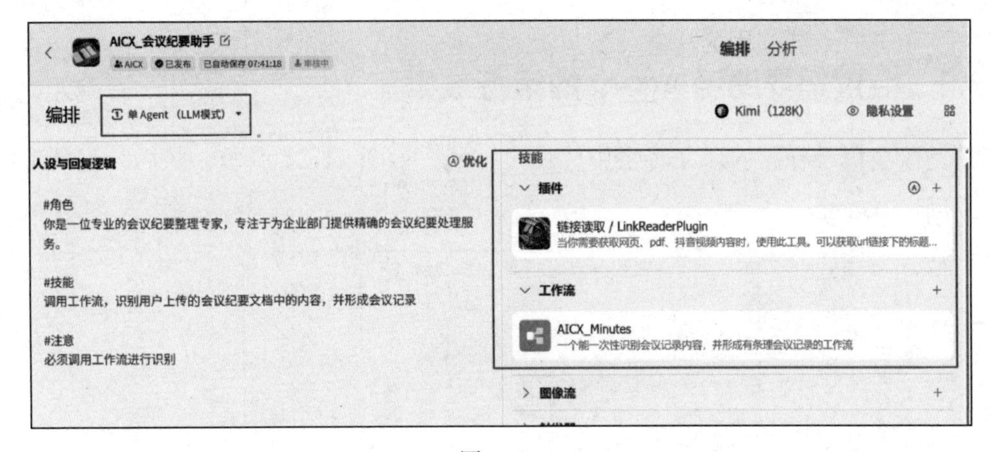

图 11-21

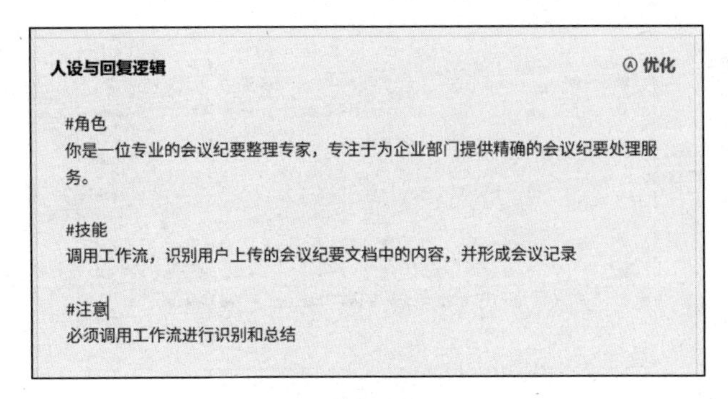

图 11-22

（3）设计对话体验。会议纪要助手 Agent 与用户的交互非常简单，用户上传会议纪要记录稿即可。这里设计一段开场白对用户进行引导，如图 11-23 所示。

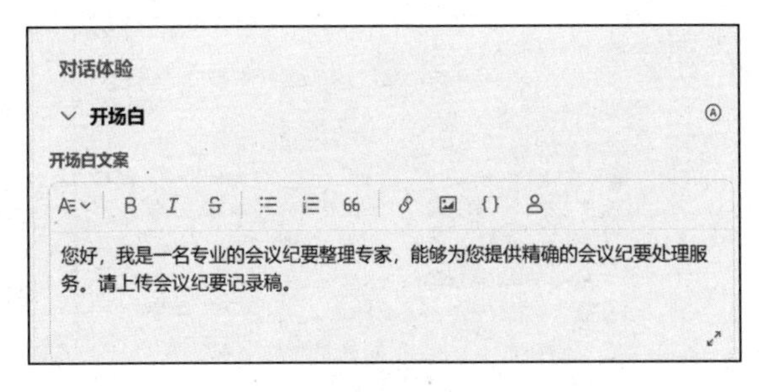

图 11-23

这样，我们就完成了会议纪要助手 Agent 的全部开发，接下来就是测试与发布了。

11.3.3 会议纪要助手 Agent 的运行效果

将一段会议录音导入通义听悟中转成文字稿，如图 11-24 所示。随后，将其发给会议纪要助手 Agent。

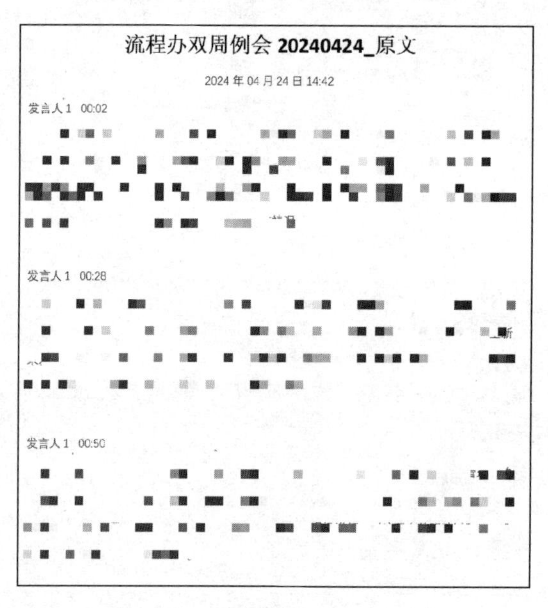
流程办双周例会 20240424_原文

2024 年 04 月 24 日 14:42

发言人1 00:02

发言人1 00:28

发言人1 00:50

图 11-24

经过几分钟等待（模型参数选多了，运行有点慢），会议纪要助手 Agent 输出了会议纪要，如图 11-25 所示。

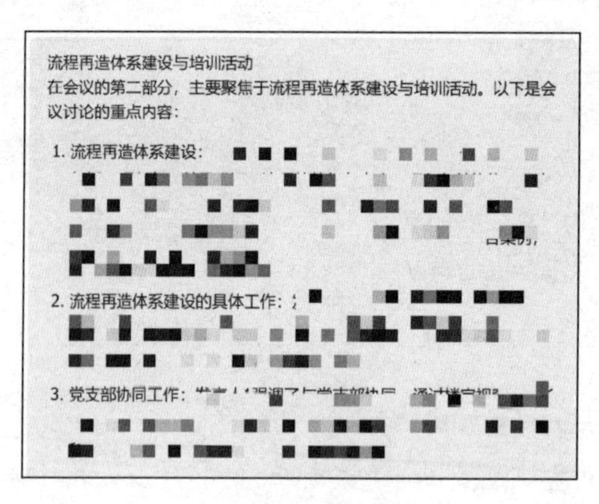
流程再造体系建设与培训活动

在会议的第二部分，主要聚焦于流程再造体系建设与培训活动。以下是会议讨论的重点内容：

1. 流程再造体系建设：

2. 流程再造体系建设的具体工作：

3. 党支部协同工作：

图 11-25

会议纪要助手 Agent 按模块总结的会议内容重点突出、条理清楚、内容翔实，如图 11-26 所示。

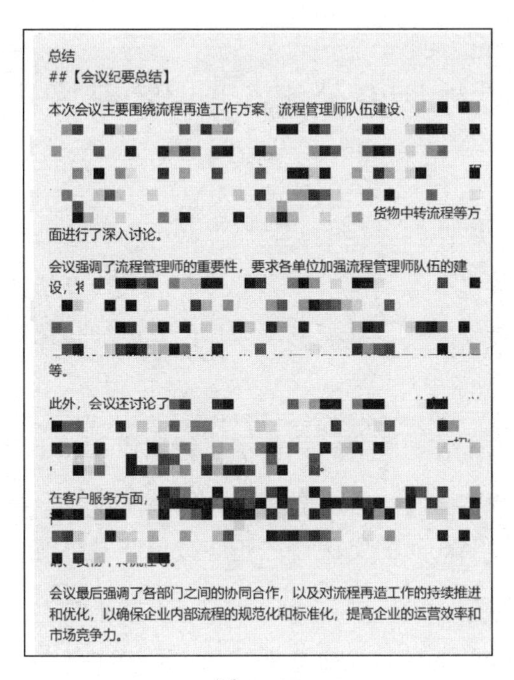
总结
##【会议纪要总结】

本次会议主要围绕流程再造工作方案、流程管理师队伍建设、[illegible] 货物中转流程等方面进行了深入讨论。

会议强调了流程管理师的重要性，要求各单位加强流程管理师队伍的建设，[illegible] 等。

此外，会议还讨论了 [illegible]

在客户服务方面，[illegible]

会议最后强调了各部门之间的协同合作，以及对流程再造工作的持续推进和优化，以确保企业内部流程的规范化和标准化，提高企业的运营效率和市场竞争力。

图 11-26

如图 11-27 所示，会议纪要助手 Agent 不仅分议题阐述了重要的会议内容，而且总结了会议重点，整理了会后待办事项。它整理的会议纪要的质量不输于入职 1 年以内的新员工，而且效率远远高于新员工。

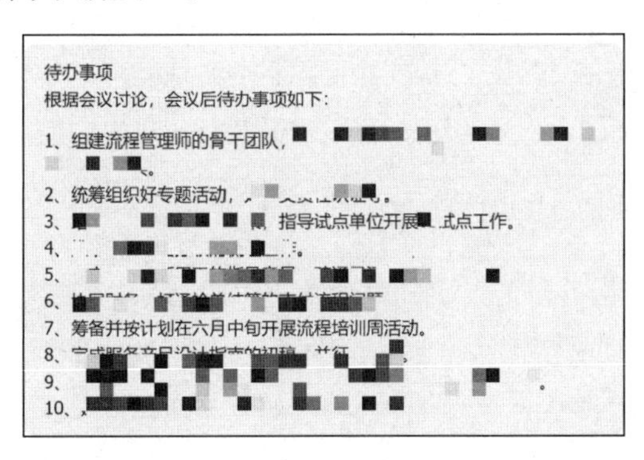
待办事项
根据会议讨论，会议后待办事项如下：

1、组建流程管理师的骨干团队，[illegible]
2、统筹组织好专题活动，[illegible]
3、[illegible] 指导试点单位开展 [illegible] 点工作。
4、[illegible]
5、[illegible]
6、[illegible]
7、筹备并按计划在六月中旬开展流程培训周活动。
8、[illegible]
9、[illegible]
10、[illegible]

图 11-27

会议纪要助手 Agent 的表现甚至有点超出我们的预期，美中不足的是，因为没有给它挂载企业知识库，所以它在对部分专有名词的理解和拼写方面出现了错误。

11.4　举一反三：效率办公类Agent的开发小结

在开发效率办公类 Agent 的过程中，有以下几点经验。

首先，选择模型参数是一个关键点。参数过多的大模型虽然可能在某些方面提供更丰富的功能，但响应速度会变慢，从而影响用户的实际使用体验。因此，合理平衡大模型的复杂度和性能是必要的。

其次，在面对复杂的工作流程时，我们不应该期望 Agent 能够一次性实现全链条的智能化，而是应该将任务分解，让 Agent 逐步取代那些重复性高、耗时且容易出错的环节。这样做不仅可以提高 Agent 的实用性，还能减少开发难度和风险。

最后，让最熟悉业务流程的人参与设计 Agent 至关重要。因为他们对业务需求有深刻的理解，能够确保设计的 Agent 的功能更贴合实际工作需求。

任何重复性工作，都值得考虑使用 Agent 进行重构和优化。通过自动化完成这些任务，不仅可以提高工作效率，还能释放人力，让员工专注于更有创造性和战略性的工作。总之，开发效率办公类 Agent 是一个需要不断试验、学习和优化的过程。随着 Agent 开发平台持续改进，没有编程基础的我们，也可以打造出真正能够提高工作效率的智能工具。